Inhaltsverzeichnis

Arbeiten mit dem Buch

Liebe Schüler/innen,

Dieses Buch soll Ihnen die Vorbereitung auf die anstehenden Abiturprüfungen erleichtern, egal aus welchem Bundesland Sie kommen. Jeder Abschnitt besteht aus einem kurzen Theorieteil mit Beispielen und dazugehörigen Aufgaben.

- **Schwierigkeitsgrade**: • leicht, •• mittel, ••• schwer, ★ Bonusaufgaben (über dem Schulniveau). Wählen Sie individuell ihr gewünschtes Niveau aus und versuchen Sie, sich mit der Zeit zu steigern.

- Alle Aufgaben, die per Hand gerechnet werden müssen, haben einfache Zahlenwerte als Lösung.

- ▨ Ein wissenschaftlicher Taschenrechner darf zum Lösen verwendet werden.

- *: Dieses Kapitel wird im Unterricht nur selten behandelt

- **179.**: Diese rot markierten Aufgaben sind Schwerpunkt der Abiturvorbereitung

- **Lösungen**: Ich stelle Ihnen alle Lösungen inklusive der Lösungswege zur Verfügung. Gelegentlich kann es auch alternative Lösungswege geben. Versuchen Sie bitte stets, die Aufgaben zu lösen, ohne einen Blick auf die Lösungen zu werfen. Erst wenn Sie nach zwei Versuchen nicht auf die Lösung kommen, sollten Sie sich diese ansehen.

Auf der Internetseite

http://www.intensivkurs-mathematik.de

erhalten Sie zusätzliche Informationen sowie eine Übersicht über die weiteren Bücher dieser Reihe.
Nun wünsche ich Ihnen eine erfolgreiche Vorbereitung auf die Abiturprüfungen in Mathematik!

Bezeichnungen und Grundlagen

Gebräuchliche Zahlenmengen

Symbol	Bedeutung
$\{1, 2, 3\}$	Menge mit den Zahlen 1, 2 und 3
$1 \in \{1, 2, 3\}$	1 ist Element der Menge $\{1, 2, 3\}$
$4 \notin \{1, 2, 3\}$	4 ist kein Element der Menge $\{1, 2, 3\}$
$\mathbb{N}$ bzw. $\mathbb{N}^*$	natürliche Zahlen, $\mathbb{N} = \{0, 1, 2, 3, \ldots\}$, $\mathbb{N}^* = \{1, 2, 3, \ldots\}$
$\mathbb{Z}$	ganze Zahlen, $\mathbb{Z} = \{\ldots, -3, -2, -1, 0, 1, 2, 3, \ldots\}$
$\mathbb{R}$	reelle Zahlen (alle uns bekannten Zahlen)
$\mathbb{R}_+$	positive reelle Zahlen
$\mathbb{R}^*$	alle reellen Zahlen außer Null
$\mathbb{D}$	Definitionsmenge einer Funktion
$\mathbb{W}$	Wertemenge einer Funktion

Intervallschreibweise von Zahlenmengen

Intervalle sind Zahlenmengen aller Elemente in $\mathbb{R}$ zwischen einer unteren Grenze a und einer oberen Grenze b. Wir unterscheiden die folgenden Fälle.

Symbol	Bedeutung
$[a; b]$	sowohl a als auch b sind in der Menge enthalten
$[a; b)$ bzw. $[a; b[$	a ist in der Menge enthalten, b aber nicht
$(a; b]$ bzw. $]a; b]$	b ist in der Menge enthalten, a aber nicht
$(a; b)$ bzw. $]a; b[$	weder a noch b sind in der Menge enthalten

Weitere Symbole und Notationen

Symbol	Bedeutung
$\Rightarrow$	aus der linken Bedingung folgt die rechte Bedingung
$\Leftrightarrow$	aus der linken Bedingung folgt die rechte Bedingung und umgekehrt
$\|x\|$	Betrag der Zahl x (das Vorzeichen wird weggelassen)
$f', f'', f''', f^{(n)}$	erste, zweite, dritte, n-te Ableitung von f
F	Stammfunktion von f
$\int_a^b f(x)\,dx$	bestimmtes Integral von f im Intervall $[a; b]$
$\overline{PQ}$	Länge der Strecke zwischen den Punkten P und Q

Abkürzungen

Abkürzung	Bedeutung
LGS	lineares Gleichungssystem
VZW	Vorzeichenwechsel

Begriffe im Koordinatensystem

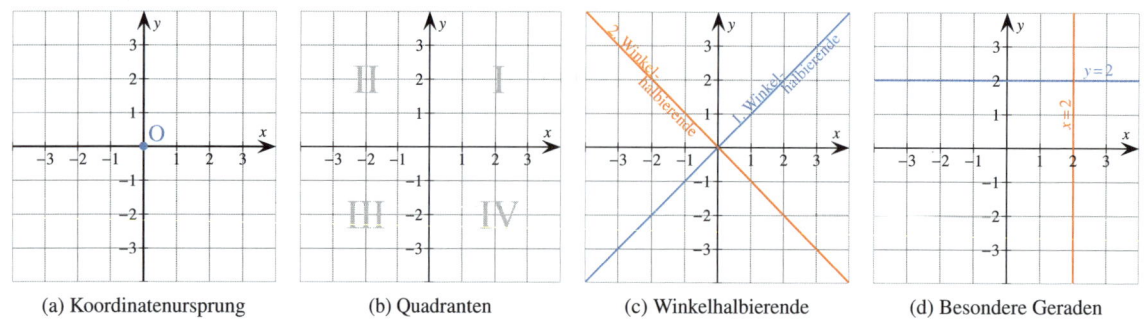

(a) Koordinatenursprung (b) Quadranten (c) Winkelhalbierende (d) Besondere Geraden

Abb. 0.1.: Begriffe im Koordinatensystem

Häufig verwendete Funktionen

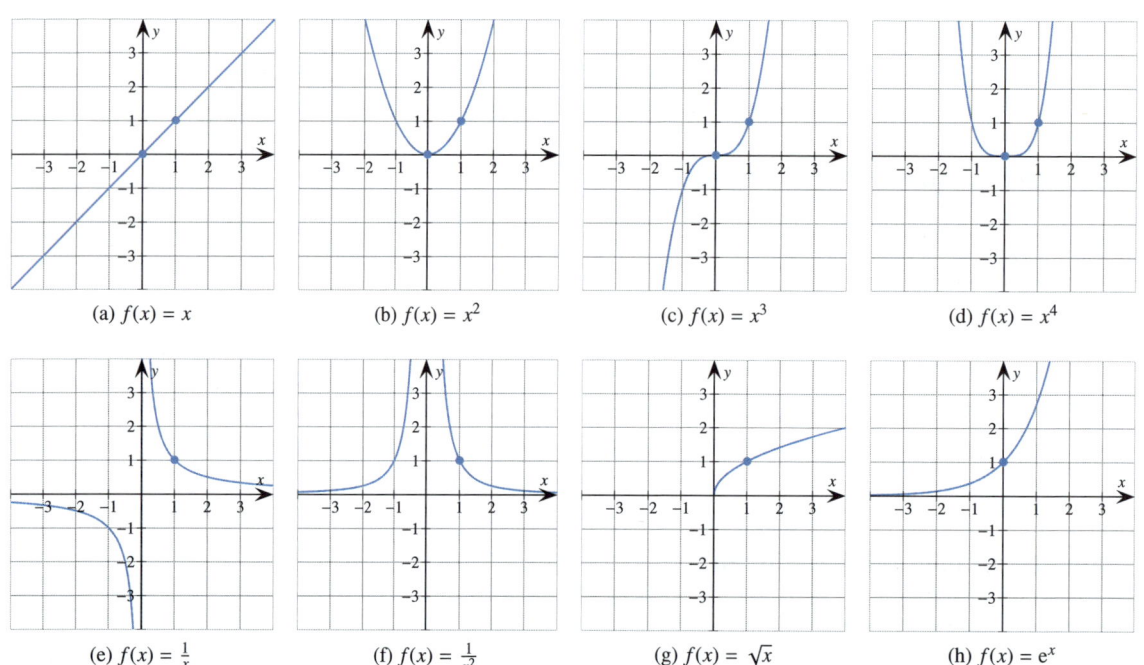

(a) $f(x) = x$ (b) $f(x) = x^2$ (c) $f(x) = x^3$ (d) $f(x) = x^4$

(e) $f(x) = \frac{1}{x}$ (f) $f(x) = \frac{1}{x^2}$ (g) $f(x) = \sqrt{x}$ (h) $f(x) = e^x$

Abb. 0.2.: Schaubilder der am häufigsten verwendeten Funktionen und ihrer besonderen Punkte

Symmetrie von Funktionen

Das Schaubild einer Funktion f heißt

- *symmetrisch zur y-Achse*, wenn $f(x) = f(-x)$ für alle $x \in \mathbb{R}$

- *symmetrisch zur Geraden $x = a$*, wenn $f(a + x) = f(a - x)$ für alle $x \in \mathbb{R}$

- *symmetrisch zum Koordinatenursprung*, wenn $f(x) = -f(-x)$ für alle $x \in \mathbb{R}$

Darstellungsformen von Geraden

Bezeichnung	Form	Bedeutung der Koeffizienten
Hauptform	$y = mx + b$	Steigung m, y-Achsenabschnitt b
Punktsteigungsform	$y = m(x - u) + v$	Steigung m, Punkt $P(u \mid v)$

- Für den Schnittwinkel α einer Geraden mit der x-Achse gilt: $\tan \alpha = m$.

- Zwei Geraden mit den Steigungen m_1 und m_2

    - heißen *parallel*, wenn $m_1 = m_2$.

    - schneiden sich unter dem Winkel α mit $\tan \alpha = \left| \frac{m_1 - m_2}{1 + m_1 m_2} \right|$.

    - schneiden sich senkrecht, wenn $m_1 m_2 = -1$.

Darstellungsformen von Parabeln

Bezeichnung	Form	Bedeutung der Koeffizienten
Hauptform	$f(x) = ax^2 + bx + c$	y-Achsenabschnitt c
Nullstellenform	$f(x) = a(x - u_1)(x - u_2)$	Nullstellen u_1, u_2
Scheitelpunktform	$f(x) = a(x - x_S)^2 + y_S$	Scheitelpunkt $(x_S \mid y_S)$

Darstellungsformen von ganzrationalen Funktionen dritten Grades

Bezeichnung	Form	Bedeutung der Koeffizienten
Hauptform	$f(x) = ax^3 + bx^2 + cx + d$	y-Achsenabschnitt d
Nullstellenform	$f(x) = a(x - u_1)(x - u_2)(x - u_3)$	Nullstellen u_1, u_2, u_3

In der Nullstellenform können Nullstellen auch zusammenfallen. Die Anzahl der Faktoren, in denen eine bestimmte Nullstelle (z.B. u_1) auftritt, gibt die *Vielfachheit* der Nullstelle an. Analoge Betrachtungen gelten auch für Funktionen höheren Grades. Nullstellen haben in einer kleinen Umgebung stets ein Aussehen wie in Abb. 0.3. Die Hauptform existiert immer, die Nullstellenform nicht.

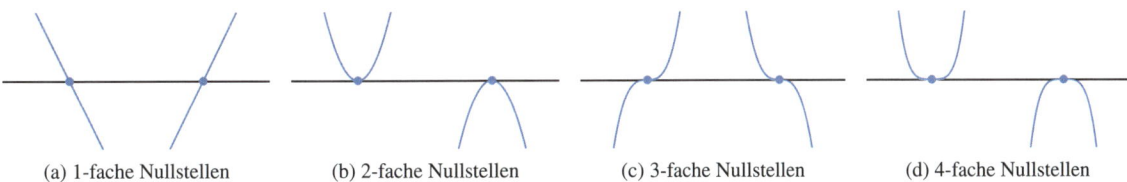

(a) 1-fache Nullstellen   (b) 2-fache Nullstellen   (c) 3-fache Nullstellen   (d) 4-fache Nullstellen

Abb. 0.3.: Schaubilder von Nullstellen mit unterschiedlicher Vielfachheit

Abstand zweier Punkte

Für den *Abstand d* zweier Punkte $P(x_1 \mid y_1)$ und $Q(x_2 \mid y_2)$ gilt:

$$d = \overline{PQ} = \sqrt{(x_2 - x_1)^2 + (y_2 - y_1)^2}$$

Transformation von Funktionen

Aus dem Schaubild einer Funktion f können wir mit geringem Aufwand das Schaubild einer neuen Funktion g erstellen, indem wir g bilden durch

$$g(x) = af(b(x + c)) + d \,.$$

Verschiebung in y-Richtung

Die Veränderung eines Funktionsterms von $f(x)$ zu $f(x) + d$ entspricht einer *Verschiebung* des Schaubilds in y-Richtung. Dabei gilt:

Wert	Bedeutung
$d > 0$	Verschiebung um d Einheiten nach *oben*
$d < 0$	Verschiebung um d Einheiten nach *unten*

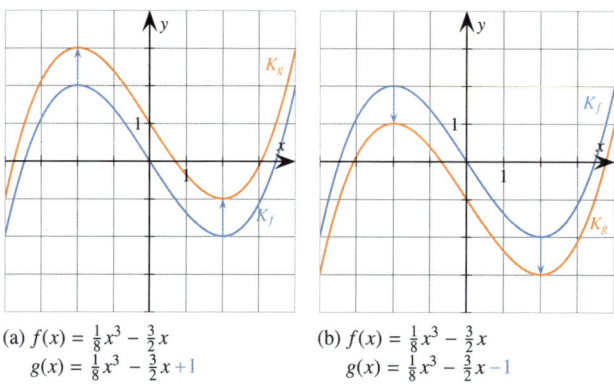

(a) $f(x) = \frac{1}{8}x^3 - \frac{3}{2}x$
$\quad\ g(x) = \frac{1}{8}x^3 - \frac{3}{2}x + 1$

(b) $f(x) = \frac{1}{8}x^3 - \frac{3}{2}x$
$\quad\ g(x) = \frac{1}{8}x^3 - \frac{3}{2}x - 1$

Verschiebung in x-Richtung

Die Veränderung eines Funktionsterms von $f(x)$ zu $f(x + c)$ entspricht einer *Verschiebung* des Schaubilds in x-Richtung. Dabei gilt:

Wert	Bedeutung
$c > 0$	Verschiebung um c Einheiten nach *links*
$c < 0$	Verschiebung um c Einheiten nach *rechts*

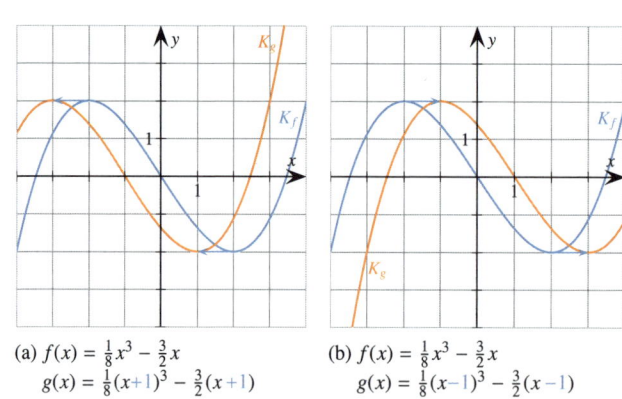

(a) $f(x) = \frac{1}{8}x^3 - \frac{3}{2}x$
$\quad\ g(x) = \frac{1}{8}(x+1)^3 - \frac{3}{2}(x+1)$

(b) $f(x) = \frac{1}{8}x^3 - \frac{3}{2}x$
$\quad\ g(x) = \frac{1}{8}(x-1)^3 - \frac{3}{2}(x-1)$

Streckung/Stauchung in *y*-Richtung

Die Veränderung eines Funktionsterms von $f(x)$ zu $a \cdot f(x)$ entspricht einer *Streckung/Stauchung* des Schaubilds in *y*-Richtung. Dabei gilt:

Wert	Bedeutung
$|a| > 1$	*Streckung* um den Faktor $|a|$ in *y*-Richtung
$|a| < 1$	*Stauchung* um den Faktor $|a|$ in *y*-Richtung
$a < 0$	zusätzlich Spiegelung an der *x-Achse*

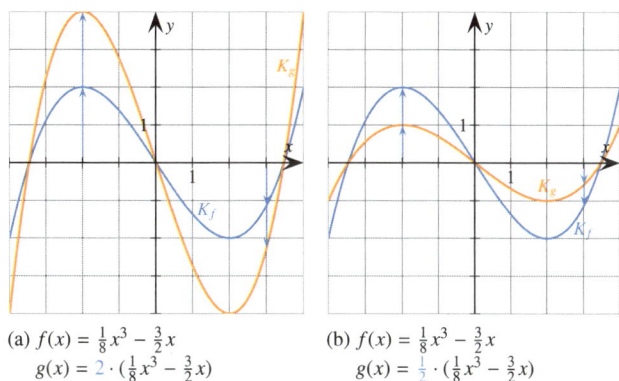

(a) $f(x) = \frac{1}{8}x^3 - \frac{3}{2}x$
$\quad g(x) = 2 \cdot (\frac{1}{8}x^3 - \frac{3}{2}x)$

(b) $f(x) = \frac{1}{8}x^3 - \frac{3}{2}x$
$\quad g(x) = \frac{1}{2} \cdot (\frac{1}{8}x^3 - \frac{3}{2}x)$

Streckung/Stauchung in *x*-Richtung

Die Veränderung eines Funktionsterms von $f(x)$ zu $f(b \cdot x)$ entspricht einer *Streckung/Stauchung* des Schaubilds in *x*-Richtung. Dabei gilt:

Wert	Bedeutung
$|b| > 1$	*Stauchung* um den Faktor $\frac{1}{|b|}$ in *x*-Richtung
$|b| < 1$	*Streckung* um den Faktor $\frac{1}{|b|}$ in *x*-Richtung
$b < 0$	zusätzlich Spiegelung an der *y-Achse*

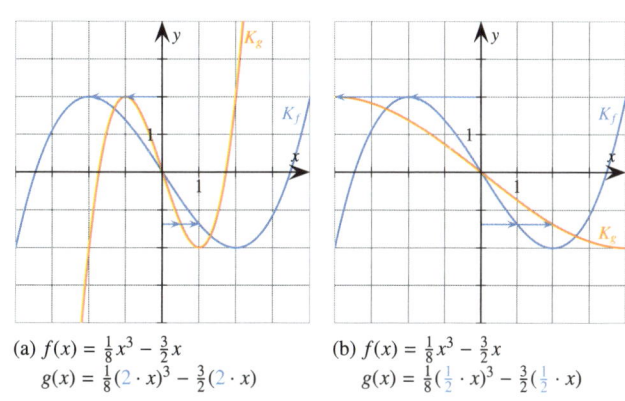

(a) $f(x) = \frac{1}{8}x^3 - \frac{3}{2}x$
$\quad g(x) = \frac{1}{8}(2 \cdot x)^3 - \frac{3}{2}(2 \cdot x)$

(b) $f(x) = \frac{1}{8}x^3 - \frac{3}{2}x$
$\quad g(x) = \frac{1}{8}(\frac{1}{2} \cdot x)^3 - \frac{3}{2}(\frac{1}{2} \cdot x)$

11

Wachstumsprozesse

Lineares Wachstum

Modell:

$$f(t) = a + kt$$

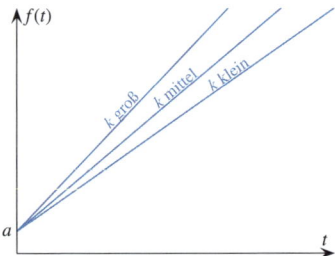

Zwei Parameter:	
$a > 0$	Startwert
$k > 0$	Wachstumsfaktor (je Zeiteinheit absolute Verän-derung um k Einheiten)

Exponentielles Wachstum

Modell:

$$f(t) = a \cdot b^t \quad \text{bzw.} \quad f(t) = ae^{kt}$$

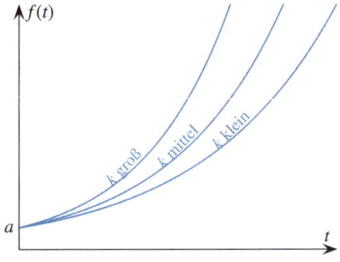

Drei Parameter:	
$a > 0$	Startwert
$b > 1$	Wachstumsfaktor (in jeder Zeiteinheit Vervielfa-chung um den Faktor b)
$k = \ln b > 0$	Wachstumsfaktor (alternativ)

Die *Verdopplungszeit* t_V ist gegeben durch $t_V = \frac{\ln 2}{k} = \log_2 b$. Ist $b \in (0; 1)$ bzw. $k < 0$, so sprechen wir von *exponentiellem Zerfall*. Dort ist die *Halbwertszeit* t_H gegeben durch $t_H = -\frac{\ln 2}{k} = -\log_2 b$.

Beschränktes Wachstum

Modell:

$$f(t) = G - (G - a)e^{-kt}$$

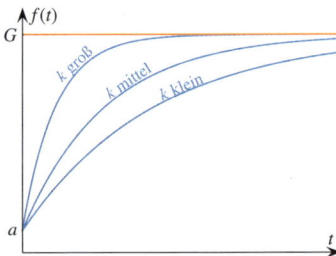

Drei Parameter:	
$a > 0$	Startwert
$k > 0$	Wachstumsfaktor
$G > a$	obere Kapazitätsgrenze

Logistisches Wachstum

Modell:

$$f(t) = \frac{G}{1 + \left(\frac{G}{a} - 1\right)e^{-kGt}}$$

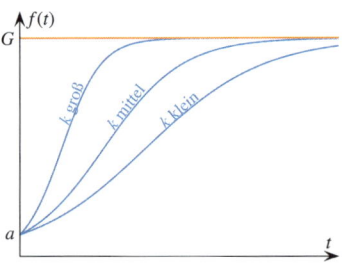

Drei Parameter:	
$a > 0$	Startwert
$k > 0$	Wachstumsfaktor
$G > a$	obere Kapazitätsgrenze

Trigonometrische Funktionen

Sinusfunktion

- $\mathbb{D} = \mathbb{R}$, $\mathbb{W} = [-1; 1]$

- punktsymmetrisch zum Koordinatenursprung

- periodisch (Ausschnitte wiederholen sich) mit Periodenlänge 2π

- Nullstellen $\ldots, -2\pi, -\pi, 0, \pi, 2\pi, \ldots$

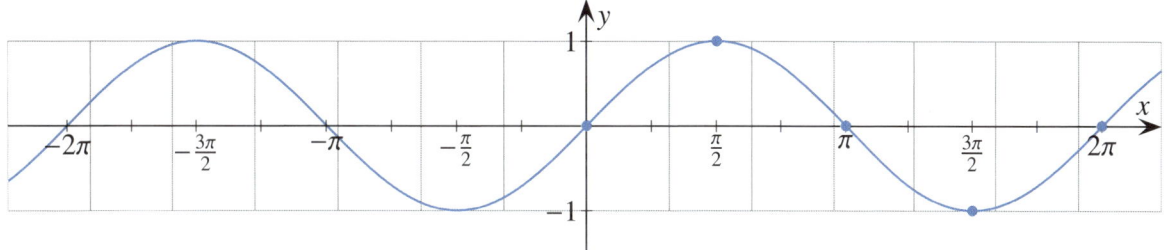

Abb. 0.4.: Schaubild der Sinusfunktion $f(x) = \sin x$

x	0	$\frac{\pi}{6}$	$\frac{\pi}{4}$	$\frac{\pi}{3}$	$\frac{\pi}{2}$	$\frac{2}{3}\pi$	$\frac{3}{4}\pi$	$\frac{5}{6}\pi$	π	$\frac{7}{6}\pi$	$\frac{5}{4}\pi$	$\frac{4}{3}\pi$	$\frac{3}{2}\pi$	$\frac{5}{3}\pi$	$\frac{7}{4}\pi$	$\frac{11}{6}\pi$	2π
$\sin x$	0	$\frac{1}{2}$	$\frac{\sqrt{2}}{2}$	$\frac{\sqrt{3}}{2}$	1	$\frac{\sqrt{3}}{2}$	$\frac{\sqrt{2}}{2}$	$\frac{1}{2}$	0	$-\frac{1}{2}$	$-\frac{\sqrt{2}}{2}$	$-\frac{\sqrt{3}}{2}$	-1	$-\frac{\sqrt{3}}{2}$	$-\frac{\sqrt{2}}{2}$	$-\frac{1}{2}$	0

Kosinusfunktion

- $\mathbb{D} = \mathbb{R}$, $\mathbb{W} = [-1; 1]$

- symmetrisch zur y-Achse

- periodisch (Ausschnitte wiederholen sich) mit Periodenlänge 2π

- Nullstellen $\ldots, -\frac{3}{2}\pi, -\frac{1}{2}\pi, \frac{1}{2}\pi, \frac{3}{2}\pi, \ldots$

x	0	$\frac{\pi}{6}$	$\frac{\pi}{4}$	$\frac{\pi}{3}$	$\frac{\pi}{2}$	$\frac{2}{3}\pi$	$\frac{3}{4}\pi$	$\frac{5}{6}\pi$	π	$\frac{7}{6}\pi$	$\frac{5}{4}\pi$	$\frac{4}{3}\pi$	$\frac{3}{2}\pi$	$\frac{5}{3}\pi$	$\frac{7}{4}\pi$	$\frac{11}{6}\pi$	2π
$\cos x$	1	$\frac{\sqrt{3}}{2}$	$\frac{\sqrt{2}}{2}$	$\frac{1}{2}$	0	$-\frac{1}{2}$	$-\frac{\sqrt{2}}{2}$	$-\frac{\sqrt{3}}{2}$	-1	$-\frac{\sqrt{3}}{2}$	$-\frac{\sqrt{2}}{2}$	$-\frac{1}{2}$	0	$\frac{1}{2}$	$\frac{\sqrt{2}}{2}$	$\frac{\sqrt{3}}{2}$	1

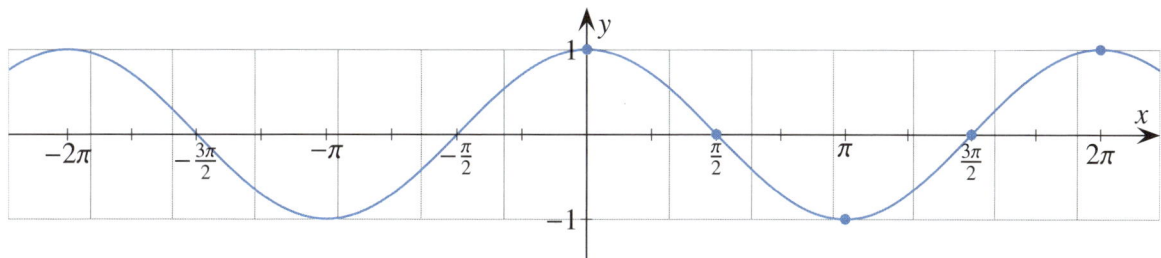

Abb. 0.5.: Schaubild der Kosinusfunktion $f(x) = \cos x$

13

Allgemeine Sinusfunktion

Die allgemeine Sinusfunktion f ist gegeben durch

$$f(x) = a\sin(b(x - c)) + d.$$

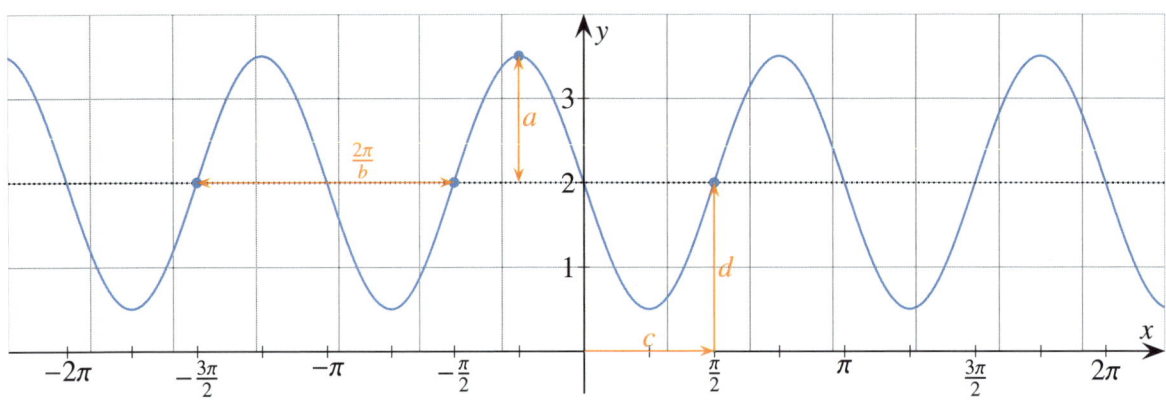

Wert	Bedeutung
a	Amplitude = halbe Höhe der Welle
b	Periodenlänge $\frac{2\pi}{b}$
c	Verschiebung in x-Richtung
d	Verschiebung in y-Richtung = Höhe der Mittellinie

Waagrechte und schiefe Asymptoten

Strebt der Ausdruck

- $f(x)$ für $x \to \infty$ (bzw. $x \to -\infty$) gegen c, dann heißt die Gerade $y = c$ *waagrechte Asymptote* von f (siehe Abb. 0.6a). Wir schreiben $f(x) \to c$ für $x \to \infty$ (bzw. $x \to -\infty$).

- $f(x) - (mx + b)$ für $x \to \infty$ (bzw. $x \to -\infty$) gegen den Wert 0, dann heißt die Gerade mit der Gleichung $y = mx + b$ *schiefe Asymptote* von f (siehe Abb. 0.6b, 0.6c). Wir schreiben $f(x) - (mx + b) \to 0$ für $x \to \infty$ (bzw. $x \to -\infty$).

Anstelle von $f(x) \to c$ für $x \to \infty$ wird auch manchmal die Schreibweise $\lim_{x \to \infty} f(x) = c$ verwendet.

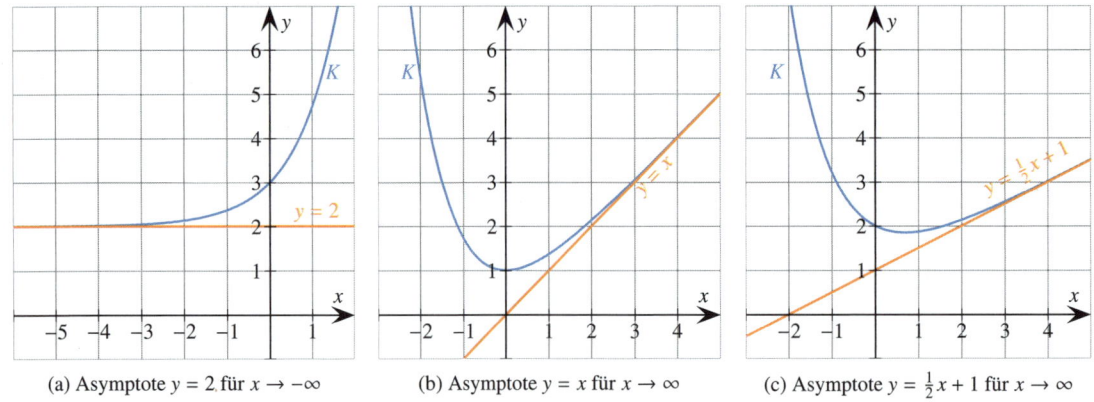

(a) Asymptote $y = 2$ für $x \to -\infty$ (b) Asymptote $y = x$ für $x \to \infty$ (c) Asymptote $y = \frac{1}{2}x + 1$ für $x \to \infty$

Abb. 0.6.: Schaubilder von Asymptoten

14

Grundlegende Gleichungstypen

1. Diese Gleichungstypen müssen Sie bis zum Abitur beherrschen. Lösen Sie die Gleichungen für x rechnerisch.

(a) $4 - \frac{x}{2} = 1$ *(lineare Gleichung)*

(b) $3x^2 - 16 = 32$ *(quadratische Gleichung mit Wurzelziehen)*

(c) $3x^2 = -x$ *(quadratische Gleichung mit Ausklammern)*

(d) $2x^2 - x = 10$ *(quadratische Gleichung mit Mitternachtsformel)*

(e) $x^2 = 2ax$ *(Gleichung in Abhängigkeit eines Parameters)*

(f) $x^2 + a = 2x$ *(nur Anzahl der Lösungen in Abhängigkeit des Parameters bestimmen)*

(g) $\sqrt{3x + 1} = x - 1$ *(Wurzelgleichung)*

(h) $x = \frac{3}{x+2}$ *(Bruchgleichung)*

(i) $1 - \frac{1}{4}x^3 = 3$ *(höhere Gleichung mit Wurzelziehen)*

(j) $x^3 + 4x^2 = 5x$ *(höhere Gleichung mit Ausklammern I)*

(k) $4x^2 = x^4$ *(höhere Gleichung mit Ausklammern II)*

(l) $x^4 - 3x^2 - 4 = 0$ *(biquadratische Gleichung mit Substitution)*

(m) $e^{1-x} = 8$ *(Exponentialgleichung)*

(n) $x^2 e^x + 4x e^x = 0$ *(gemischte Gleichung I)*

(o) $e^{-x} - 3e^{-2x} = 0$ *(gemischte Gleichung II)*

(p) $e^{2x} - 4e^x + 4 = 0$ *(gemischte Gleichung III)*

(q) $\sin x = \frac{1}{2}$, $x \in [0; 2\pi)$ *(trigonometrische Gleichung I)*

(r) $\cos x = -\frac{1}{2}$, $x \in [0; 2\pi)$ *(trigonometrische Gleichung II)*

(s) $\sin\left(\frac{1}{2}x - 1\right) = \sqrt{\frac{1}{2}}$, $x \in [0; 4\pi)$ *(trigonometrische Gleichung III)*

(t) $\begin{aligned} 3x - 5 &= -y \\ 2x + y &= 2 \end{aligned}$ *(LGS mit Gleichsetzungsverfahren)*

(u) $\begin{aligned} x + 3y &= 1 \\ 7y &= 4 - 2x \end{aligned}$ *(LGS mit Einsetzungsverfahren)*

(v) $\begin{aligned} 2x + 3y &= 7 \\ x + y &= 1 \end{aligned}$ *(LGS mit Additionsverfahren)*

Grundlagen

Ungleichungen

Die Lösungsmenge von Ungleichungen geben wir mit Hilfe der *Intervallschreibweise* an.

Merke:

Bei den folgenden Rechenschritten kehrt sich das Ungleichheitszeichen um:

- Multiplikation/Division mit einer negativen Zahl, z.B. $\cdot(-1)$

- Potenzieren mit einer negativen Zahl, z.B. $()^{-1}$

- Logarithmus mit einer Basis zwischen 0 und 1, z.B. $\log_{\frac{1}{2}}()$

Beim Wurzelziehen und bei sin/cos/tan sind teilweise Fallunterscheidungen notwendig.

> **Beispiel**
>
> Lösen Sie die Ungleichung $4 - \frac{1}{4}x^2 < 3$.

Lösungsmöglichkeit 1 (Direktes Rechnen)

$$
\begin{aligned}
4 - \tfrac{1}{4}x^2 &< 3 && |-4\\
-\tfrac{1}{4}x^2 &< -1 && |\cdot(-4)\\
x^2 &> 4 && |\sqrt{}
\end{aligned}
$$

Dies gilt für alle $x < -2$ bzw. $x > 2$. Somit erhalten wir die Lösungsmenge $\mathbb{L} = (-\infty;\ -2) \cup (2;\infty)$.

Lösungsmöglichkeit 2 (Grenzfallbetrachtung)

Wir betrachten anstelle der Ungleichung nun die dazugehörige Gleichung.

$$
\begin{aligned}
4 - \tfrac{1}{4}x^2 &= 3 && |-4\\
-\tfrac{1}{4}x^2 &= -1 && |\cdot(-4)\\
x^2 &= 4 && |\sqrt{}
\end{aligned}
$$

Dies gilt für $x = -2$ bzw. $x = 2$. Nun betrachten wir wieder die Ungleichung, und zwar auch für die Zwischenräume.

	$x \in (-\infty;\ -2)$	$x = -2$	$x \in (-2;\ 2)$	$x = 2$	$x \in (2;\ \infty)$
$4 - \frac{1}{4}x^2 < 3$?	ja	nein	nein	nein	ja

Durch Zusammenfassen erhalten wir die Lösungsmenge $\mathbb{L} = (-\infty;\ -2) \cup (2;\infty)$.

2. Diese Ungleichungstypen müssen Sie bis zum Abitur beherrschen. Lösen Sie die Ungleichungen für x rechnerisch.

(a) $5 - \frac{1}{2}x \leq 2$ *(lineare Ungleichung)*

(b) $x^2 + 3x < 4$ *(quadratische Ungleichung)*

(c) $x \leq x^3$ *(höhere Ungleichung)*

(d) $e^{1-x} > 4$ *(exponentielle Ungleichung)*

(e) $\sin x \geq \frac{1}{2}$ für $x \in [0;\ 2\pi)$ *(trigonometrische Ungleichung)*

Teil I.
Theorie & Aufgaben

1. Differentialrechnung

Die Differentialrechnung ist ein sehr mächtiges Hilfsmittel, um mathematische Funktionen zu analysieren bzw. sie aufzustellen. Nach Abschluss dieses Kapitels werden wir zum Beispiel in der Lage sein,

- besondere Punkte wie Hoch-, Tief- und Wendepunkte per Hand zu berechnen;

- Funktionen aufzustellen, die vorgegebene Eigenschaften erfüllen;

- Aufgaben zu Themen aus dem realen Leben zu bearbeiten: Wie viele Einheiten eines Produktes muss beispielsweise ein Unternehmen herstellen, um maximalen Gewinn zu machen?

1.1. Ableitungsfunktion

In der Differentialrechnung dreht sich alles um den Begriff der *Ableitung* einer Funktion. Mit Hilfe von Ableitungsfunktionen lässt sich angeben, inwiefern sich eine Funktion verändert. Wir unterscheiden zwischen der *ersten Ableitung*, *zweiten Ableitung* und *höheren Ableitungen*. Die erste Ableitung ist beispielsweise hilfreich, um

- das Monotonieverhalten einer Funktion zu untersuchen (→ Abschnitt 1.4)

- die Extremstellen einer Funktion zu berechnen (→ Abschnitt 1.4)

Im gesamten Buch konzentrieren wir uns hauptsächlich auf diejenigen Funktionen, für welche die geforderte Ableitung auch wirklich existiert. Dies ist nur an Stellen der Fall, an denen die Funktionen keine Sprünge machen („*stetig*") und in einem gewissen Sinne *glatt* („*differenzierbar*") sind. Grob gesagt können wir sie daran erkennen, dass wir ihre Schaubilder mit einem Stift durchgehend und knickfrei zeichnen können (→ Abb. 1.1).

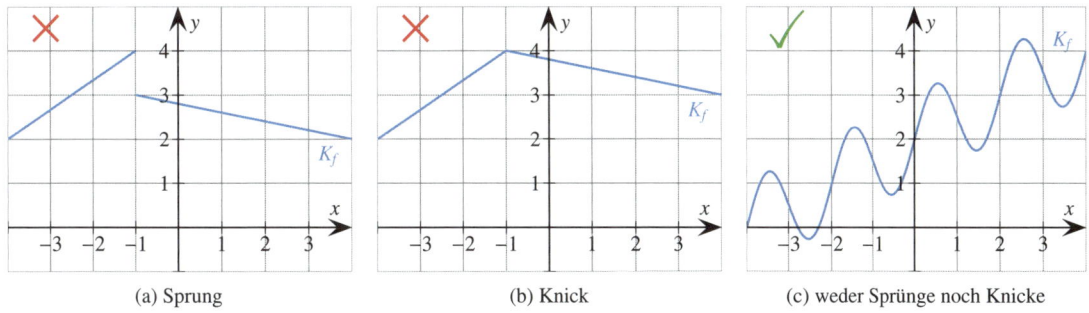

(a) Sprung   (b) Knick   (c) weder Sprünge noch Knicke

Abb. 1.1.: Mit welchen Funktionen werden wir es zu tun haben?

Graphisches Ableiten

An den Begriff der Ableitung können wir auf zweierlei Arten herangehen. Bevor wir uns mit den Rechenregeln beschäftigen, nähern wir uns auf die graphische Art. Dazu führen wir einige Begriffe ein.

Um zu bestimmen, wie stark eine Funktion zwischen zwei Punkten Q und P steigt, zeichnen wir eine Gerade durch Q und P (*Sekante*) und geben deren Steigung an.

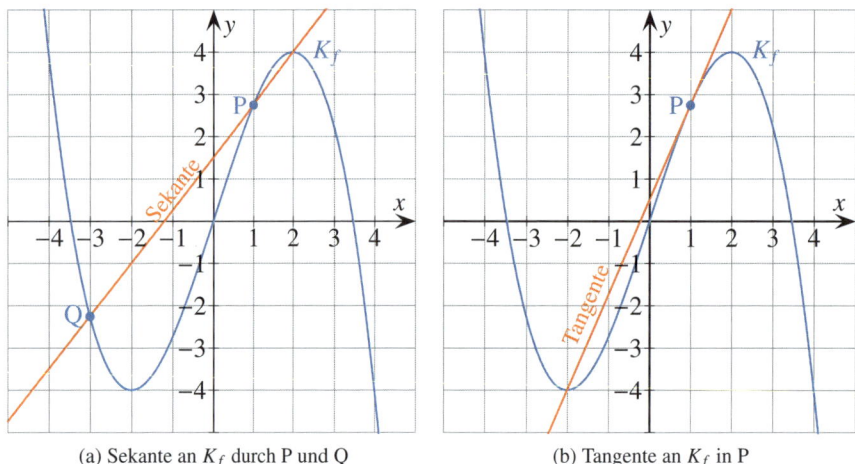

(a) Sekante an K_f durch P und Q (b) Tangente an K_f in P

Abb. 1.2.: Sekante und Tangente

Mittlere Änderungsrate

Die *mittlere Änderungsrate* einer Funktion f zwischen den Stellen x_0 und x ist gegeben durch den *Differenzenquotienten*

$$\frac{\Delta f}{\Delta x} = \frac{f(x_0) - f(x)}{x_0 - x}$$

und entspricht der *Steigung der Sekante* zwischen diesen Stellen ($\rightarrow$ Abb. 1.2a).

In Abb. 1.2a ist f gegeben durch $f(x) = -\frac{1}{4}x^3 + 3x$. Die Steigung der Sekante durch P und Q beträgt:

$$m = \frac{f(1) - f(-3)}{1 - (-3)} = \frac{\frac{11}{4} - \left(-\frac{9}{4}\right)}{4} = \frac{5}{4}$$

Doch wie groß ist die Steigung der Funktion exakt im Punkt P? Dafür lassen wir den Punkt Q immer näher an P wandern. Die Steigung der Sekante gibt dann immer besser die aktuelle Steigung an, bis schließlich die Punkte Q und P zusammenfallen. Dann ist die Gerade eine *Tangente* in P. Die Steigung dieser Tangente ist identisch mit der Steigung der Funktion in P.

Momentane Änderungsrate

Die *momentane Änderungsrate* einer Funktion f an der Stelle x_0 ist gegeben durch den *Differentialquotienten*:

$$f'(x_0) = \lim_{h \to 0} \frac{f(x_0 + h) - f(x_0)}{h}$$

und entspricht der *Steigung der Tangente* an dieser Stelle ($\rightarrow$ Abb. 1.2b).

In Abb. 1.2b können wir die Steigung der Tangente in P näherungsweise mit Hilfe eines Steigungsdreiecks ermitteln und erhalten den Wert $m = \frac{9}{4}$. Unser Ziel ist es, eine Funktion f' zu ermitteln, die für die Funktion f die Steigung an jeder einzelnen Stelle angibt.

---

1. Ableitung

Die *1. Ableitung* einer Funktion f gibt für jeden x-Wert die Tangentensteigung des Schaubilds von f an der Stelle x an ($\rightarrow$ Abb. 1.3). Wir bezeichnen diese Funktion mit f' (oder in der Physik mit $\frac{d}{dx}f$).

In Abb. 1.3 hat das Schaubild von f an den Stellen $x = -3$ und $x = 3$ stark fallende Tangenten. Das Schaubild von f' liegt dort unterhalb der x-Achse. An den Stellen $x = -2$ und $x = 2$ hat K_f waagrechte Tangenten. $K_{f'}$ hat dort Nullstellen. Das Schaubild von f hat an den Stellen $x = -1$ und $x = 1$ stark steigende Tangenten. Das Schaubild von f' liegt dort oberhalb der x-Achse. An der Stelle $x = 0$ hat K_f die Tangente mit der größten Steigung $m = 3$. $K_{f'}$ ist an dieser Stelle maximal und nimmt den y-Wert 3 an.

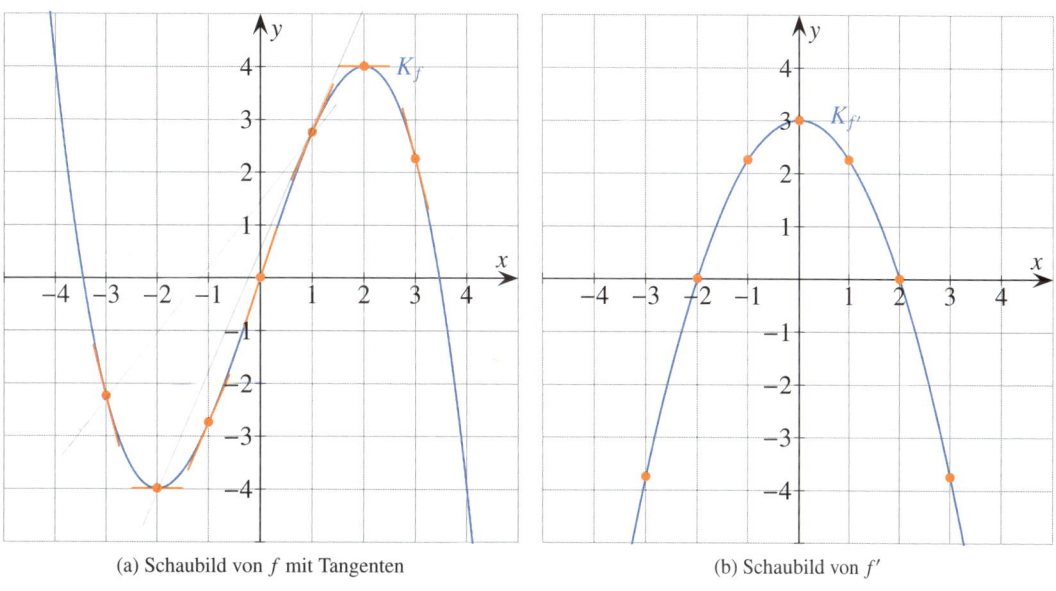

(a) Schaubild von f mit Tangenten   (b) Schaubild von f'

Abb. 1.3.: Zusammenhang zwischen f und f'

3. Das linke Bild ($\rightarrow$ Abb. 1.4) zeigt das Schaubild K_f der Funktion f. Welches der drei rechten Schaubilder ist das Schaubild von f'? Begründen Sie ausführlich.

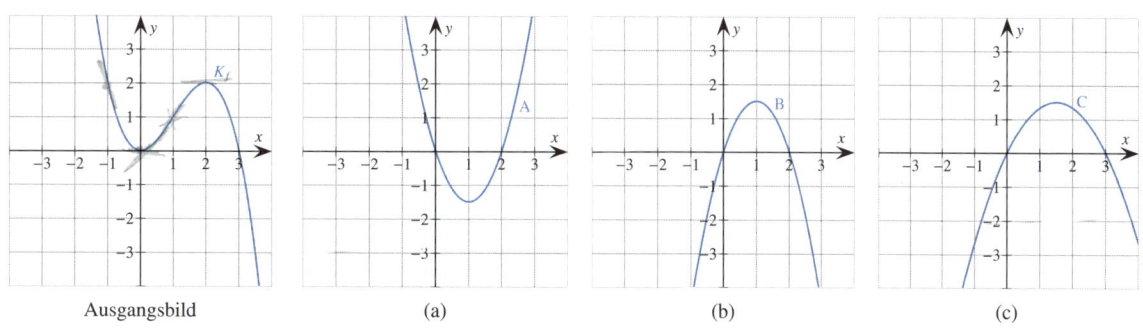

Ausgangsbild   (a)   (b)   (c)

Abb. 1.4.: Schaubilder zu Aufgabe 3

4. Das linke Bild (→ Abb. 1.5) zeigt das Schaubild K_f der Funktion f. Welches der drei rechten Schaubilder ist das Schaubild von f'? Begründen Sie ausführlich.

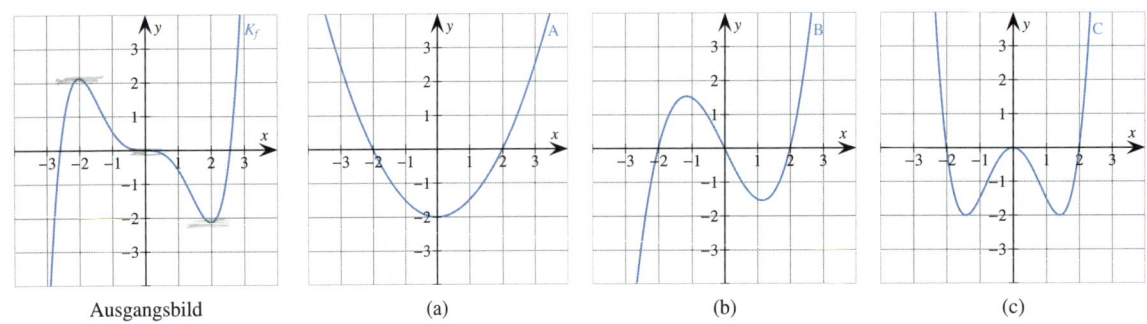

Abb. 1.5.: Schaubilder zu Aufgabe 4

5. In Abb. 1.6 sind die Schaubilder dreier Funktionen sowie ihrer 1. Ableitungen eingezeichnet. Ordnen Sie die Schaubilder den Funktionen zu und begründen Sie Ihre Entscheidung.

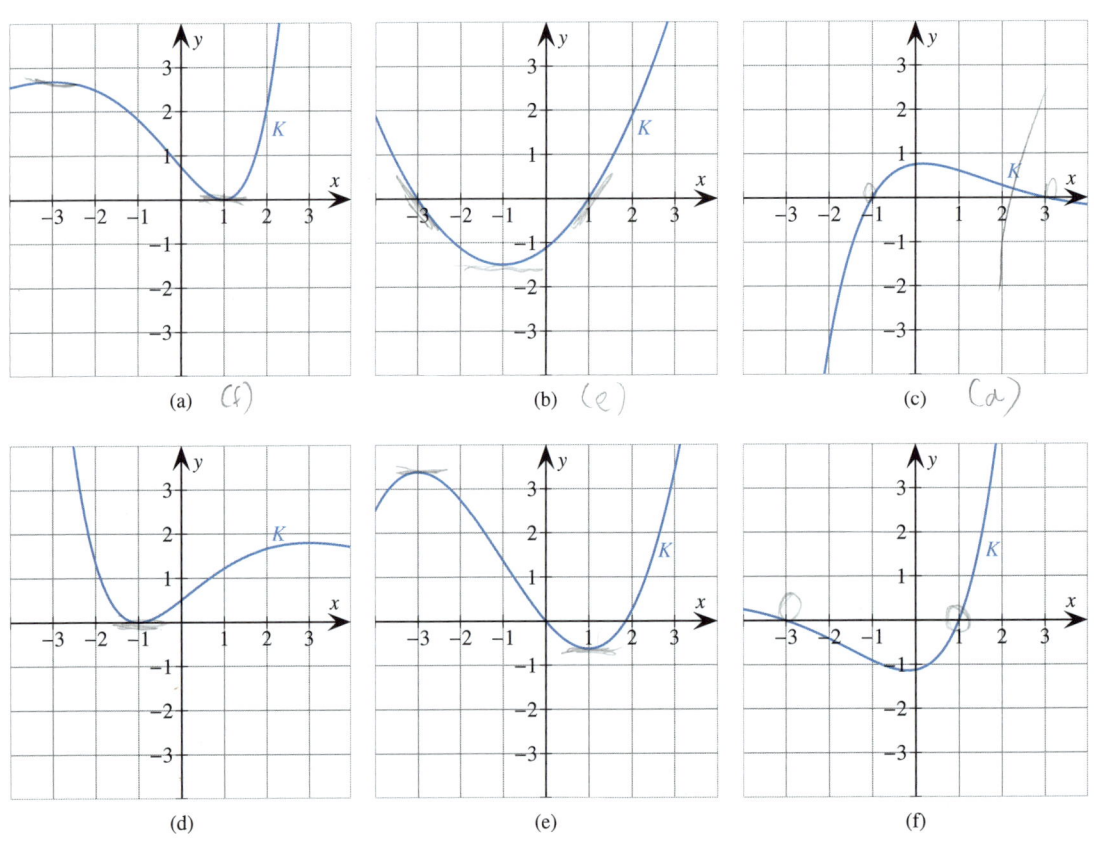

Abb. 1.6.: Schaubilder zu Aufgabe 5

6. In Abb. 1.7a ist das Schaubild K einer Funktion f dargestellt. Geben Sie die Werte der Ableitungsfunktion f' an den Stellen $x_1 = -1$, $x_2 = \sqrt{2}$ und $x_3 = 2$ (blau markierte Punkte) an. Die eingezeichneten Tangenten helfen Ihnen dabei.

Theorie & Aufgaben

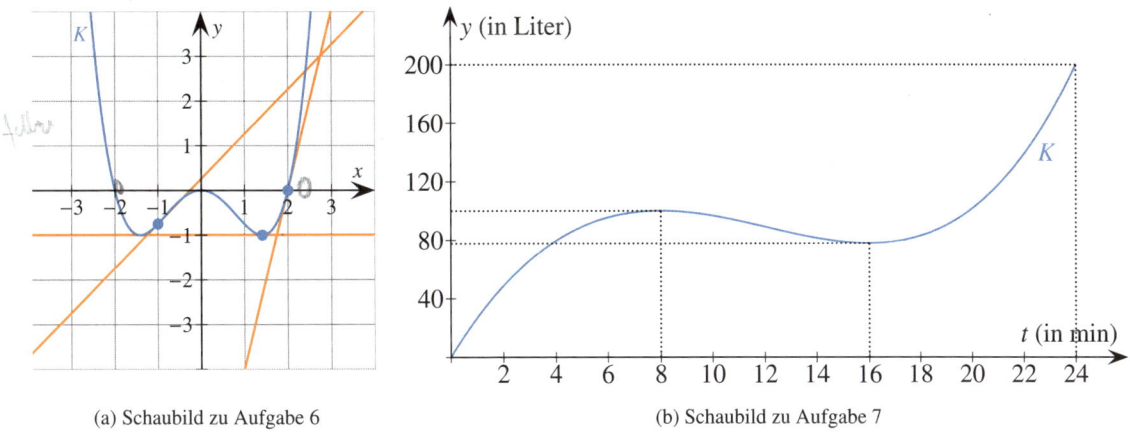

7. In Abb. 1.7b ist das Schaubild K einer Funktion f dargestellt. Diese Funktion f gibt den Füllstand y einer quaderförmigen Badewanne (in Litern) in Abhängigkeit von der Zeit t (in min) an. Beschreiben Sie ungefähr, wie stark der Wasserhahn bzw. der Abfluss jeweils geöffnet werden muss, damit sich die dargestellte Füllkurve ergibt. Beachten Sie, dass zu einem einzelnen Zeitpunkt entweder der Wasserhahn oder der Abfluss geöffnet werden darf.

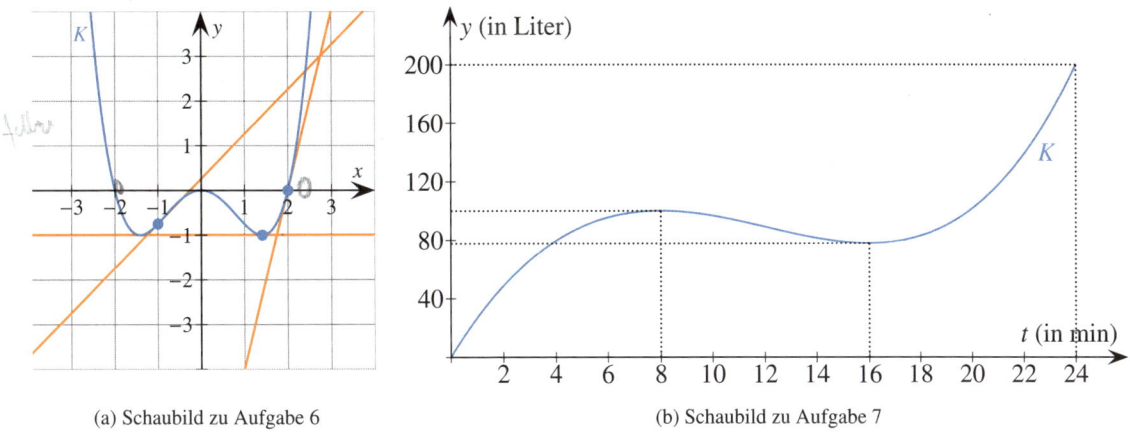

(a) Schaubild zu Aufgabe 6   (b) Schaubild zu Aufgabe 7

Abb. 1.7.: Schaubilder

8. In Abb. 1.8 sind die Schaubilder verschiedener Funktionen dargestellt. Skizzieren Sie die Schaubilder der dazugehörigen 1. Ableitungen.

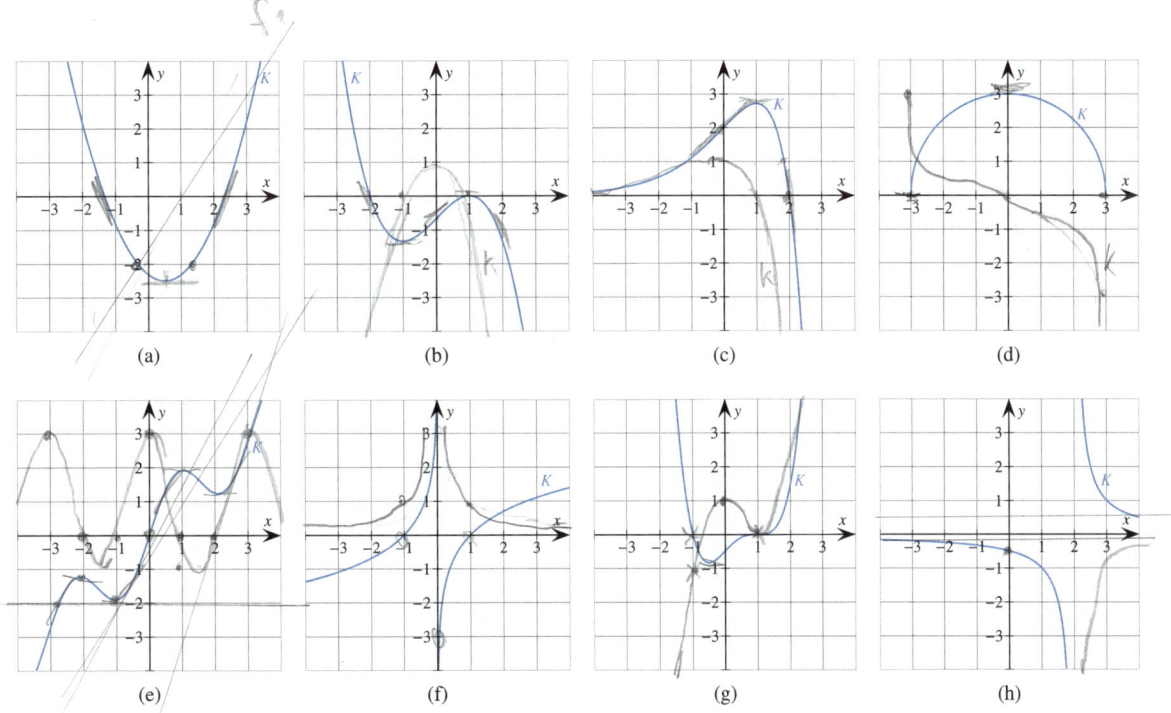

(a)   (b)   (c)   (d)

(e)   (f)   (g)   (h)

Abb. 1.8.: Schaubilder zu Aufgabe 8

23

Ableitung der Grundfunktionen

Glücklicherweise müssen wir Ableitungsfunktionen nicht mit Hilfe von Grenzwerten berechnen. Diese Arbeit haben uns bereits andere Mathematiker abgenommen und dabei die folgenden Regeln entdeckt.

Ableitungsregeln I

Die wichtigsten Ableitungsregeln sind

  (a) $(x^r)' = rx^{r-1}$ (b) $(e^x)' = e^x$ (c) $(\sin x)' = \cos x$ (d) $(\cos x)' = -\sin x$

Beispiel

Leiten Sie ab:

  (a) $f(x) = x^3$ (b) $f(x) = x^4$ (c) $f(x) = \sqrt{x}$ (d) $f(x) = \frac{1}{x^4}$

Lösung

Unter Anwendung der obigen Regeln erhalten wir

  (a) $f'(x) = 3x^2$ (c) $f(x) = \sqrt{x} = x^{\frac{1}{2}}. \ f'(x) = \frac{1}{2}x^{-\frac{1}{2}}$

  (b) $f'(x) = 4x^3$ (d) $f(x) = \frac{1}{x^4} = x^{-4}. \ f'(x) = -4x^{-5}$

Ableitungsregeln II

Für alle differenzierbaren Funktionen f und g, sowie $k \in \mathbb{R}$ gilt

  (a) $(k \cdot f(x))' = k \cdot f'(x)$ *(„Vorfaktoren bleiben beim Ableiten bestehen")*

  (b) $(k)' = 0$ *(„Konstanten werden beim Ableiten zu Null")*

  (c) $(f(x) + g(x))' = f'(x) + g'(x)$ *(„Bei Summen werden die Terme einzeln abgeleitet")*

  (d) $(f(x) - g(x))' = f'(x) - g'(x)$ *(„Bei Differenzen werden die Terme einzeln abgeleitet")*

Beispiel

Leiten Sie ab:

  (a) $f(x) = 6x$ (b) $f(x) = 5$ (c) $f(x) = x^4 + x^3$

Lösung

Unter Anwendung der obigen Regeln erhalten wir

  (a) $f'(x) = 6$ (b) $f'(x) = 0$ (c) $f'(x) = 4x^3 + 3x^2$

Theorie & Aufgaben

9. Berechnen Sie die Ableitungsfunktion.

(a) $f(x) = 2x^3 - 5x^2$

(b) $f(x) = 0{,}6x^4 - 120x + 2$

(c) $f(x) = \frac{1}{10}x^5 + \frac{2}{3}x^3 - 3x$

(d) $f(x) = x^{\frac{1}{2}} - x^{\frac{1}{3}}$

(e) $f(x) = x^{-1} + x^{-\frac{1}{4}}$

(f) $f(x) = 4x^{\frac{3}{2}} - 6x^{\frac{2}{3}}$

(g) $f(x) = 5\sqrt{x} + 6\sqrt[4]{x}$

(h) $f(x) = \frac{1}{6}x^6 - \frac{2}{x}$

(i) $f(x) = \frac{1}{\sqrt[3]{x}} - 3$

10. Berechnen Sie die Ableitungsfunktion.

(a) $f(t) = 2e^t - \sin t$

(b) $f(x) = 4\sin x - 3\cos x$

(c) $f(x) = 5\cos x - 3e^x$

(d) $f(x) = -2\sin x + \frac{1}{3}\cos x$

(e) $f(t) = t\sqrt{10} - 3{,}5\sin t$

(f) $f(x) = 2e^x + \frac{1}{7}x^{-2}$

(g) $f(t) = -\sqrt{2}(e^t + t^3)$

(h) $f(x) = \frac{1}{3}\cos x - \frac{2}{5}e^x$

(i) $f(t) = 0{,}02e^t + 0{,}15t^6$

11. Formen Sie zunächst um und leiten Sie dann ab.

(a) $f(x) = (2x - 3)(3x - 5)$

(b) $f(x) = (3x^2 - 4)^2$

(c) $f(x) = \frac{3x-1}{x}$

12. Berechnen Sie die Ableitungsfunktion.

(a) $f(x) = ax^3 + bx^2 + cx + d$

(b) $f(x) = a\sin x + b\cos x$

(c) $f(x) = ae^x + b$

(d) $f(x) = x^{2a} + \frac{1}{x^a}$

(e) $V(t) = tx^{-\frac{1}{4}} - xe^t$

(f) $A(u) = au^3 - 3a^2u$

13. Finden Sie den Fehler und verbessern Sie.

(a) $f(x) = x^2 + 3$, $f'(x) = 2x + 3$

(b) $f(x) = x^{-2}$, $f'(x) = -2x^{-1}$

(c) $f(x) = 3x \cdot (x^2 + x)$, $f'(x) = 3 \cdot (2x + 1)$

(d) $f(x) = ax^2 + b$, $f'(x) = 2ax + b$

14. Berechnen Sie den exakten Wert der Ableitungsfunktion an der gegebenen Stelle $x = u$.

(a) $f(x) = 2x^3 - 6x^2$, $u = 2$

(b) $f(x) = 3e^x + x$, $u = 0$

(c) $f(x) = \sin x + x^2$, $u = \frac{\pi}{2}$

15. In welchem Punkt hat das Schaubild der Funktion f mit $f(x) = \frac{1}{4}x^2 + x$ die Steigung -1?

16. Das Schaubild jeder Funktion f lässt sich in einem kleinen Bereich um $x = 0$ näherungsweise durch die Tangente t im Punkt P(0 | $f(0)$) angeben. Ihre Funktionsgleichung ist durch $t(x) = f(0) + x \cdot f'(0)$ gegeben. Bestätigen Sie diese These, indem Sie die Zahlenwerte in den folgenden Tabellen ergänzen. Beschreiben Sie zudem das Verhalten der von Ihnen beobachteten Werte.

(a) $f(x) = e^x$

x	−0,8	−0,6	−0,4	−0,2	0	0,2	0,4	0,6	0,8
$f(x)$	0,4493								
$t(x)$	0,2								
absoluter Fehler	0,2493								
relativer Fehler	55,48%								

Theorie & Aufgaben

25

(b) $f(x) = \sin x$

x	−0,8	−0,6	−0,4	−0,2	0	0,2	0,4 ·	0,6	0,8
$f(x)$	−0,7174								
$t(x)$	−0,8								
absoluter Fehler	0,0826								
relativer Fehler	11,52%								

17. Um die Berechnung der Einkommensteuer in Deutschland zu vereinfachen, hat ein Ökonom eine neue Funktion s entwickelt, mit der die zu bezahlenden Steuern $s(x)$ in Abhängigkeit vom zu versteuernden Jahreseinkommen x berechnet werden können. Diese Funktion ist gegeben durch

$$s(x) = 10^{-6} \cdot x^2 + \frac{1}{4} \cdot x - 2\,500,$$

wobei nur der Bereich betrachtet wird, für den $s(x) \geq 0$ ist. Alle Werte sind in € angegeben.

(a) Vergleichen Sie die bisher geltenden Werte mit der zukünftig zu entrichtenden Steuerlast und geben Sie die Unterschiede an.

zu versteuerndes Einkommen	12 000 €	24 000 €	36 000 €	48 000 €
bisherige Steuerlast	639 €	3 748 €	7 532 €	11 975 €

(b) Ab welchem jährlichen Einkommen werden Steuern fällig?

(c) Mit welchem Prozentsatz muss ein Arbeitnehmer sein jährliches Einkommen von 80 000 € versteuern (Durchschnittssteuersatz)?

(d) Mit welchem Prozentsatz muss ein Arbeitnehmer mit einem jährlichen Einkommen von 80 000 € den nächsten neu hinzukommenden Euro versteuern (Grenzsteuersatz)?

(e) Als die neue Einkommensteuerkurve veröffentlicht wird, meldet sich ein Politiker: „Bei dieser Funktion wurde keine Rücksicht auf die gesetzlichen Vorgaben für den Grenzsteuersatz für Spitzenverdiener genommen". Erläutern Sie mit Hilfe Ihrer Funktion, was der Politiker meint. Beschreiben Sie (ohne Rechnung), wie Sie die Einkommensteuerkurve verbessern würden.

18. Bestimmen Sie zwei Funktionsgleichungen der Form $f(x) = ax^2 + bx + c$, für die gilt: $f(x) = (f'(x))^2$ für alle $x \in \mathbb{R}$.

19. Berechnen Sie die Ableitungsfunktion von f mit Hilfe des Differentialquotienten.

(a) $f(x) = 3x$ (c) $f(x) = x^2 + 3x$ (e) $f(x) = \sqrt{x}$ (g) $f(x) = \sin x$

(b) $f(x) = x^2$ (d) $f(x) = \frac{1}{x}$ (f) $f(x) = \frac{1}{x^2}$ (h) $f(x) = e^x$

Tipp: Nutzen Sie in Teilaufgabe (g) die beiden Formeln $\sin x - \sin y = 2 \cos\left(\frac{x+y}{2}\right) \sin\left(\frac{x-y}{2}\right)$ und $\lim_{x \to 0} \frac{\sin x}{x} = 1$ und in Teilaufgabe (h) die Formel $\lim_{x \to 0} \frac{e^x - 1}{x} = 1$.

Theorie & Aufgaben

Kettenregel

> **Kettenregel**
>
> Lässt sich die Funktion f als Verkettung $f(x) = g(h(x))$ zweier Funktionen darstellen, so gilt für die Ableitung von f:
>
> $$f'(x) = g'(h(x)) \cdot h'(x)$$

Beispiel

Leiten Sie mit Hilfe der Kettenregel ab:

(a) $f(x) = e^{4x}$
(b) $f(x) = (x^2 + 3x)^5$

Lösung

(a) $f(x) = e^{4x}$ lässt sich als $f(x) = g(h(x))$ darstellen durch $g(x) = e^x$, $h(x) = 4x$. Es gilt $g'(x) = e^x$ und somit

$$f'(x) = g'(4x) \cdot (4x)' = e^{4x} \cdot 4 = 4e^{4x}$$

(b) $f(x) = (x^2 + 3x)^5$ lässt sich als $f(x) = g(h(x))$ darstellen durch $g(x) = x^5$, $h(x) = x^2 + 3x$. Es gilt $g'(x) = 5x^4$ und somit

$$f'(x) = g'(x^2 + 3x) \cdot (x^2 + 3x)' = 5(x^2 + 3x)^4 \cdot (2x + 3) = 5(2x + 3)(x^2 + 3x)^4$$

20. Berechnen Sie die Ableitungsfunktion auf zwei verschiedene Arten: einmal mit Hilfe der Kettenregel und einmal ohne.

(a) $f(x) = (3x + 7)^2$
(b) $f(x) = \frac{1}{4}(8x - 2)^2$

21. Es sind die Funktionen f, g und h mit $f(x) = x^2$, $g(x) = \sqrt{x + 2}$ und $h(x) = \cos x$ gegeben. Geben Sie die folgenden Verkettungen an.

(a) $g(f(x))$ (b) $f(g(x))$ (c) $f(h(x))$ (d) $h(f(x))$ (e) $g(h(x))$ (f) $h(g(x))$

22. Stellen Sie die Funktion f als eine Verkettung zweier Funktionen g und h dar.

(a) $f(x) = e^{2x+3}$ (b) $f(x) = \sqrt{4 - x^2}$ (c) $f(x) = (3x - 1)^4$ (d) $f(x) = \sin(x^3)$

23. Entscheiden Sie, in welchen Teilaufgaben Sie die Kettenregel anwenden müssen, um die Ableitungsfunktion zu berechnen. Die Rechnung selbst ist nicht erforderlich.

(a) $f(x) = \sin x$ (d) $f(x) = x \sin x$ (g) $f(x) = x + \sin(2x)$ (j) $g(t) = \cos(\frac{1}{2}t)$

(b) $f(x) = 2 \sin x$ (e) $f(x) = x \sin(2x)$ (h) $f(x) = \sin x \cos x$ (k) $f(x) = e^{ux}$

(c) $f(x) = \sin(2x)$ (f) $f(x) = x + \sin x$ (i) $f(t) = e^{\frac{1}{2}t}$ (l) $f(u) = e^{ux}$

24. Ergänzen Sie die fehlenden Terme.

(a) $f(x) = e^{-4x}$, $f'(x) = e^{-4x} \cdot \boxed{}$

(b) $f(x) = \sin(x^2)$, $f'(x) = \boxed{} \cdot 2x$

(c) $f(x) = (x^3 + 1)^2$, $f'(x) = 2(x^3 + 1) \cdot \boxed{}$

(d) $f(x) = (\cos x)^3$, $f'(x) = \boxed{} \cdot (-\sin x)$

25. Berechnen Sie die Ableitungsfunktion mit Hilfe der Kettenregel.

(a) $f(x) = e^{2x} + e^{-2x}$

(b) $f(x) = \frac{1}{5} e^{5x} - \frac{1}{3} e^{-2x}$

(c) $f(t) = e^{6t^4 - 3t + 2} + 1$

(d) $f(x) = 0{,}25 e^{-x^2} + 0{,}7e$

(e) $g(t) = 2e^{4-t}$

(f) $A(u) = \pi e^{2u} - 6$

26. Berechnen Sie die Ableitungsfunktion mit Hilfe der Kettenregel.

(a) $f(x) = \sin(x^2 - 3x + 1)$

(b) $f(x) = \frac{1}{3} \cos(x^3 - \frac{3}{2}x)$

(c) $f(t) = -\cos(t\sqrt{3}) + 2t^2$

(d) $f(x) = e^{\frac{1}{x}}$

(e) $f(t) = \frac{6}{t} + e^{0{,}5t^2 + 1}$

(f) $f(x) = \sin(0{,}2\pi x + \sqrt{5})$

27. Berechnen Sie die Ableitungsfunktion mit Hilfe der Kettenregel.

(a) $f(x) = (1 - x)^7$

(b) $f(x) = (\sin x)^2$

(c) $f(x) = (\frac{1}{3} + e^x)^5$

(d) $f(x) = \sqrt{x - 1}$

(e) $f(x) = (-\sqrt{2} \cos x + 3)^2$

(f) $f(t) = (-e^x + \cos x)^3$

28. Berechnen Sie die Ableitungsfunktion mit Hilfe der Kettenregel.

(a) $f(x) = a e^{bx+c}$

(b) $f(x) = 0{,}7(\cos(tx) - x)$

(c) $f(x) = a \sin(bx + c)$

(d) $f(x) = (9 - tx)^2$

(e) $f(t) = \sqrt{at - 4}$

(f) $f(x) = (\sin x + t)^4$

29. Finden Sie den Fehler und verbessern Sie.

(a) $f(x) = e^{x^2}$, $f'(x) = e^{x^2}$

(b) $f(x) = \sin(2x)$, $f'(x) = 2\sin(2x)$

30. Geben Sie an, welche der angegebenen Funktionen die Ableitung $f'(x) = \sin(2x + 1)$ hat.

(a) $f(x) = -2\cos(2x + 1)$

(b) $f(x) = \frac{1}{2}\cos(2x + 1)$

(c) $f(x) = -\frac{1}{2}\cos(2x + 1)$

(d) $f(x) = 2\cos(2x + 1)$

31. Tim möchte für die Funktion f mit $f(x) = \sin(3x)$ die zugehörige Ableitungsfunktion bestimmen. Er argumentiert: „In der Sinusfunktion steht der Funktionsterm einer Geraden. Also muss ich für die Ableitung den Term $\cos(3x)$ nur nachträglich mit dem Faktor 3 multiplizieren: $f'(x) = 3\cos(3x)$." Erläutern Sie, warum diese Vorgehensweise richtig ist. Bei welchen Funktionen ist sie noch anwendbar?

32. Berechnen Sie die Ableitungsfunktion mit Hilfe der Kettenregel.

(a) $f(x) = (\sin(3x))^2$

(b) $f(x) = (1 + e^{-x})^3$

(c) $f(t) = \sqrt{\cos(2\pi t)}$

(d) $f(x) = \sin\sqrt{x}$

(e) $f(x) = \sqrt{\sin(2x)}$

(f) $f(x) = \sqrt{x + 2\sqrt{x}}$

33. Beweisen Sie die allgemeine Kettenregel mit Hilfe des Differentialquotienten.

Produktregel

> **Produktregel**
>
> Lässt sich die Funktion f als Produkt zweier Funktionen $f(x) = g(x) \cdot h(x)$ darstellen, so gilt für die Ableitung von f:
>
> $$f'(x) = g'(x) \cdot h(x) + g(x) \cdot h'(x)$$

Beispiel

Leiten Sie mit Hilfe der Produktregel ab:

    (a) $f(x) = x^2 \cdot \sin x$ (b) $f(x) = 2x^5 \cdot e^x$

Lösung

(a) $f(x) = x^2 \cdot \sin x$ lässt sich als $f(x) = g(x) \cdot h(x)$ darstellen durch $g(x) = x^2$, $h(x) = \sin x$ und es gilt

$$f'(x) = (x^2)' \cdot \sin x + x^2 \cdot (\sin x)' = 2x \cdot \sin x + x^2 \cdot \cos x$$

(b) $f(x) = 2x^5 \cdot e^x$ lässt sich als $f(x) = g(x) \cdot h(x)$ darstellen durch $g(x) = 2x^5$, $h(x) = e^x$ und es gilt

$$f'(x) = (2x^5)' \cdot e^x + 2x^5 \cdot (e^x)' = 10x^4 \cdot e^x + 2x^5 \cdot e^x = (10x^4 + 2x^5)e^x$$

34. Berechnen Sie die Ableitungsfunktion auf zwei verschiedene Arten: einmal mit Hilfe der Produktregel und einmal ohne.

    (a) $f(x) = (x + 2)(x + 3)$ (c) $f(t) = (2t - 1)(3 - 4t^3)$ (e) $V(t) = (\sqrt{t} + 1)(2 - \sqrt{t})$

    (b) $f(x) = (6 - x)(\frac{1}{2} - x^2)$ (d) $A(u) = (2u^2 + 3)(1 - u^2)$ (f) $g(a) = (\frac{1}{4} + a)(2 - \frac{1}{a})$

35. Ergänzen Sie die fehlenden Terme.

    (a) $f(x) = x^3 \cdot \sin x$. $f'(x) = 3x^2 \cdot \sin x + \boxed{} \cdot \boxed{}$

    (b) $f(x) = 4x \cdot e^x$. $f'(x) = 4 \cdot \boxed{} + 4x \cdot \boxed{}$

    (c) $f(x) = x^2 \cdot e^x$. $f'(x) = 2x \cdot \boxed{} + \boxed{} \cdot \boxed{}$

36. Berechnen Sie die Ableitungsfunktion mit Hilfe der Produktregel.

    (a) $f(x) = x \sin x$ (c) $f(x) = (x^2 + 1)\cos x$ (e) $L(t) = \sin t \cos t$

    (b) $f(x) = \frac{1}{2}x^3 e^x$ (d) $A(u) = (2u^3 + u)e^u$ (f) $V(t) = \frac{4}{t}e^t$

•• **37.** Berechnen Sie die Ableitungsfunktion mit Hilfe der Produktregel.

(a) $f(x) = 2txe^x$

(b) $f(x) = (x - t)\sin x$

(c) $f(x) = (x + a)e^x$

(d) $f(t) = (at - 1)\sin t$

(e) $A(u) = (b + u^2)(4u^3 - b)$

(f) $g(x) = ax^2e^x$

• **38.** Finden Sie den Fehler und verbessern Sie.

(a) $f(x) = 3x^2 \cdot \cos x,\ f'(x) = 6x \cdot (-\sin x)$

(b) $f(x) = (x + a) \cdot \sin x,\ f'(x) = (1 + a)\sin x + (x + a)\cos x$

•• **39.** Entscheiden Sie, in welchen Teilaufgaben Sie die Produktregel anwenden müssen, um die Ableitungsfunktion zu berechnen. Die Rechnung selbst ist nicht erforderlich.

(a) $f(x) = 5x^2 + e^x$

(b) $f(x) = 3x\sin x$

(c) $f(x) = 3\sin x$

(d) $f(x) = e^x \cos x$

(e) $f(x) = 7x^5$

(f) $f(x) = 7\cos x$

(g) $f(t) = t + 7\cos t$

(h) $g(t) = e^t + \sin t$

(i) $f(x) = \sin x \cos x$

(j) $f(x) = \sin u \cos x$

(k) $f(u) = \sin x \cos u$

(l) $A(u) = \sin u \cos u$

★ **40.** Beweisen Sie die allgemeine Produktregel mit Hilfe des Differentialquotienten.

Gemischte Aufgaben

Vor dem Ableiten ist stets zu klären, ob die Produktregel oder die Kettenregel oder sogar beide angewendet werden müssen.

•• **41.** Berechnen Sie die Ableitungsfunktion, indem Sie zunächst die Produktregel, dann die Kettenregel anwenden. Warum muss genau in dieser Reihenfolge abgeleitet werden?

(a) $f(x) = e^{2x}\sin x$

(b) $f(x) = (x^2 + 1)\cos(\pi x)$

(c) $f(x) = \sqrt{2x + 1} \cdot e^{\frac{x}{2}}$

(d) $f(t) = \sin(2t) \cdot \cos(3t)$

(e) $g(a) = e^{-a}\cos(a^2)$

(f) $A(u) = u^3 e^{-5u}$

•• **42.** Berechnen Sie die Ableitungsfunktion, indem Sie zunächst die Kettenregel, dann die Produktregel anwenden. Warum muss genau in dieser Reihenfolge abgeleitet werden?

(a) $f(x) = (x\sin x)^2$

(b) $f(x) = \sin(xe^x)$

(c) $f(x) = e^{-x\cos x}$

(d) $f(t) = \sqrt{2t\cos t}$

(e) $A(u) = (u^2 e^u + 1)^{-2}$

(f) $V(t) = \cos((t + 1)e^t)$

••• **43.** Berechnen Sie die Ableitungsfunktion. Erläutern Sie, in welcher Reihenfolge die Ableitungsregeln angewendet werden müssen.

(a) $f(x) = x^3 \sin(\pi x)$

(b) $f(x) = \sqrt{x^2 e^x + 1}$

(c) $f(t) = (t^2 + 1)e^{-t}$

(d) $g(t) = e^{t\sin t}$

(e) $s(a) = -\cos(a^2 \sqrt{a + 1})$

(f) $L(u) = \sin u \cos(2u)$

Höhere Ableitungen

Mit Hilfe der höheren Ableitungen lassen sich noch detailliertere Untersuchungen über Funktionen durchführen. Die Ableitung von f' bezeichnen wir mit f'', die von f'' mit f''' usw. Wir nennen f', f'', f''', …, $f^{(n)}$ die *erste Ableitung*, *zweite Ableitung*, *dritte Ableitung*, …, *n-te Ableitung* von f. Höhere Ableitungen benötigen wir zur Bearbeitung der folgenden Themen.

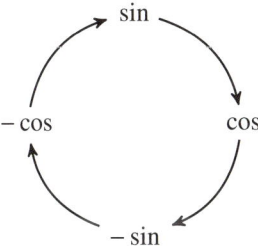

Abb. 1.9.: Die Ableitungen der Sinusfunktion

- Untersuchung von Extremstellen ($\rightarrow$ Abschnitt 1.4)

- Untersuchung des Krümmungsverhaltens ($\rightarrow$ Abschnitt 1.5)

- Untersuchung von Wendestellen ($\rightarrow$ Abschnitte 1.5, 1.6)

44. Leiten Sie jeweils dreimal ab.

(a) $f(x) = -7x^3 + 4x^2 + 2x - 1$

(b) $f(x) = \frac{1}{48}x^4 + \frac{3}{32}x^3 - \frac{7}{6}x^2 + \frac{3}{4}x - 2$

(c) $f(x) = ax^3 + bx^2 + cx + d$

(d) $f(x) = ax^4 + bx^2 + c$

45. Leiten Sie jeweils dreimal ab.

(a) $f(x) = e^{5x}$

(b) $f(x) = 3\sin(2x)$

(c) $f(x) = t\sqrt{5x}$

(d) $f(x) = \cos(4x + 7)$

(e) $g(u) = \sqrt{1 - 2u}$

(f) $f(x) = ae^{bx}$

46. Leiten Sie jeweils dreimal ab.

(a) $f(x) = xe^{2x}$

(b) $f(x) = (x + 1)\sin(3x)$

(c) $f(t) = (t^2 + 1)e^{t-2}$

(d) $g(u) = u + e + ue^u$

(e) $L(a) = \cos a \sin(2a)$

(f) $f(x) = (x + a)e^{bx}$

(g) $f(x) = (\sin x)^2$

(h) $f(x) = x\sin x$

(i) $f(x) = e^{-x}\cos x$

47. Zeigen Sie, dass die Funktion f die gegebene Gleichung löst.

(a) $f(x) = 2\sin 3x,\ f''(x) = -9f(x)$

(b) $f(x) = \frac{1}{2}\cos(\frac{1}{3}x),\ f''(x) = -\frac{1}{9}f(x)$

48. Ermitteln Sie eine Funktion f, welche die gegebene Gleichung löst.

(a) $f''(x) = -4f(x)$

(b) $f''(x) = -\frac{1}{16}f(x)$

(c) $36f''(x) + f(x) = 0$

(d) $4f''(x) + 25f(x) = 0$

49. Bestimmen Sie die n-te Ableitung $f^{(n)}$ der Funktion f.

(a) $f(x) = x^n$

(b) $f(x) = e^{-\frac{x}{a}}$

(c) $f(x) = \sin x$

1.2. Gegenseitige Lage zweier Kurven

Betrachten wir gleichzeitig die Schaubilder zweier Funktionen, so interessieren wir uns stets für ihre Lage zueinander. Im Fokus steht dabei, ob sie sich schneiden und wenn ja, unter welchem Winkel dies passiert.

Schnittwinkel

Es sind zwei Funktionen f und g mit den Schaubildern K_f und K_g gegeben. Für den *Schnittwinkel* zwischen

(a) K_f und der x-Achse an der Stelle u gilt: $\alpha = \tan^{-1}(f'(u))$

(b) K_f und der y-Achse gilt: $\beta = 90° - \tan^{-1}(f'(0))$

(c) K_f und K_g an der Stelle u gilt: $\tan \alpha = \left| \frac{f'(u) - g'(u)}{1 + f'(u)g'(u)} \right|$

Eine besondere Lage zwischen K_f und K_g ergibt sich an der Stelle $x = u$, wenn $\alpha = 90°$. Dann nämlich stehen sie an dieser Stelle senkrecht zueinander. In diesem Fall nimmt der Nenner des in (c) des Infokasten eingeführten Terms den Wert 0 an. So erhalten wir die Bedingung $f'(u) \cdot g'(u) = -1$.

Gegenseitige Lage von Kurven

Die Schaubilder K_f der Funktion f und K_g der Funktion g

- schneiden sich an der Stelle u, wenn $f(u) = g(u)$ ($\rightarrow$ Abb. 1.10a);

- schneiden sich an der Stelle u *senkrecht/orthogonal*, wenn $f(u) = g(u)$ und $f'(u) \cdot g'(u) = -1$ ($\rightarrow$ Abb. 1.10b);

- berühren sich an der Stelle u, wenn $f(u) = g(u)$ und $f'(u) = g'(u)$ ($\rightarrow$ Abb. 1.10c);

- schneiden sich an der Stelle u nicht, wenn $f(u) \neq g(u)$ ($\rightarrow$ Abb. 1.10d).

In Abb. 1.10 ist gut zu sehen, dass die Tangenten in einem Berührpunkt identisch sind.

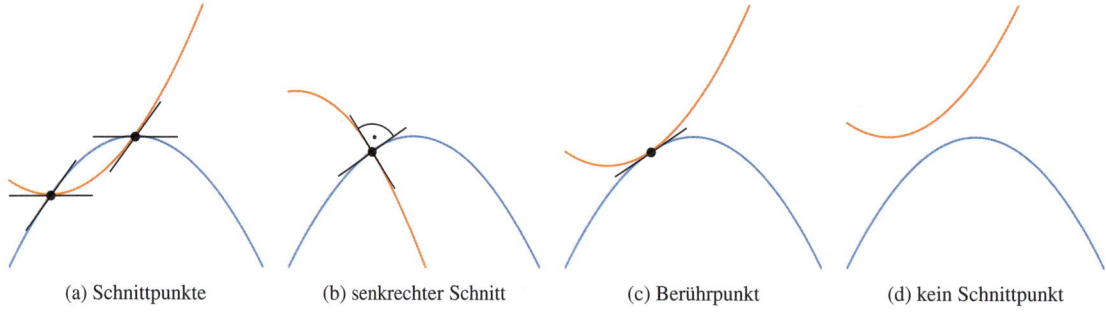

(a) Schnittpunkte   (b) senkrechter Schnitt   (c) Berührpunkt   (d) kein Schnittpunkt

Abb. 1.10.: Mögliche Lagen zweier Kurven

Der Entscheidungsbaum ($\rightarrow$ Abb. 1.11) liefert eine anschauliche Gesamtübersicht über die vorgestellten Schnittprobleme.

32

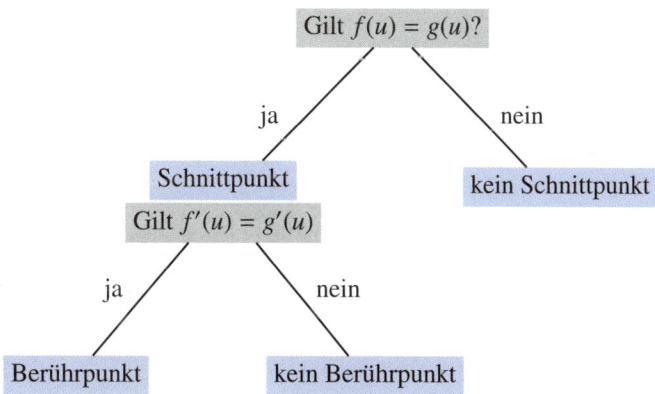

Abb. 1.11.: Entscheidungsbaum zur Lage zweier Kurven

- **50.** Das Schaubild der Funktion f ist K. Berechnen Sie den Schnittwinkel von K mit der x-Achse bzw. y-Achse.

  (a) $f(x) = 1 - x^2$ 　　　　　(b) $f(x) = \frac{1}{4}x^2 - \frac{1}{2}x - \frac{3}{4}$ 　　　　　(c) $f(x) = x^3 - 2x^2 + x$

- **51.** Die Funktionen f und g sind gegeben durch $f(x) = -\frac{1}{3}x^4 + \frac{8}{9}x^3$ und $g(x) = \frac{1}{27}x^4 - \frac{2}{9}x^3$. Ihre Schaubilder sind K_f und K_g. Zeigen Sie, dass sich K_f und K_g an der Stelle $x = 0$ berühren und an der Stelle $x = 3$ schneiden. Zeichnen Sie K_f und K_g in ein gemeinsames Koordinatensystem.

- **52.** Das Schaubild der Funktion f ist K_f, das der Funktion g ist K_g. Berechnen Sie alle Berührpunkte von K_f und K_g exakt.

  (a) $f(x) = \frac{1}{3}x^2 + \frac{4}{3}x + \frac{4}{3}$, $g(x) = -\frac{1}{2}x^2 + 3x + \frac{1}{2}$

  (b) $f(x) = -\frac{1}{6}x^3 + 2x$, $g(x) = -\frac{1}{2}x^2 + 2x$

  (c) $f(x) = \frac{4}{3}x^2 - 1$, $g(x) = \frac{4}{9}x^4 - \frac{2}{3}x^2 + \frac{5}{4}$

  (d) $f(x) = \frac{1}{2}x^3 - \frac{3}{2}x^2$, $g(x) = \frac{5}{4}x^3 + \frac{3}{4}x$

- **53.** Das Schaubild der Funktion f mit $f(x) = -\frac{1}{4}x^4 + \frac{3}{2}x^2 - 1$ ist K_f, das der Funktion g mit $g(x) = -\frac{1}{2}x^2 + 3$ ist K_g. Beschreiben Sie die gegenseitige Lage von K_f und K_g. Zeichnen Sie K_f und K_g in ein gemeinsames Koordinatensystem.

- **54.** Das Schaubild der Funktion f ist K_f, das der Funktion g ist K_g. Unter welchem Winkel schneiden sich K_f und K_g an der angegebenen Stelle?

  (a) $f(x) = x^2 - 5x + 6$, $g(x) = -\frac{1}{2}x^2 + 3x - \frac{1}{2}$, $x = 1$

  (b) $f(x) = \frac{2}{5}\sin x$, $g(x) = -3\cos(2x) + \frac{17}{10}$, $x = \frac{1}{6}\pi$

- **55.** Tim erhält von seinem Mathematiklehrer die Aufgabe, alle Schnitt- und Berührpunkte der Funktionen f mit $f(x) = \frac{1}{3}x^3 - 3x - \frac{2}{3}$ und g mit $g(x) = -\frac{2}{3}x^3 + \frac{4}{3}$ zu berechnen. Er sagt: „Ich berechne zuerst $f'(x)$ und $g'(x)$, setze diese gleich und erhalte dadurch den einzigen Schnittpunkt B$(-1 \mid 2)$, der somit gleichzeitig Berührpunkt ist." Tim hat allerdings bei seiner Rechnung den Schnittpunkt S$(2 \mid -4)$ unterschlagen. Erklären Sie, warum!

Theorie & Aufgaben

•• **56.** Es ist die Funktion f sowie für $a \in \mathbb{R}$ die Funktion g_a gegeben. Das Schaubild von f ist K, das von g_a ist G_a. Bestimmen Sie den Wert von a so, dass sich K und G_a

    (a) für $f(x) = e^{-x}$ und $g_a(x) = \frac{3}{2} - \frac{1}{2}e^{ax}$ an der Stelle $x = 0$ berühren. Berechnen Sie in diesem Fall zusätzlich den Berührpunkt.

    (b) für $f(x) = x^4$ und $g_a(x) = a - \frac{1}{2}x^2$ senkrecht in zwei Punkten schneiden.

    (c) (•••) für $f(x) = x$ und $g_a(x) = ae^{2x}$ berühren. Berechnen Sie in diesem Fall zusätzlich den Berührpunkt.

•• **57.** Beschreiben Sie eine Vorgehensweise zur graphischen Bestimmung einer Näherungslösung der Gleichung:

$$3 - x = x^3$$

•• **58.** Das Schaubild der Funktion f mit $f(x) = x^2 + bx + c$ ist K. Bestimmen Sie die Werte b und c so, dass die erste Winkelhalbierende das Schaubild K an der Stelle $x = 2$ berührt.

•• **59.** Das Schaubild der Funktion f mit $f(x) = x^2 + px + q$ ist K. Bestimmen Sie die Werte von p und q so, dass die Gerade g mit der Gleichung $y = \frac{1}{2}x$ das Schaubild K an der Stelle $x = 2$ berührt.

•• **60.** Das Schaubild der Funktion f ist K_f, das der Funktion g ist K_g. Berechnen Sie die Werte von a und b derart, dass sich K_f und K_g an der Stelle $x = -1$ berühren.

    (a) $f(x) = -\frac{1}{3}x^2 + \frac{4}{3}x + 3$, $g(x) = ax^2 + bx + \frac{11}{3}$

    (b) $f(x) = -\frac{1}{2}x^2 + 2x + \frac{13}{2}$, $g(x) = ae^{1+x} + b$

••• **61.** Das Schaubild der Funktion f ist K_f, das der Funktion g ist K_g. Berechnen Sie die Berührpunkte von K_f und K_g.

    (a) $f(x) = 2 - e^{1-x}$, $g(x) = x$ (b) $f(x) = \frac{\pi}{2} - x$, $g(x) = \cos x$

••• **62.** Das Schaubild K einer punktsymmetrischen ganzrationalen Funktion 3. Grades schneidet die x-Achse an der Stelle $x = -2$ in einem Winkel von $60°$. Bestimmen Sie den zugehörigen Funktionsterm.

••• **63.** Die Begrenzungslinie eines einspurigen Eisenbahntunnels soll mit Hilfe einer Funktion f vom Typ $f(x) = ax^4 + bx^2 + 5{,}2118$ bestimmt werden. Dabei sollen die folgenden Charakteristika berücksichtigt werden:

- Ein Zug der Breite von $3{,}2$ m soll bei der Durchfahrt eine theoretische Höhe von mindestens $4{,}4$ m erreichen können.

- In dem 6 m breiten Tunnel soll die seitliche Begrenzung die x-Achse in einem Winkel von $100°$ schneiden.

    (a) Berechnen Sie näherungsweise den Funktionsterm der Begrenzungslinie und zeichnen Sie diese.

    (b) Wie hoch ist der Tunnel?

••• **64.** Beschreiben Sie eine Vorgehensweise, mit der ermittelt werden kann, in welchen Punkten sich die Schaubilder zweier ganzrationaler Funktionen berühren, ohne dabei das Konzept der Ableitung zu verwenden.

★ **65.** Beweisen Sie alle drei Aussagen des Infokastens „Schnittwinkel". *Tipp:* Verwenden Sie in Teilaufgabe (c) das Additionstheorem $\tan(\alpha_1 - \alpha_2) = \frac{\tan \alpha_1 - \tan \alpha_2}{1 + \tan \alpha_1 \tan \alpha_2}$.

1.3. Tangenten und Normalen

Wie bereits in Abschnitt 1.1 beschrieben, gibt die erste Ableitung $f'(x)$ die Steigung der Tangente an das Schaubild der Funktion f an der entsprechenden Stelle x an.

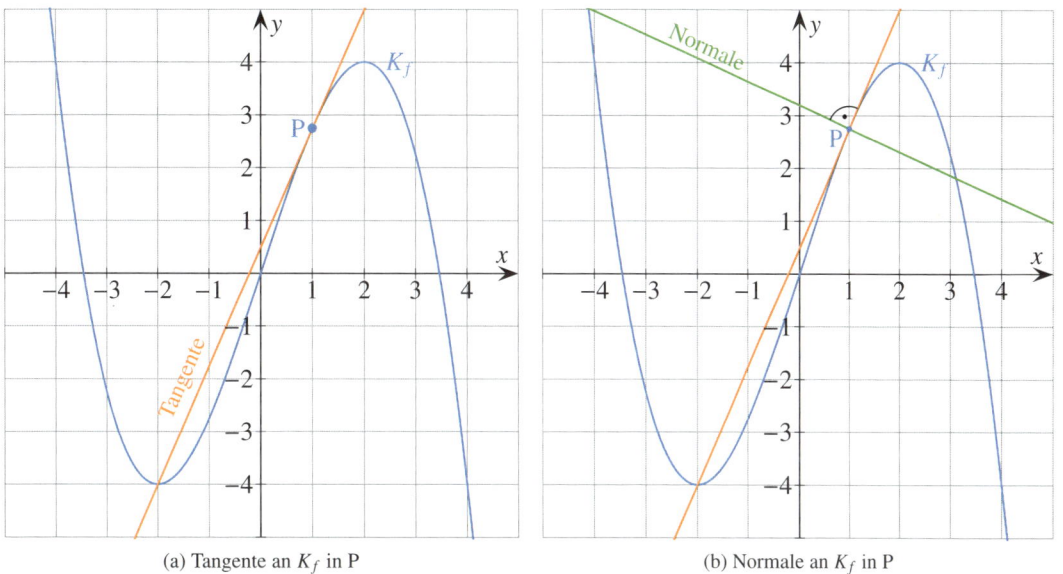

(a) Tangente an K_f in P

(b) Normale an K_f in P

Abb. 1.12.: Tangente und Normale

Tangente

Die *Tangente* an das Schaubild K_f einer Funktion f im Kurvenpunkt $P(u \mid f(u))$ ist diejenige Gerade, welche K_f in diesem Punkt berührt ($\rightarrow$ Abb. 1.12a).

Beispiel

Berechnen Sie die Tangente an das Schaubild von $f(x) = -\frac{1}{4}x^3 + 3x$ an der Stelle $u = 1$.

Lösung

Wir berechnen zunächst $f'(x) = -\frac{3}{4}x^2 + 3$, $f'(1) = \frac{9}{4}$ und $f(1) = \frac{11}{4}$.

Lösungsweg 1: Diese Werte setzen wir dann in die *Punktsteigungsform* der Tangente ein. Für die Steigung gilt $m = f'(u)$:

$$y = f'(u)(x - u) + f(u) = \frac{9}{4}(x - 1) + \frac{11}{4} = \frac{9}{4}x + \frac{1}{2}$$

Lösungsweg 2: Die Gerade hat die Gleichung $y = \frac{9}{4}x + b$ mit unbekanntem b. Um es zu bestimmen, setzen wir den Punkt $P(1 \mid \frac{11}{4})$ in die Gerade ein:

$$\frac{11}{4} = \frac{9}{4} \cdot 1 + b \Rightarrow b = \frac{1}{2} \Rightarrow y = \frac{9}{4}x + \frac{1}{2}$$

35

Normale

Die *Normale* (*Senkrechte/Orthogonale*) an das Schaubild K_f einer Funktion f im Punkt P($u \mid f(u)$) ist diejenige Gerade, welche in diesem Punkt senkrecht zu K_f verläuft ($\rightarrow$ Abb. 1.12b).

Beispiel

Berechnen Sie die Normale an das Schaubild von $f(x) = -\frac{1}{4}x^3 + 3x$ an der Stelle $u = 1$.

Lösung

Wir berechnen zunächst $f'(x) = -\frac{3}{4}x^2 + 3$, $f'(1) = \frac{9}{4}$ und $f(1) = \frac{11}{4}$. Diese Werte setzen wir dann in die *Punktsteigungsform* der Normale ein. Da sie auf der Kurve, also auch auf der Tangente in $x = u$ senkrecht steht, gilt für die Steigung $m = -\frac{1}{f'(u)}$ ($\rightarrow$ Seite 9). Somit erhalten wir:

$$y = -\frac{1}{f'(u)}(x - u) + f(u) = -\frac{4}{9}(x - 1) + \frac{11}{4} = -\frac{4}{9}x + \frac{115}{36}$$

Bei vielen Aufgaben, vor allem denjenigen mit höheren Schwierigkeitsgraden, ist der Lösungsweg oftmals nicht direkt vorgegeben. Hier hilft uns die Methode des *Rückwärtseinsetzens*, die wir an einem Beispiel vorstellen.

Beispiel

Bestimmen Sie alle Geraden, die durch den Punkt P($1 \mid \frac{7}{2}$) verlaufen und das Schaubild K der Funktion f mit $f(x) = 2 - \frac{1}{2}x^2$ berühren.

Der Trick dieser Methode besteht darin, dass wir zunächst eine Skizze ($\rightarrow$ Abb. 1.13) mit den gegebenen Informationen erstellen (blau) und in dieser Skizze so tun, als ob wir die Lösung bereits kennen würden. Wir zeichnen also das Zielobjekt (hier: die Tangente) ebenfalls ein (orange). Dabei muss die Skizze nicht exakt sein, nur die wesentlichen Eigenschaften müssen zu erkennen sein. Wir stellen nun fest, dass uns zur Bestimmung der Tangente noch ein zweiter Punkt fehlt, der allerdings auf K_f liegt. Ihn bezeichnen wir mit Q($u \mid f(u)$). Nun benötigen wir eine Gleichung, mit der wir u bestimmen können. Daraus können wir dann auf die Tangente schließen.

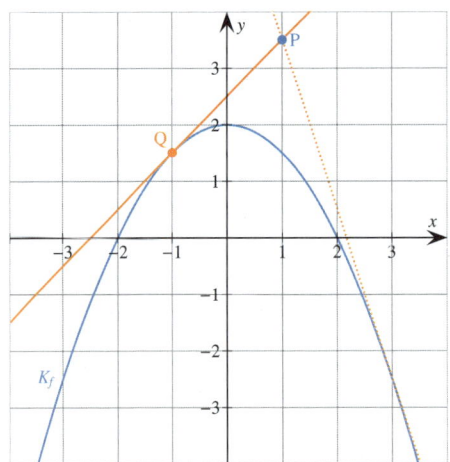

Abb. 1.13.: Die Methode des Rückwärtseinsetzens

36

Lösung

Es gilt $f'(u) = -u$. Die Punktsteigungsform der Tangente an K_f durch $Q(u \mid 2 - \frac{1}{2}u^2)$ lautet:

$$y = f'(u)(x - u) + f(u) \quad \Rightarrow \quad y = -u(x - u) + 2 - \frac{1}{2}u^2$$

Da die Tangente auch durch P verlaufen muss, setzen wir diesen Punkt ein:

$$\frac{7}{2} = -u(1 - u) + 2 - \frac{1}{2}u^2$$

Die Lösungen dieser Gleichung lauten $u_1 = -1$ bzw. $u_2 = 3$ (Mitternachtsformel). Somit erhalten wir sogar zwei Tangenten:

$$g_1 : y = f'(-1)(x - (-1)) + f(-1) \quad \Rightarrow g_1 : y = x + \frac{5}{2}$$
$$g_2 : y = f'(3)(x - 3) + f(3) \quad\quad \Rightarrow g_2 : y = -3x + \frac{13}{2}$$

66. Berechnen Sie für die angegebene Stelle $x = u$ die Tangente T und die Normale N an das Schaubild K der Funktion f und zeichnen Sie jeweils die Schaubilder von f sowie die Tangente T und Normale N.

(a) $f(x) = 1 - x^2,\ u = -1$

(b) $f(x) = \frac{1}{4}x^2 - \frac{1}{2}x - \frac{3}{4},\ u = 0$

(c) $f(x) = x^3 - 2x^2 + x,\ u = -1$

(d) $f(x) = \sin x,\ u = \pi$

(e) $f(x) = \cos(3x),\ u = \frac{\pi}{2}$

(f) $f(x) = \frac{1}{2}\sin(2x),\ u = \frac{\pi}{2}$

(g) $f(x) = e^{1-x^2},\ u = -1$

(h) $f(x) = e^{2x},\ u = 0$

67. Berechnen Sie diejenigen Stellen, an denen das Schaubild von f eine waagrechte Tangente hat.

(a) $f(x) = \frac{1}{3}x^3 + \frac{1}{2}x^2 - 2x$

(b) $f(x) = \frac{1}{4}x^4 - \frac{2}{9}x^3 - \frac{5}{6}x^2$

(c) $f(x) = \frac{1}{10}x^5 - \frac{2}{3}x^3 + \frac{3}{2}x$

(d) $f(x) = 4x - e^{2x}$

(e) $f(x) = (\sin x)^2,\ x \in (-2; 2)$

(f) $f(x) = \cos(x^2 + 1),\ x \in (-2; 2)$

68. In welchen Punkten hat das Schaubild der Funktion f mit $f(x) = \frac{2}{3}x^3 - 2x^2 - 6x + \frac{8}{3}$ eine Tangente mit der Steigung -6? Berechnen Sie exakt.

69. Das Schaubild der Funktion f mit $f(x) = \frac{1}{3}x^3 - x^2 + 2x - 1$ ist K_f. In welchem Punkt ist die Tangente an K_f parallel zur Geraden g mit der Gleichung $y = x + 2$? Berechnen Sie die Funktionsgleichung dieser Tangente.

70. An welchen Stellen ist die Normale an das Schaubild der Funktion f mit $f(x) = x^3 - 3x + 2$ parallel zur Geraden g mit der Gleichung $y = -\frac{1}{9}x + 4$?

71. Es ist die Funktion f mit $f(x) = \cos x,\ x \in [0; \pi)$, gegeben. In welchem Punkt muss die Tangente an das Schaubild von f gelegt werden, damit sie auf die erste Winkelhalbierende senkrecht steht? Berechnen Sie.

72. Das Schaubild einer Funktion f hat an der Stelle $x = 3$ die Tangente $y = 2x - 1$ und an der Stelle $x = 4$ die Normale n mit der Gleichung $y = -x + 3$. Tim stellt anhand dieses Textes vier Bedingungen für die Funktion auf:

- $f(5) = 3$
- $f'(3) = 2$
- $f(4) = -1$
- $f'(4) = -1$

Sind alle Bedingungen richtig? Falls nein, verbessern Sie bzw. ergänzen Sie die fehlenden Bedingungen!

73. Skizzieren Sie ein mögliches Schaubild der Funktion f, durch deren markierte Punkte die in Abb. 1.14 angegebenen Tangenten verlaufen.

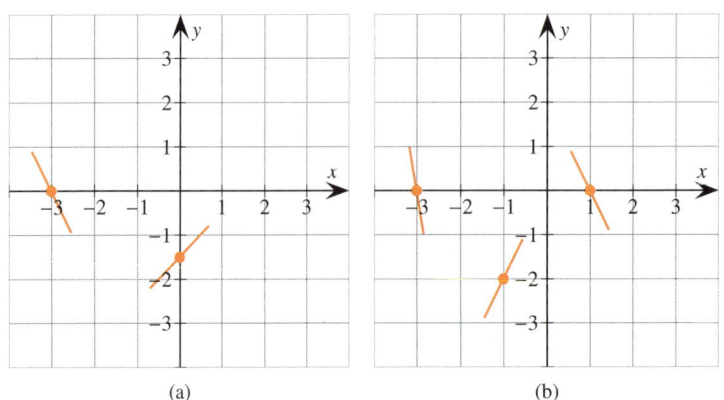

(a)   (b)

Abb. 1.14.: Schaubilder zu Aufgabe 73

74. Das Profil einer Berglandschaft ist durch die Funktion f mit

$$f(x) = -\frac{3}{1\,600}x^4 + \frac{7}{160}x^3 - \frac{21}{64}x^2 + \frac{15}{16}x, \quad x \in [0;\ 12{,}6]$$

gegeben (alle Längen- und Höhenangaben in km).

(a) Zeichnen Sie das Schaubild der Funktion in ein geeignetes Koordinatensystem.

(b) Sonnenstrahlen treffen als Geraden mit der Steigung $m = -0{,}05$ auf den Berg. Markieren Sie alle Stellen auf der Oberfläche des Berges, die im Schatten liegen (keine Rechnung erforderlich).

75. Die Tangente an das Schaubild der Funktion f mit $f(x) = 2 - \frac{1}{2}x^2$ im Punkt P$(-1 \mid 1{,}5)$ hat die Gleichung $y = x + \frac{5}{2}$. Geben Sie ohne Rechnung die Gleichung der Tangente im Punkt Q$(1 \mid 1{,}5)$ an.

76. Für $a \in \mathbb{R}$ ist die Funktion f_a gegeben durch $f_a(x) = ax^2 - \frac{1}{4}x^4$. Das Schaubild von f_a ist K_a. Berechnen Sie a so, dass die Tangente an K_a an der Stelle $x = 1$ auch durch den Punkt P$(6 \mid 3)$ verläuft.

77. Bestimmen Sie rechnerisch alle Geraden, die durch den Punkt P verlaufen und das Schaubild der Funktion f berühren.

(a) P$(-0{,}5 \mid -0{,}75)$, $f(x) = x^2$ (b) P$(1 \mid 0)$, $f(x) = \frac{1}{2}e^x$

78. Geben Sie jeweils die Gleichung einer Geraden an, die

(a) die x-Achse unter einem Winkel von $60°$ schneidet;

(b) parallel zur Tangente an die Normalparabel im Punkt P$(1 \mid 1)$ ist;

79. Das Schaubild K einer punktsymmetrischen ganzrationalen Funktion 3. Grades hat an der Stelle $x = 6$ die Normale n mit der Gleichung $y = -\frac{1}{3}x + 6$. Bestimmen Sie den zugehörigen Funktionsterm.

80. Die Tangente an das Schaubild K_f der Funktion f mit $f(x) = -\frac{3}{4}x^3$ bildet für $x > 0$ mit den Koordinatenachsen ein Dreieck im 1. Quadranten. Bestimmen Sie denjenigen Kurvenpunkt auf K_f, damit das Dreieck den Flächeninhalt 8 hat.

81. Es ist die Funktion f mit $f(x) = 2 - \frac{1}{4}x^2$ gegeben. Das Schaubild von f ist K_f. Von einem Punkt P auf der y-Achse werden Tangenten an das K_f gelegt. Berechnen Sie die Koordinaten von P, damit beide Tangenten senkrecht aufeinander stehen.

82. Geben Sie jeweils die Gleichung einer Parabel an, sodass sie

(a) an der Stelle $x = 1$ die Tangente $y = 3x - 4$ hat;

(b) an der Stelle $x = 4$ die Normale $y = 2x - 1$ hat.

83. Es ist die Hyperbelfunktion f mit $f(x) = \frac{1}{x}$, $x > 0$, gegeben. Das Schaubild von f ist K_f. Wir bezeichnen einen beliebigen Kurvenpunkt auf K_f mit P. Die Schnittpunkte der Tangente an K_f durch P mit den Koordinatenachsen bezeichnen wir mit Q und R.

(a) Zeigen Sie: $\overline{PQ} = \overline{PR}$.

(b) Wie muss P gewählt werden, damit $\overline{QR} = \sqrt{17}$?

(c) Zeigen Sie: Der Flächeninhalt des Dreiecks ORQ beträgt immer 2.

84. Es ist die Funktion f mit $f(x) = e^x$ gegeben. Das Schaubild von f ist K_f.

(a) Die Tangente an K_f durch den Kurvenpunkt P$(u \mid e^u)$ ist durch g_u gegeben. Beweisen Sie: Die Differenz der x-Werte zwischen P und dem Schnittpunkt von g_u mit der x-Achse beträgt immer 1.

(b) Wie lässt sich die Erkenntnis von Teilaufgabe (a) nutzen, um die Tangente an K_f in einem vorgegebenen Punkt ausschließlich mit der Hilfe von Stift und Lineal zu konstruieren?

85. Auf einer geplanten ICE-Strecke befindet sich ein Hügel, der sich durch die Funktionsgleichung f mit $f(x) = 20 - \frac{1}{320}x^2$, $x \in [-80; 80]$ beschreiben lässt. Nun soll eine Rampe wie in Abb. 1.15 aufgeschüttet werden, die einen möglichst fließenden Übergang zu dem Hügel ermöglicht (es darf keinen Knick zwischen Rampe und Hügel geben). Der ICE bewältigt eine Steigung von maximal 4 %.

(a) In welchem Punkt P mündet die Rampe in den Hügel, damit wir einen fließenden Übergang zwischen Rampe und Hügel erhalten?

(b) In welchem horizontalen Abstand zum Punkt P muss mit dem Bau der Rampe begonnen werden?

Abb. 1.15.: Schaubild zu Aufgabe 85

86. Auf die Normalparabel fällt von oben ein zur y-Achse paralleler Strahl. Dieser wird von der Parabel (bzw. der Tangente im Schnittpunkt) reflektiert. Zeigen Sie, dass dieser reflektierte Strahl durch den Punkt B$(0 \mid \frac{1}{4})$ verläuft.

1.4. Monotonie und Extremstellen

Indem wir die Funktion f' untersuchen, können wir wertvolle Aussagen über die Steigung und die Extremstellen des Schaubilds von f machen.

> **Monotonie**
>
> Die Funktion f ist an der Stelle u
>
> - (streng) monoton steigend, wenn gilt: $f'(u) \geq 0$ ($f'(u) > 0$)
>
> - (streng) monoton fallend, wenn gilt: $f'(u) \leq 0$ ($f'(u) < 0$)

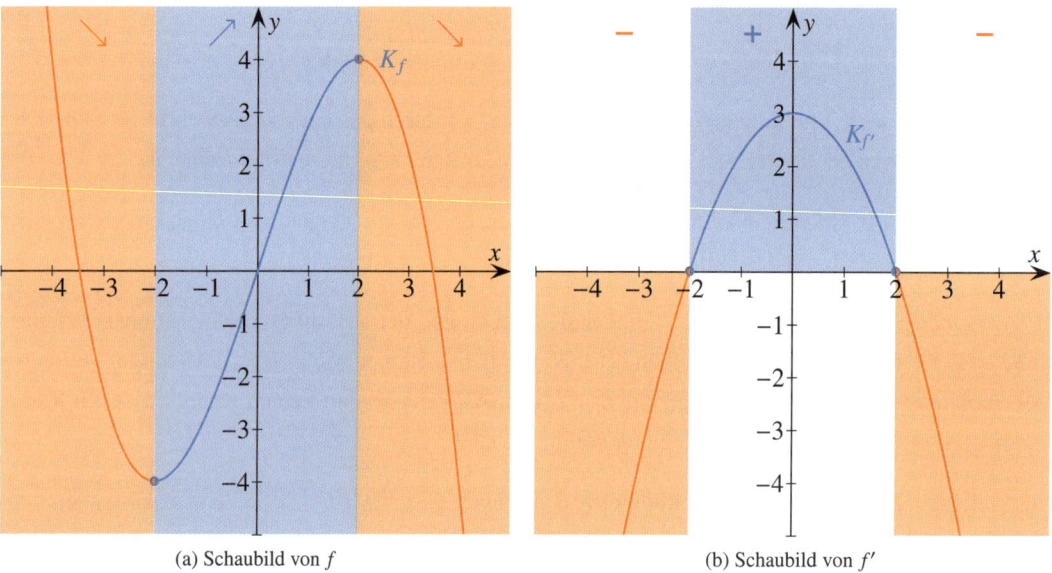

(a) Schaubild von f (b) Schaubild von f'

Abb. 1.16.: Gegenüberstellung der Schaubilder von f und f'

Im Beispiel ist f im Intervall $(-2; 2)$ streng monoton steigend, da f' dort stets positiv ist. In den Intervallen $(-\infty; -2)$ und $(2; \infty)$ ist f streng monoton fallend, da f' dort stets negativ ist ($\rightarrow$ Abb. 1.16).

> **Lokale Extremstelle/lokaler Extrempunkt**
>
> Die Funktion f hat eine *lokale Extremstelle* in $x = u$, wenn ihr Schaubild dort eine waagrechte Tangente hat. Der dazugehörige Punkt P($u \mid f(u)$) heißt *lokaler Extrempunkt*. Dieser ist ein
>
> - *lokaler Hochpunkt/lokales Maximum*, wenn es in einer kleinen Umgebung um P keinen höhergelegenen Punkt gibt (Abb. 1.17a).
>
> - *lokaler Tiefpunkt/lokales Minimum*, wenn es in einer kleinen Umgebung um P keinen tiefergelegenen Punkt gibt (Abb. 1.17b).
>
> - *Terrassenpunkt/Sattelpunkt*, wenn es in einer kleinen Umgebung um P sowohl einen höher- als auch einen tiefergelegenen Punkt gibt (Abb. 1.17c).

Ob für das Schaubild einer Funktion derartige Punkte vorliegen, lässt sich leicht mit Hilfe der Monotonieeigenschaften von f begründen.

Theorie & Aufgaben

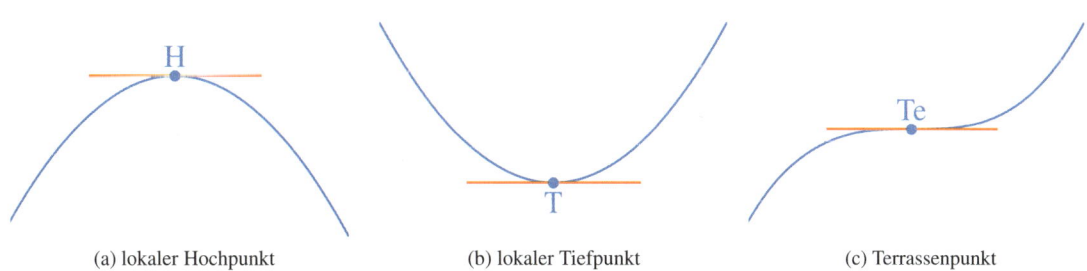

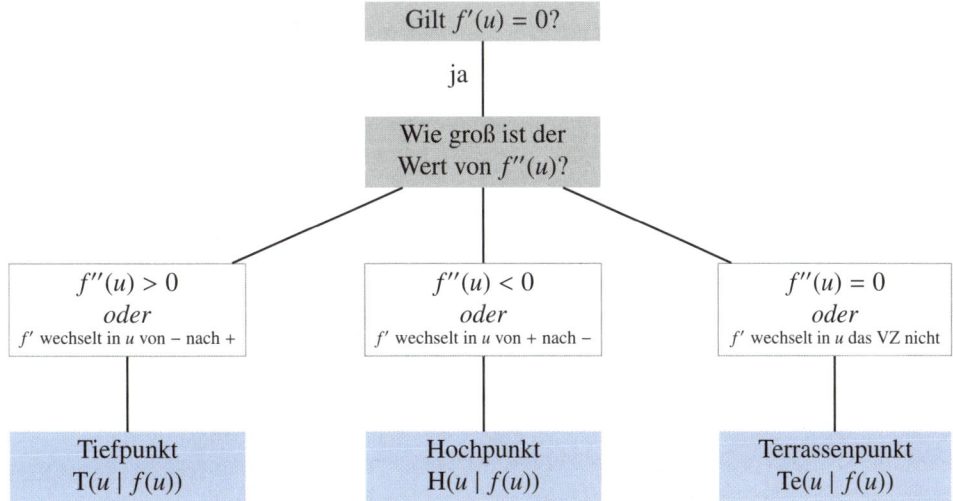

(a) lokaler Hochpunkt   (b) lokaler Tiefpunkt   (c) Terrassenpunkt

Abb. 1.17.: Mögliches Aussehen der Punkte $P(u \mid f(u))$ mit $f'(u) = 0$

Lokale Extrempunkte

Das Schaubild der Funktion f hat an der Stelle u einen

- lokalen Hochpunkt $H(u \mid f(u))$, wenn $f'(u) = 0$ gilt und

  - f' dort einen Vorzeichenwechsel (VZW) von + nach − hat

  - **oder** $f''(u) < 0$ ist.

- lokalen Tiefpunkt $T(u \mid f(u))$, wenn $f'(u) = 0$ gilt und

  - f' dort einen Vorzeichenwechsel (VZW) von − nach + hat

  - **oder** $f''(u) > 0$ ist.

- Terrassenpunkt (oder Sattelpunkt) $Te(u \mid f(u))$, wenn $f'(u) = 0$ gilt und

  - f' dort keinen Vorzeichenwechsel (VZW) hat

  - **oder** $f''(u) = 0$ ist. *Vorsicht: Diese Aussage $f''(u) = 0$ ist in gewissen Spezialfällen nicht korrekt, mehr dazu in Abschnitt 1.6.*

Gilt $f'(u) = 0$?

ja

Wie groß ist der Wert von $f''(u)$?

$f''(u) > 0$	$f''(u) < 0$	$f''(u) = 0$
oder	*oder*	*oder*
f' wechselt in u von − nach +	f' wechselt in u von + nach −	f' wechselt in u das VZ nicht

| Tiefpunkt | Hochpunkt | Terrassenpunkt |
| $T(u \mid f(u))$ | $H(u \mid f(u))$ | $Te(u \mid f(u))$ |

Abb. 1.18.: Entscheidungsbaum zu Extrempunkten

41

Globale Extrempunkte

Das Schaubild einer Funktion f hat einen

- *globalen Hochpunkt/globales Maximum* H, wenn es für kein $x \in \mathbb{D}$ einen höher gelegenen Punkt als H gibt.

- *globalen Tiefpunkt/globales Minimum* T, wenn es für kein $x \in \mathbb{D}$ einen tiefer gelegenen Punkt als T gibt.

87. Untersuchen Sie die Schaubilder in Abb. 1.19 ohne Rechnung auf Monotonie und geben Sie die lokalen Extremstellen an.

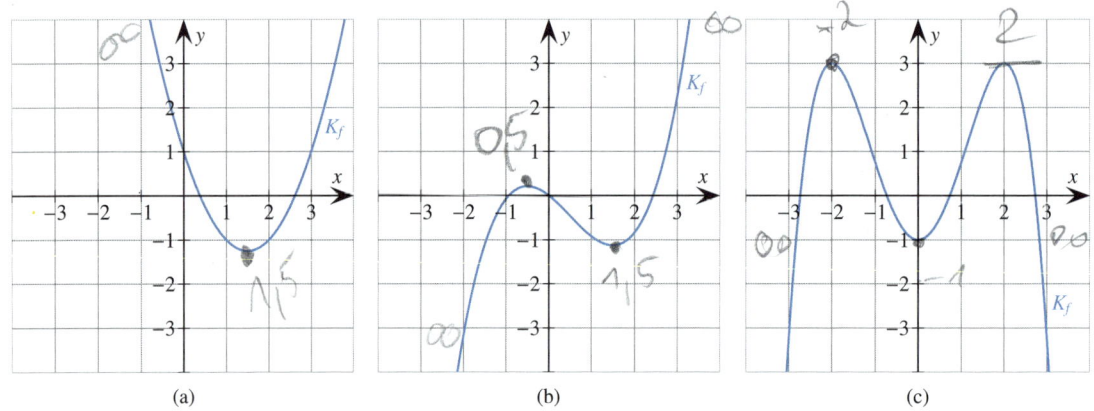

(a)   (b)   (c)

Abb. 1.19.: Schaubilder zu Aufgabe 87

88. Geben Sie alle lokalen und globalen Extrempunkte des Schaubilds K in Abb. 1.20a an.

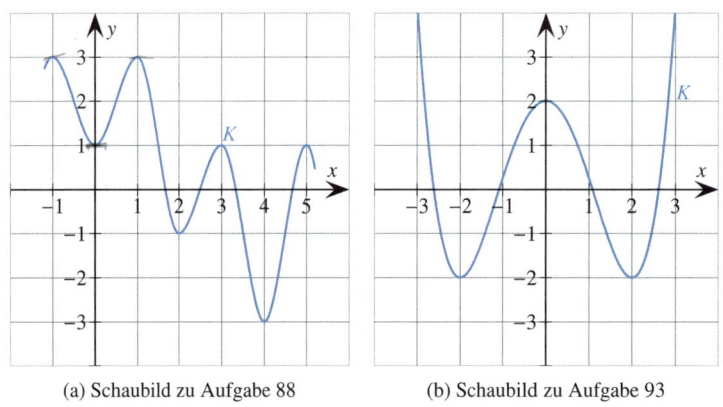

(a) Schaubild zu Aufgabe 88   (b) Schaubild zu Aufgabe 93

Abb. 1.20.: Schaubilder

89. Berechnen Sie die Extrempunkte des Schaubildes K_f der Funktion f und geben Sie an, um welche Art von Extrempunkt es sich handelt. Geben Sie die Monotoniebereiche an und zeichnen Sie K_f.

(a) $f(x) = x^2 - 2x - 2$

(b) $f(x) = 2x - \frac{1}{6}x^3$

(c) $f(x) = \frac{1}{9}x^3 - \frac{1}{3}x^2 - x$

(d) $f(x) = -\frac{1}{4}x^4 + 2x^2 - 1$

(e) $f(x) = \frac{1}{32}x^3 - \frac{3}{8}x + \frac{3}{2}$

(f) $f(x) = \frac{1}{8}x^4 - x^2 - 1$

Theorie & Aufgaben

90. Berechnen Sie die Extrempunkte des Schaubildes K_f der Funktion f und geben Sie an, um welche Art von Extrempunkt es sich handelt. Geben Sie die Monotoniebereiche an und zeichnen Sie K_f.

(a) $f(x) = 3xe^{-\frac{x}{2}}$

(b) $f(x) = 3e^{-x^2}$

(c) $f(x) = x^2e^{-x}$

(d) $f(x) = \frac{1}{2}(1 - 3x + x^2)e^x$

(e) $f(x) = (3x + 1)e^{-2x}$

(f) $f(x) = (1 - x - x^2)e^{-x}$

91. Berechnen Sie die Extrempunkte des Schaubildes K_f der Funktion f und geben Sie an, um welche Art von Extrempunkt es sich handelt. Geben Sie die Monotoniebereiche an und zeichnen Sie K_f.

(a) $f(x) = x + \cos(2x), x \in (0; \pi)$

(b) $f(x) = \sin(2x) - x, x \in (-\frac{\pi}{2}; \frac{\pi}{2})$

(c) $f(x) = -\frac{1}{2}\cos(2x) - \frac{1}{2}x, x \in (0; \pi)$

(d) $f(x) = 4\sin x \cos x, x \in (-\frac{\pi}{2}; \frac{\pi}{2})$

92. Es ist die Funktion f mit $f(x) = \sin(2x) - 1$ gegeben. Bestimmen Sie

(a) die Periodenlänge der Funktion;

(b) die Wertemenge der Funktion;

(c) die Koordinaten zweier benachbarter Hochpunkte;

(d) die Koordinaten zweier benachbarter Tiefpunkte.

93. In Abb. 1.20b ist das Schaubild K einer Funktion f gegeben. Entscheiden Sie jeweils mit Begründung, welche dieser Aussagen richtig bzw. falsch sind.

(a) $f'(2) < 0$

(b) $f'(1) < 0$

(c) f hat 5 Extremstellen

(d) f' hat in $x = 0$ einen VZW von + nach −

(e) $f''(2) < 0$

(f) $f(2) < 0$

94. Skizzieren Sie ein mögliches Schaubild der Funktion f, wenn gilt:

(a) $f'(-1) = -4, f'(1) = 0, f'(2) = 1$

(b) $f'(-1) = 3, f'(1) = -1, f(2) = 0, f'(2) = 6$

(c) $f'(x) > 0$ für $x \in (-\sqrt{2}; 0), f'(x) < 0$ für $x \in (0; \sqrt{2}), f(-2) = f(0) = f(2) = 0$

95. Zeigen Sie, dass die Funktion f monoton steigend für alle $x \in \mathbb{R}$ ist.

(a) $f(x) = \frac{6}{5}x^5 - 4x^3 + 6x$

(b) $f(x) = \sin x + x$

(c) $f(x) = \frac{1}{2}e^{2x} - 2e^x + x$

96. Welche Aussagen lassen sich über das Schaubild einer Funktion f treffen, wenn gilt:

(a) $f(4) = 2, f'(4) = -1$

(b) $f(-1) = 3, f'(-1) = 0, f''(-1) = 4$

(c) $f(2) = -1, f'(2) = 0, f''(2) = -6$

(d) $f(3) = 2, f'(3) = 0$

97. Es ist die Funktion f mit $f(x) = -\frac{1}{2}(x^3 + 3x^2 + 3x)$ gegeben. Tim sagt: „Es gilt $f'(-1) = 0$, also hat das Schaubild in $x = -1$ einen Hoch- oder Tiefpunkt." Doch das Schaubild in Abb. 1.21a zeigt weder einen Hoch- noch einen Tiefpunkt an. Erläutern Sie, welchen Fehler Tim gemacht hat.

•• **98.** Das Schaubild einer Funktion f hat den lokalen Tiefpunkt T(2 | 1) und den lokalen Hochpunkt H(1 | 3). Tim stellt anhand dieses Textes drei Bedingungen für die Funktion auf:

- $f(1) = 2$
- $f'(1) = 0$
- $f(1) = 3$

Sind alle Bedingungen richtig? Sind alle Informationen verarbeitet? Falls nein, verbessern Sie bzw. ergänzen Sie fehlende Bedingungen!

•• **99.** Das Schaubild einer ganzrationalen Funktion 3. Grades hat im Punkt P(1 | 16) die Steigung 32 und verläuft durch den Hochpunkt H(−3 | −16). Zeigen Sie, dass die Funktion f mit $f(x) = x^3 + 7x^2 + 15x − 7$ die entsprechenden Eigenschaften erfüllt.

••• **100.** Wie viele lokale Extremstellen muss eine Funktion mindestens haben, wenn sie fünf einfache Nullstellen hat? Begründen Sie.

••• **101.** In Abb. 1.21b sind die Schaubilder K_f und K_g der Funktionen f mit $f(x) = x^2 − 1$ und g mit $g(x) = 1 − x$ eingezeichnet.

(a) Skizzieren Sie den Verlauf der Funktion h mit $h(x) = f(x) − g(x)$.

(b) Welche geometrische Bedeutung haben allgemein einfache bzw. doppelte Nullstellen von h?

(c) Welche geometrische Bedeutung hat es, wenn $h(x) > 0$ bzw. $h(x) < 0$?

(d) Welche geometrische Bedeutung hat allgemein die Funktion h?

(e) Welche geometrische Bedeutung hat allgemein die Funktion $|h|$?

(f) Welche Stelle von h gibt allgemein denjenigen Punkt an, in dem K_f und K_g maximalen senkrechten Abstand haben?

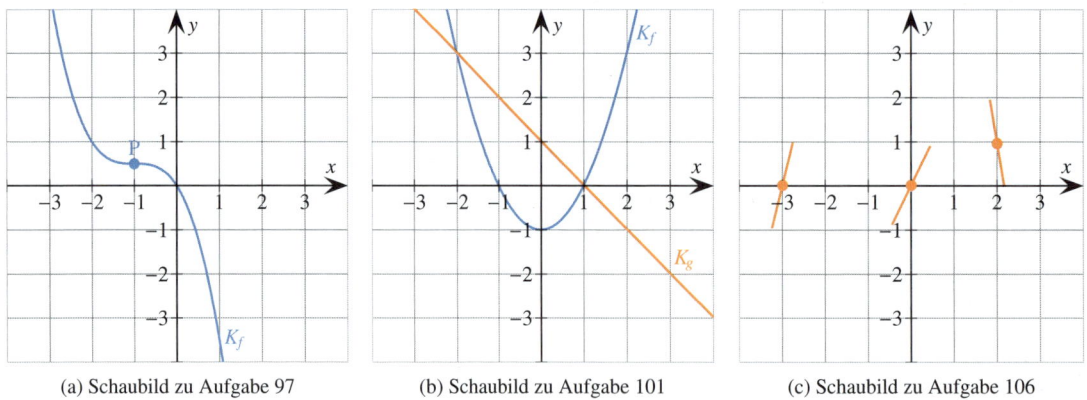

(a) Schaubild zu Aufgabe 97   (b) Schaubild zu Aufgabe 101   (c) Schaubild zu Aufgabe 106

Abb. 1.21.: Schaubilder

••• **102.** Für welche Werte von a und b hat das Schaubild der Funktion f mit $f(x) = ax^3 + bx^2$ den Hochpunkt H(1 | $\frac{1}{3}$)? Berechnen Sie exakt.

103. 🖾 K ist das Schaubild der Funktion f mit $f(x) = x^2 - 4x + 5$. Wie groß ist der senkrechte Abstand vom lokalen Tiefpunkt T des Schaubildes zur Tangente an K in dessen Schnittpunkt mit der y-Achse?

104. Hat eine beliebige Parabel die Nullstellen u_1 und u_2, dann können wir mit Hilfe von quadratischer Ergänzung zeigen, dass eine lokale Extremstelle in $x = \frac{1}{2}(u_1 + u_2)$ vorliegt. Bestätigen Sie dieses Ergebnis unter Verwendung der ersten Ableitung.

105. Eine Parabel f ist durch die Funktionsgleichung $f(x) = ax^2 + bx + c$, $a \neq 0$, gegeben. Beweisen Sie, dass die Parabel den Scheitelpunkt $S(-\frac{b}{2a} \mid c - \frac{b^2}{4a})$ hat.

106. Welchen Grades muss eine ganzrationale Funktion mindestens sein, damit ihr Schaubild die markierten Punkte mit den in Abb. 1.21c angegebenen Tangenten enthält? Begründen Sie.

107. Zeigen Sie mit Hilfe von Monotonie, dass die Funktion f mit $f(x) = e^x + x$ genau eine Nullstelle hat.

108. Weisen Sie rechnerisch nach, dass die Funktion f mit $f(x) = x^2 - e^{-x}$ eine Nullstelle im Intervall $[0; 1]$ hat.

109. Diskutieren Sie die folgende Aussage: Hat f' an der Stelle u eine Nullstelle mit ungerader Vielfachheit, so liegt dort ein Hoch- oder Tiefpunkt vor. Ist die Vielfachheit gerade, so ist dies nicht der Fall. Geben Sie jeweils ein Beispiel an.

110. Ein Gärtner möchte entlang eines geraden Zauns mit einem 20 Meter langen Seil ein Rechteck abgrenzen ($\rightarrow$ Abb. 1.22).

(a) Begründen Sie, wieso die Höhe des Scheitelpunktes der Parabel p mit $p(x) = x(20 - 2x)$ den Inhalt der maximal möglichen Fläche angibt.

(b) Berechnen Sie diesen Wert.

(c) Begründen Sie mit Rechnung, dass der Gärtner eine noch größere Fläche abgrenzen kann, wenn er sich auf eine andere Form als ein Rechteck festlegt.

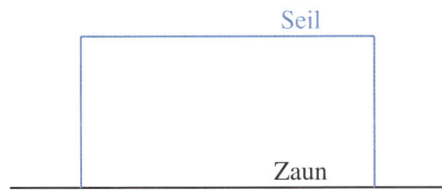

Abb. 1.22.: Schaubild zu Aufgabe 110

Hinweis: Weitere und allgemeinere Aufgaben werden in Abschnitt 1.12 behandelt.

★ **111.** Beweisen Sie die Ungleichung $e^x \geq 1 + x$, $x \in \mathbb{R}$, mit Hilfe von Monotonie.

1.5. Krümmung und Wendestellen

Indem wir die Funktion f'' untersuchen, können wir wertvolle Aussagen über die Krümmung und die Wendestellen des Schaubilds von f machen.

Krümmung

Die Funktion f ist an der Stelle u

- rechtsgekrümmt, wenn gilt: $f''(u) < 0$

- linksgekrümmt, wenn gilt: $f''(u) > 0$

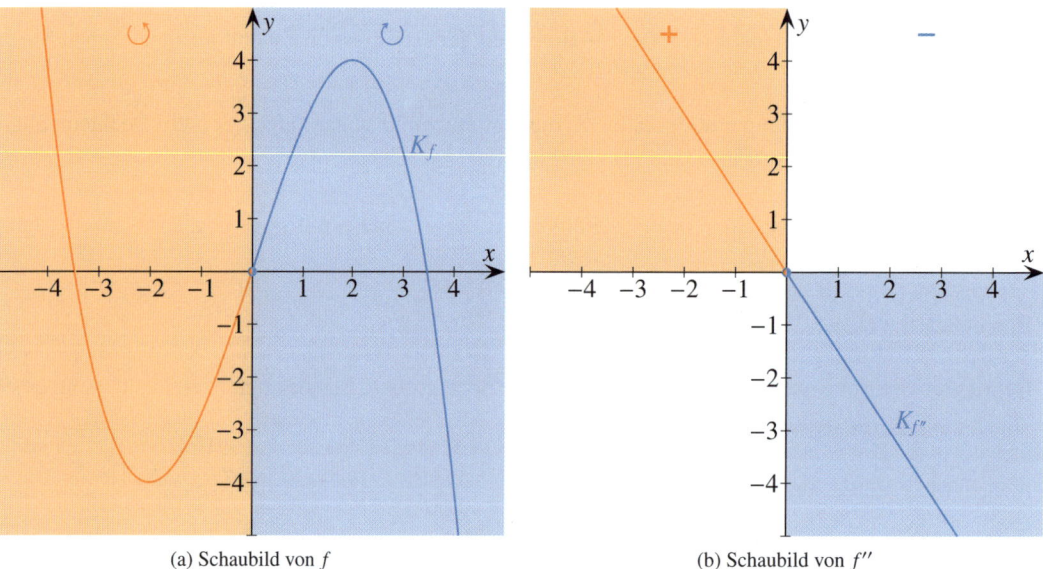

(a) Schaubild von f (b) Schaubild von f''

Abb. 1.23.: Gegenüberstellung der Schaubilder von f und f''

Im Beispiel ist die Funktion f im Intervall $(-\infty; 0)$ linksgekrümmt, da f'' dort stets positiv ist. Im Intervall $(0; \infty)$ ist f rechtsgekrümmt, da f'' dort stets negativ ist ($\to$ Abb. 1.23).

Wendepunkt

Das Schaubild der Funktion f hat an der Stelle u einen

- Wendepunkt $W(u \mid f(u))$, wenn $f''(u) = 0$ gilt und

    - f'' dort einen Vorzeichenwechsel (VZW) hat

    - **oder** $f'''(u) \neq 0$.

- Flachpunkt $F(u \mid f(u))$, wenn $f''(u) = 0$ gilt, aber f'' dort keinen Vorzeichenwechsel hat.

Wir bezeichnen die Stelle u als *Wendestelle*. Im Wendepunkt ist das Schaubild von f in einer kleinen Umgebung um u maximal steigend bzw. fallend (Ausnahme: Terrassenpunkt, siehe Abschnitt 1.6).

Theorie & Aufgaben

Wendetangente

Die Tangente in einem Wendepunkt einer Funktion heißt *Wendetangente*.

Beispiel

Berechnen Sie die Wendetangente an das Schaubild der Funktion f mit $f(x) = -\frac{1}{4}x^3 + 3x + 1$.

Lösung

Wir berechnen zunächst die Wendestelle $u = 0$. $f'(x) = -\frac{3}{4}x^2 + 3$, $f'(0) = 3$ und $f(0) = 1$. Diese Werte setzen wir dann in die *Punktsteigungsform* der Tangente ein. Für die Steigung gilt $m = f'(u)$:

$$y = f'(u)(x - u) + f(u) = 3(x - 0) + 1 = 3x + 1$$

112. Untersuchen Sie die Schaubilder in Abb. 1.24 ohne Rechnung auf Krümmung und geben Sie die Wendestellen an.

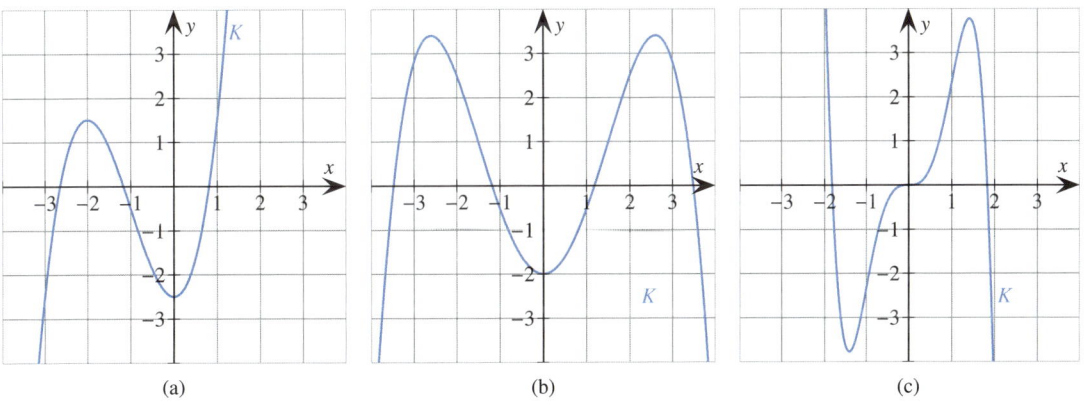

Abb. 1.24.: Schaubilder zu Aufgabe 112

113. Berechnen Sie die Wendepunkte des Schaubildes K_f von f exakt und geben Sie die Bereiche an, in denen f links- bzw. rechtsgekrümmt ist. Zeichnen Sie K_f.

(a) $f(x) = x^3 - 3x^2 + 4$

(b) $f(x) = 5x^3 - \frac{15}{2}x^2 + x + 3$

(c) $f(x) = -\frac{3}{4}x^3 + 2x^2$

(d) $f(x) = \frac{1}{6}x^3 + \frac{3}{4}x^2 + \frac{11}{8}x - \frac{9}{16}$

(e) $f(x) = -\frac{1}{10}x^4 + \frac{3}{5}x^2 - \frac{3}{2}x$

(f) $f(x) = \frac{1}{12}x^4 - x^2$

114. Berechnen Sie die Wendepunkte des Schaubildes K_f von f exakt und geben Sie die Bereiche an, in denen f links- bzw. rechtsgekrümmt ist. Zeichnen Sie K_f.

(a) $f(x) = xe^{-x}$

(b) $f(x) = e^{-x^2}$

(c) $f(x) = (x - 3)e^{\frac{x}{2}}$

(d) $f(x) = (x^2 + 1)e^{1-x}$

Theorie & Aufgaben

•• **115.** 🖼 Berechnen Sie die Wendepunkte des Schaubildes K_f von f exakt und geben Sie die Bereiche an, in denen f links- bzw. rechtsgekrümmt ist. Zeichnen Sie K_f.

(a) $f(x) = 2x - \sin x$, $x \in (-\frac{\pi}{2}; \frac{\pi}{2})$

(b) $f(x) = -\frac{1}{4}x^2 - \cos x$, $x \in (-\pi; \pi)$

(c) $f(x) = \sin x + \cos x$, $x \in (-\pi; \pi)$

(d) $f(x) = \sin(1 + \pi x)$, $x \in (-1; 1)$

•• **116.** Es ist die Funktion f mit $f(x) = 2 - \cos(\frac{1}{2}x)$ gegeben. Bestimmen Sie

(a) die Periodenlänge der Funktion;

(b) die Wertemenge der Funktion;

(c) die Koordinaten zweier benachbarter Wendepunkte;

(d) einen Punkt mit maximaler Steigung an.

• **117.** 🖼 Bestimmen Sie jeweils die Gleichung der Wendetangente und zeichnen Sie diese mit dem Schaubild von f in ein gemeinsames Koordinatensystem.

(a) $f(x) = -\frac{1}{3}x^3 + x^2 - \frac{3}{2}x + \frac{17}{6}$

(b) $f(x) = \frac{1}{6}x^3 - 2x + 1$

(c) $f(x) = \frac{1}{3}x^3 - \frac{3}{2}x^2 + \frac{5}{2}x - \frac{1}{8}$

(d) $f(x) = 4(x + 2)e^{-4x-6}$

(e) $f(x) = \sin x$, $x \in (-\pi; \pi)$

(f) $f(x) = \cos x$, $x \in (0; \pi)$

•• **118.** In Abb. 1.25a ist das Schaubild K_f einer Funktion f gegeben. Entscheiden Sie jeweils mit Begründung, welche dieser Aussagen richtig bzw. falsch sind.

(a) $f''(-1) < 0$

(b) $f''(1) < 0$

(c) $f''(2) = 0$

(d) $f'''(2) = 0$

(e) f hat 2 Wendestellen

(f) f'' hat einen VZW in $x = 0$

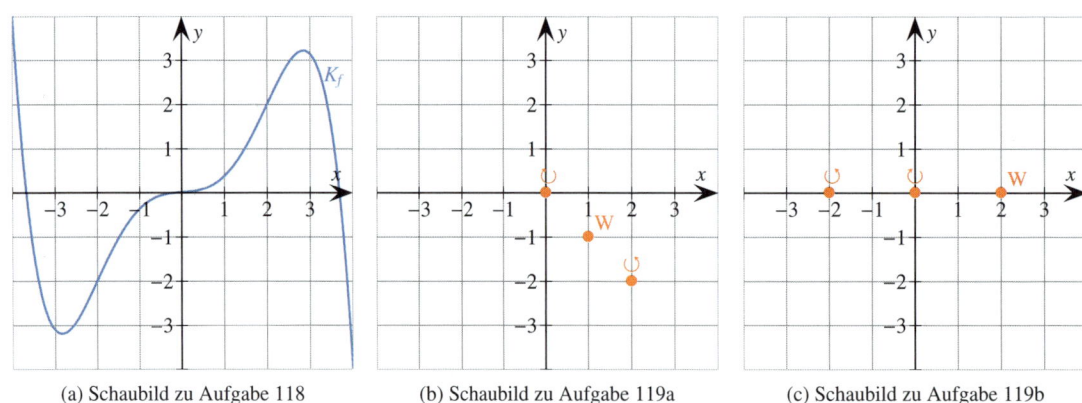

(a) Schaubild zu Aufgabe 118

(b) Schaubild zu Aufgabe 119a

(c) Schaubild zu Aufgabe 119b

Abb. 1.25.: Schaubilder

•• **119.** Skizzieren Sie ein mögliches Schaubild der Funktion f, die durch den Wendepunkt W verläuft und in den in Abb. 1.25b bzw. 1.25c markierten Punkten die angegebene Krümmungsrichtung hat.

120. Skizzieren Sie ein mögliches Schaubild der Funktion f, wenn gilt:

(a) $f'(-1) = 4$, $f''(-1) = -2$, $f(3) = 0$

(b) $f'(x) > 0$ für alle $x \subset \mathbb{R}$, $f(0) = 0$, $f''(0) = 0$

(c) $f(-2) = f(0) = f(2) = 0$, $f''(\pm\frac{1}{3}\sqrt{6}) = 0$

121. Zeigen Sie: Die Funktion f mit $f(x) = x^2 + \sin x$ ist stets linksgekrümmt.

122. Weisen Sie rechnerisch nach, dass das Schaubild der Funktion f mit $f(x) = x + e^{-2x}$ keinen Wendepunkt hat.

123. Welche Aussagen lassen sich über das Schaubild einer Funktion treffen, wenn gilt:

(a) $f(-3) = 5$, $f''(-3) > 0$

(b) $f(-2) = 1$, $f''(-2) = 0$, $f'''(-2) = 6$

(c) $f(0) = 1$, $f'(0) = 0$, $f''(0) = 0$

124. Das Schaubild einer Funktion f verläuft durch den Wendepunkt W(3 | 2) und den Terrassenpunkt Te(-1 | 0). Tim stellt anhand dieses Textes vier Bedingungen für die Funktion auf:

- $f(2) = 3$ • $f''(3) = 0$ • $f(-1) = 0$ • $f''(-1) = 0$

Sind alle Bedingungen richtig? Sind alle Informationen verarbeitet? Falls nein, verbessern Sie bzw. ergänzen Sie die fehlenden Bedingungen!

125. Das Schaubild K einer ganzrationalen Funktion 4. Grades ist symmetrisch zur y-Achse und besitzt an der Stelle $x = -1$ die Wendetangente $y = -8x + 24$. Zeigen Sie, dass die Funktion f mit $f(x) = -x^4 + 6x^2 + 27$ die entsprechenden Eigenschaften erfüllt.

126. Für welche Werte von a und b hat das Schaubild der Funktion f mit $f(x) = ax^3 + bx^2$ den Wendepunkt W(1 | $\frac{1}{3}$)? Berechnen Sie exakt.

127. Das Schaubild einer ganzrationalen Funktion 3. Grades verläuft durch den Wendepunkt W(0 | 0) und den Hochpunkt H(4 | 3). Bestimmen Sie den zugehörigen Funktionsterm.

128. Das Schaubild der Funktion f mit $f(x) = -\frac{1}{4}x^4 + \frac{3}{2}x^2$ ist K_f. Die Wendepunkte und die lokalen Hochpunkte von K_f bilden ein gleichschenkliges Trapez. Skizzieren Sie dieses Trapez und berechnen Sie dessen Flächeninhalt.

129. Diskutieren Sie die folgende Aussage: Hat f'' an der Stelle x eine Nullstelle mit ungerader Vielfachheit, so liegt dort ein Wendepunkt vor. Ist die Vielfachheit gerade, so ist dies nicht der Fall. Geben Sie jeweils ein Beispiel an.

1.6. Terrassenpunkte und Flachpunkte

In den Abschnitten 1.4 und 1.5 haben wir nur diejenigen besonderen Punkte P(u | $f(u)$) ausführlich diskutiert, bei denen bestimmte Ableitungen einer Funktion f an der Stelle u Vorzeichenwechsel hatten. Nun diskutieren wir diejenigen Punkte, bei denen diese Vorzeichenwechsel nicht vorliegen.

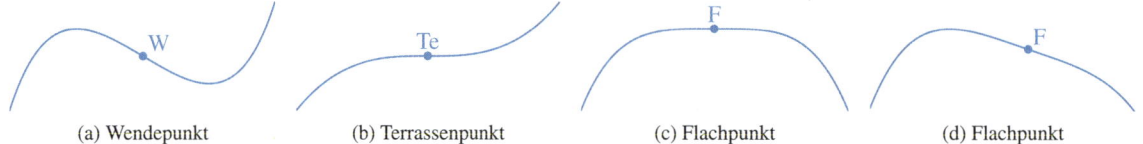

| (a) Wendepunkt | (b) Terrassenpunkt | (c) Flachpunkt | (d) Flachpunkt |

Abb. 1.26.: Mögliches Aussehen der Punkte P(u | $f(u)$) mit $f''(u) = 0$

Für jeden Hoch- oder Tiefpunkt gilt die Bedingung $f'(u) = 0$ (*notwendige Bedingung*). Doch nicht jeder Punkt mit $f'(u) = 0$ ist automatisch ein Hoch- oder Tiefpunkt. Es muss dann auch die *hinreichende Bedingung* des VZW von f' an der Stelle u gelten. Ansonsten liegt eine andere Art von Punkt vor. Die Tatsache, dass $f''(u) = 0$ ist, bedeutet nicht unbedingt, dass f' in u keinen VZW hat (Beispiel: $f(x) = x^3$).

> **Terrassenpunkt/Sattelpunkt**
>
> Die Stelle u heißt *Terrassenstelle* von f, wenn $f'(u) = 0$, aber f' in u das Vorzeichen nicht wechselt. Der Punkt Te(u | $f(u)$) heißt dann *Terrassenpunkt* oder *Sattelpunkt* von f ($\rightarrow$ Abb. 1.26b).

Für jeden Wendepunkt gilt die Bedingung $f''(u) = 0$ (*notwendige Bedingung*). Doch nicht jeder Punkt mit $f''(u) = 0$ ist automatisch ein Wendepunkt. Es muss dann auch die *hinreichende Bedingung* des VZW von f'' an der Stelle u gelten. Ansonsten liegt eine andere Art von Punkt vor. Die Tatsache, dass $f'''(u) = 0$ ist, bedeutet nicht unbedingt, dass f'' in u keinen VZW hat (Beispiel: $f(x) = x^4$).

> **Flachpunkt**
>
> Die Stelle u heißt *Flachstelle* von f, wenn $f''(u) = 0$, aber f'' in u das Vorzeichen nicht wechselt. Der Punkt F(u | $f(u)$) heißt dann *Flachpunkt* von K_f ($\rightarrow$ Abb. 1.26c, 1.26d).

Die Entscheidungsbäume in Abb. 1.27 fassen noch einmal die wichtigsten Zusammenhänge der Ableitungen bei Hoch-/Tief-/Wende-/Terrassen- und Flachpunkten zusammen.

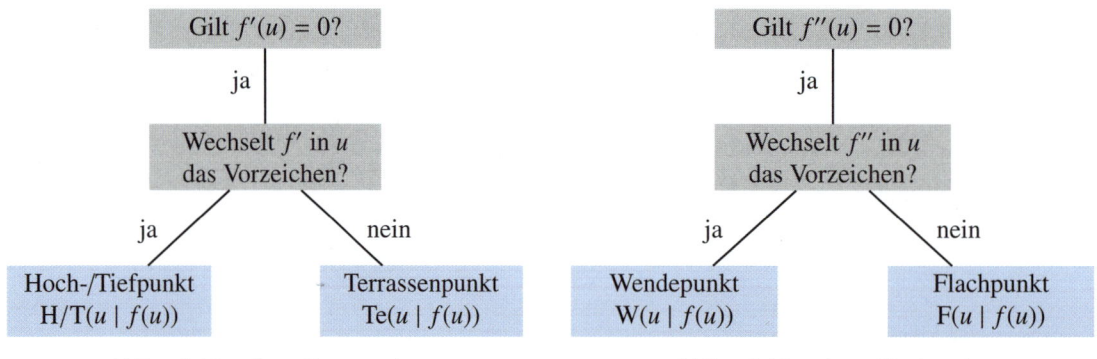

| (a) Entscheidungsbaum Extrempunkte | (b) Entscheidungsbaum Wendepunkte |

Abb. 1.27.: Entscheidungsbäume zu speziellen Punkten

130. Für alle in Abb. 1.28 markierten Punkte ist der Wert der zweiten Ableitung gleich 0. Geben Sie an, um welche Art von Punkt es sich jeweils handelt.

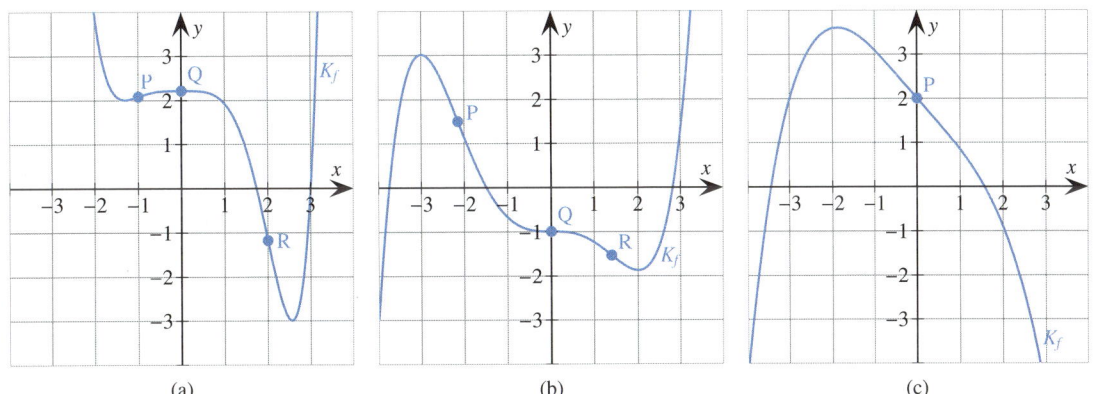

(a)   (b)   (c)

Abb. 1.28.: Abbildungen zu Aufgabe 130

131. Berechnen Sie alle Punkte $P(u \mid f(u))$ mit $f''(u) = 0$ und entscheiden Sie, ob es sich jeweils um einen Wendepunkt, Terrassenpunkt oder echten Flachpunkt handelt. Zeichnen Sie das Schaubild von f.

(a) $f(x) = \frac{1}{4}x^4 - x^3 + 3$

(b) $f(x) = \frac{1}{6}x^6 - \frac{5}{6}x^4 + \frac{5}{2}x^2 - \frac{23}{6}$

(c) $f(x) = x^3(\frac{3}{5}x^2 + 3x + 4)$

(d) $f(x) = -\frac{1}{16}x^4 + 3$

(e) $f(x) = x^2 + (\cos x)^2 - 3$, $x \in (-\pi; \pi)$

(f) $f(x) = (\frac{1}{6}x^3 - x^2 + 3x - 4)e^x + 2$

132. Skizzieren Sie ein mögliches Schaubild einer Funktion mit den folgenden Eigenschaften.

(a) Terrassenpunkte $T_1(-1 \mid -2)$, $T_2(1 \mid 2)$. $f'(x) \geq 0$ für alle $x \in \mathbb{R}$

(b) Flachpunkt $F(0 \mid 3)$, $f''(x) \leq 0$ für alle $x \in \mathbb{R}$

(c) Wendepunkte $W_1(-2 \mid -2)$, $W_2(2 \mid 2)$, Terrassenpunkt $T(0 \mid 0)$

133. Es ist die Funktion f mit $f(x) = \frac{1}{16}x^4 - 2x$ gegeben. Tim sagt: „Es gilt $f''(0) = 0$, also hat das Schaubild in $x = 0$ einen Wendepunkt." Doch das Schaubild zeigt keinen Wendepunkt an. Erläutern Sie, welchen Fehler Tim gemacht hat.

134. Das Schaubild K einer ganzrationalen Funktion 4. Grades besitzt den Terrassenpunkt $T(-1 \mid 81)$ und den Hochpunkt $H(2 \mid 108)$. Zeigen Sie, dass die Funktion f mit $f(x) = -x^4 + 6x^2 + 8x + 84$ die entsprechenden Eigenschaften erfüllt.

135. Es ist die Funktion f mit $f(x) = \frac{1}{2}x^2 - \sin x$ gegeben. Ihr Schaubild ist K_f. Weisen Sie nach, dass K_f unendlich viele Flachpunkte hat.

1.7. Asymptoten

Um den Verlauf einer Funktion f zu studieren, benötigen wir auch das Verständnis für das Verhalten von f für unendlich große bzw. kleine x-Werte. Bei einigen Funktionen beobachten wir, dass sich ihre Schaubilder bei immer größer werdender Entfernung vom Koordinatenursprung einer Geraden unendlich nähern. Solche Geraden nennen wir *Asymptoten*.

136. Beschreiben Sie das asymptotische Verhalten des Schaubilds der Funktion für $x \to -\infty$ bzw. $x \to \infty$. Geben Sie, falls möglich, die waagrechten Asymptoten an.

(a) $f(x) = 5\mathrm{e}^x$

(b) $f(x) = 2\mathrm{e}^{-x}$

(c) $f(x) = 3\mathrm{e}^{x+1}$

(d) $f(x) = \mathrm{e}^x + x^2$

(e) $f(x) = 2 + \mathrm{e}^{-2x}$

(f) $f(x) = \mathrm{e}^{x-1} + 4$

137. In Abb. 1.29a sind die Schaubilder der Funktionen f, g und h eingezeichnet. Ordnen Sie die Schaubilder den Funktionen zu und begründen Sie Ihre Entscheidung.

- $f(x) = \mathrm{e}^{-x} - 1$
- $g(x) = \mathrm{e}^x - 1$
- $h(x) = \mathrm{e}^x - 2$

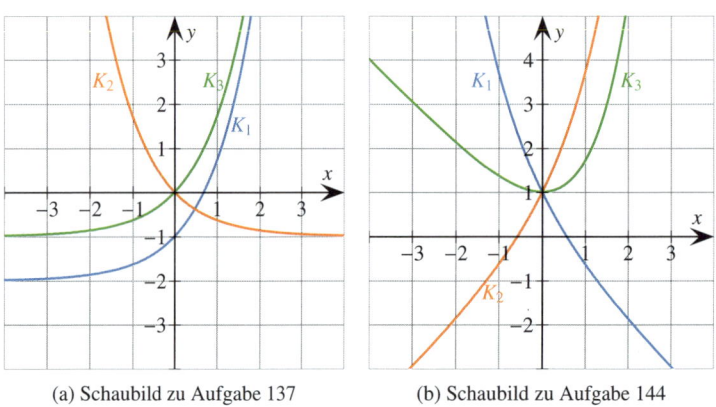

(a) Schaubild zu Aufgabe 137   (b) Schaubild zu Aufgabe 144

Abb. 1.29.: Schaubilder

138. In Abb. 1.30 ist jeweils das Schaubild K einer Funktion f eingezeichnet. Bestimmen Sie die Werte von a, b bzw. c so, dass das Schaubild zur Funktion passt.

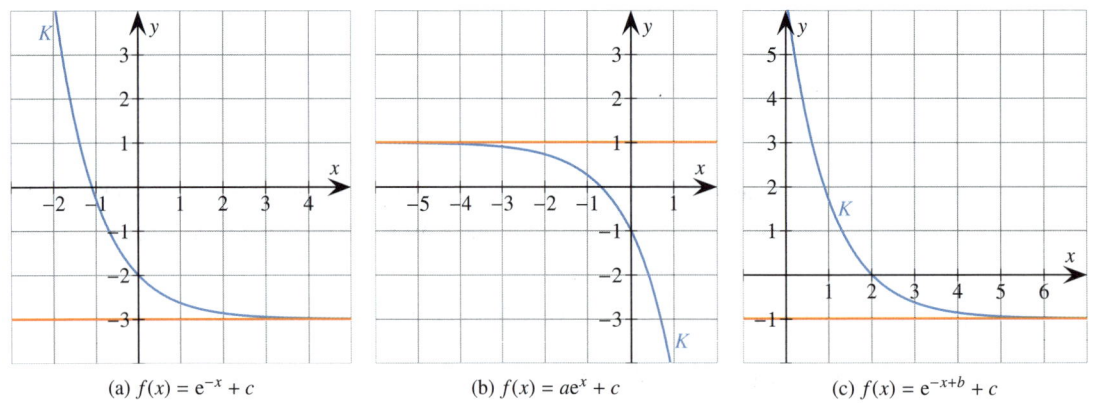

(a) $f(x) = \mathrm{e}^{-x} + c$ (b) $f(x) = a\mathrm{e}^x + c$ (c) $f(x) = \mathrm{e}^{-x+b} + c$

Abb. 1.30.: Schaubilder zu Aufgabe 138

Theorie & Aufgaben

52

139. Es ist die Funktion f mit $f(x) = x + e^{-2x}$ gegeben. Tim sagt: „Die Funktion hat die waagrechte Asymptote $y = 0$ für $x \to \infty$, da die e-Funktion für diese x-Werte ganz nahe bei 0 liegt." Beurteilen Sie diese Aussage.

140. Für welche x-Werte hat das Schaubild der Funktion f mit $f(x) = 4 - e^{-2x}$ von seiner waagrechten Asymptote eine absolute Abweichung von weniger als 0,01? Bestimmen Sie.

141. Die Differenz der y-Werte der Funktionen f mit $f(x) = 2 + e^{-3x}$ und g mit $g(x) = 2$ strebt für wachsende x-Werte gegen Null, ist aber stets positiv. Deuten Sie diese Aussage geometrisch.

142. Geben Sie die Gleichung einer Funktion f an, deren Schaubild

(a) für $x \to \infty$ die waagrechte Asymptote $y = 3$ hat;

(b) für $x \to -\infty$ die waagrechte Asymptote $y = -2$ hat.

143. Beschreiben Sie das asymptotische Verhalten des Schaubilds der Funktion für $x \to -\infty$ bzw. $x \to \infty$. Geben Sie, falls möglich, die schiefen Asymptoten an.

(a) $f(x) = e^{2x} + 3x$

(b) $f(x) = x - e^{1-x}$

(c) $f(x) = 1 + e^{-x} + 2x$

(d) $f(x) = e^{\frac{1}{2}x} - 4x + 1$

(e) $f(x) = -2 + e^{3x-4} + 5x$

(f) $f(x) = \frac{1}{2}e^{4-x} - x$

144. In Abb. 1.29b sind die Schaubilder der Funktionen f, g und h eingezeichnet. Ordnen Sie die Schaubilder den Funktionen zu und begründen Sie Ihre Entscheidung.

- $f(x) = e^x - x$
- $g(x) = e^{-x} - x$
- $h(x) = e^x + x$

145. In Abb. 1.31 ist jeweils das Schaubild K einer Funktion f eingezeichnet. Bestimmen Sie die Werte von a bzw. b so, dass das Schaubild zur Funktion passt.

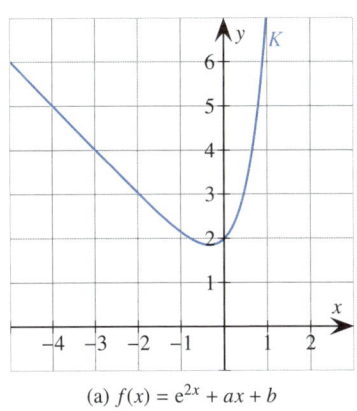
(a) $f(x) = e^{2x} + ax + b$

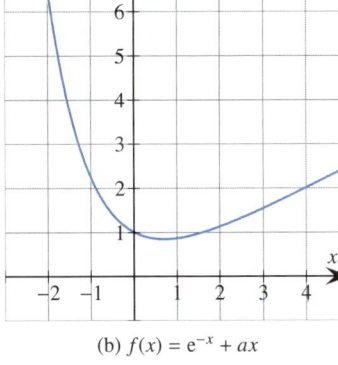
(b) $f(x) = e^{-x} + ax$

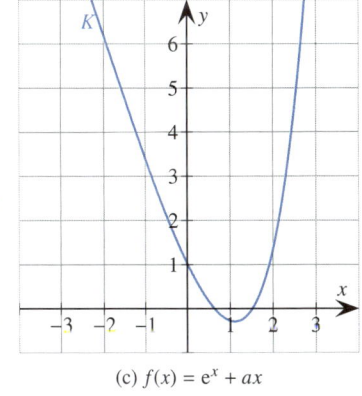
(c) $f(x) = e^x + ax$

Abb. 1.31.: Schaubilder zu Aufgabe 145

146. Es ist eine Funktion f und eine Funktion g der Form $g(x) = mx + b$ gegeben. Es ist bekannt, dass $f(x) - g(x) \to 0$ für $x \to \infty$. Außerdem ist $f(x) - g(x) < 0$ für alle x-Werte. Interpretieren Sie diesen Sachverhalt geometrisch.

147. Geben Sie die Gleichung einer Funktion f an, deren Schaubild

(a) für $x \to -\infty$ die schiefe Asymptote $y = 4x$ hat;

(b) für $x \to \infty$ die schiefe Asymptote $y = 2 - x$ hat.

53

1.8. Kurvendiskussion – ganzrationale Funktionen

Wir beginnen mit einer graphischen Übersicht, in der die in den Abschnitten 1.4 bis 1.6 vorgestellten Zusammenhänge einer Funktion f mit ihren beiden Ableitungen f' und f'' nochmals verdeutlicht werden ($\rightarrow$ Abb. 1.32). Wir haben gelernt, dass die **W**endestelle von f eine **E**xtremstelle von f' und eine **N**ullstelle von f'' ist. Diese Zusammenhänge lassen sich mit Hilfe einer Merkregel („NEW-Regel") leicht einprägen. Noch exaktere Angaben wie z.B. das Erkennen eines Hoch- und Tiefpunktes sind mit Vorzeichenwechseln zu begründen.

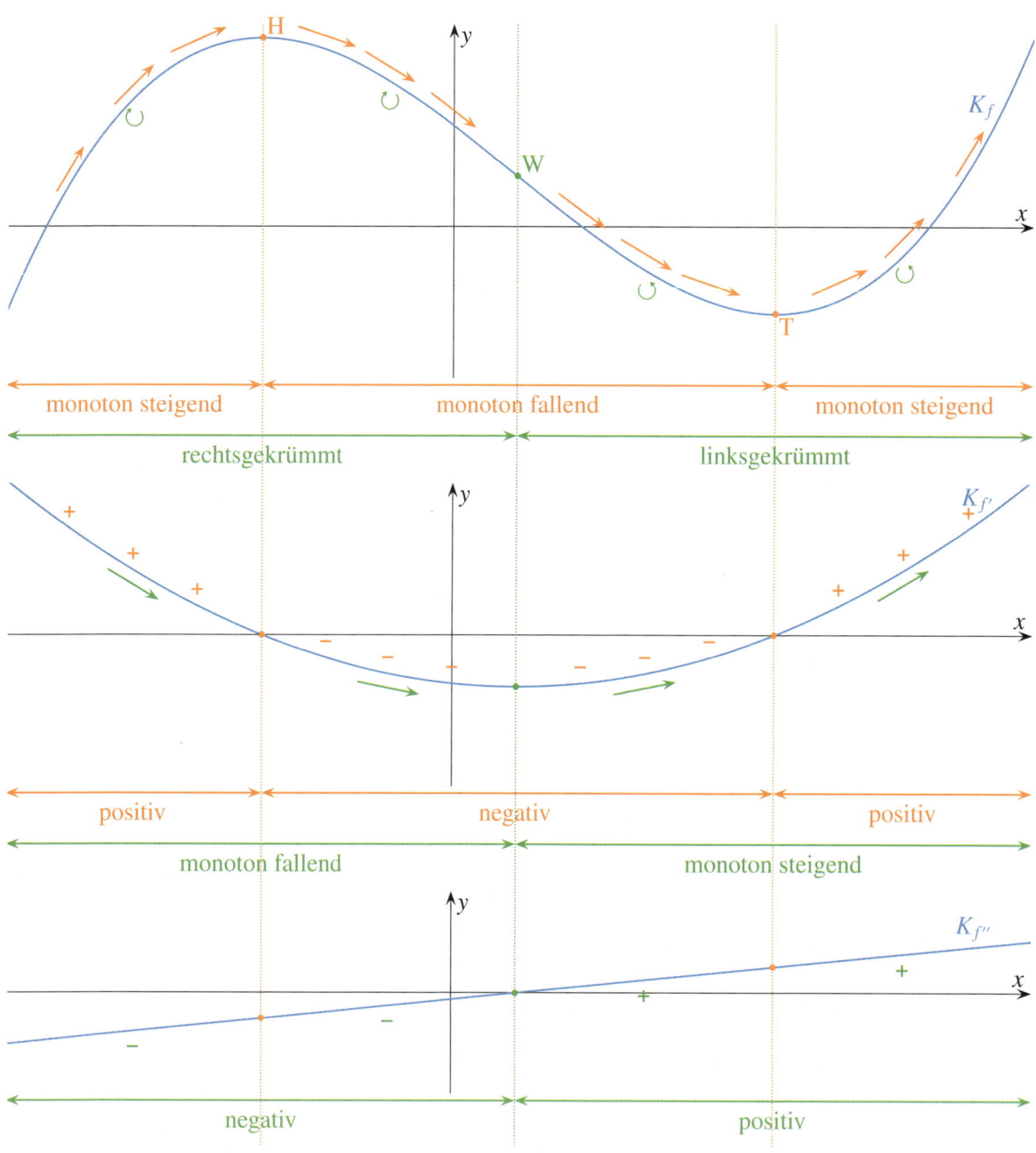

Abb. 1.32.: Zusammenhang zwischen markanten Punkten in f, f' und f''

$$
\begin{array}{ccccc}
f & - & N & E & W \\
 & & \downarrow & \downarrow & \\
f' & - & & N\ \ E\ \ W \\
 & & & \downarrow\ \ \downarrow\ \ \downarrow \\
f'' & - & & N\ \ E\ \ W
\end{array}
$$

Unter einer Kurvendiskussion verstehen wir die Untersuchung des Schaubilds einer Funktion auf seine geometrischen Eigenschaften. Um eine Kurvendiskussion für eine Funktion f zu erstellen, müssen mehrere Schritte durchgeführt werden. Mit diesen erhalten wir das volle Verständnis über den genauen Verlauf und die charakteristischen Punkte von f.

- Untersuchung der Symmetrie ($\to$ Grundlagen)

- Schnittpunkte mit den Koordinatenachsen ($\to$ Grundlagen)

  - Schnittpunkte mit x-Achse: Wir setzen $f(x) = 0$.

  - Schnittpunkt mit y-Achse: Wir berechnen $f(0)$.

- Bestimmung der Extrempunkte: Wir setzen $f'(x) = 0$ ($\to$ Abschnitt 1.4).

- Bestimmung der Wendepunkte: Wir setzen $f''(x) = 0$ ($\to$ Abschnitte 1.5, 1.6).

- Zeichnen des Schaubildes, wobei alle charakteristischen Punkte zu erkennen sein müssen!

Beispiel

Führen Sie eine Kurvendiskussion der Funktion f mit $f(x) = \frac{1}{6}x^4 - x^2$ durch und zeichnen Sie dann das Schaubild von f.

Lösung

- *Symmetrie*: Es gilt

$$
f(-x) = \frac{1}{6}(-x)^4 - (-x)^2 = \frac{1}{6}x^4 - x^2 = f(x),
$$

somit ist die Funktion symmetrisch zur y-Achse.

- *Schnittpunkte mit den Koordinatenachsen*: Wir berechnen $f(x) = 0 \Rightarrow x_1 = -\sqrt{6}$ (einfach), $x_2 = 0$ (doppelt), $x_3 = \sqrt{6}$ (einfach). Somit erhalten wir die Schnittpunkte $N_1(-\sqrt{6} \mid 0)$, $N_2(0 \mid 0)$ (doppelt), $N_3(\sqrt{6} \mid 0)$ mit der x-Achse. Da $f(0) = 0$, ist $S(0 \mid 0)$ der Schnittpunkt mit der y-Achse.

- *Bestimmung der Extrempunkte*: Für die Ableitungen gilt

$$
f'(x) = \frac{2}{3}x^3 - 2x, \qquad f''(x) = 2x^2 - 2, \qquad f'''(x) = 4x.
$$

Wir berechnen $f'(x) = 0 \Rightarrow x_1 = -\sqrt{3}$, $x_2 = 0$ bzw. $x_3 = \sqrt{3}$. Dann gilt $f''(-\sqrt{3}) = 4 > 0$, $f(-\sqrt{3}) = -\frac{3}{2} \Rightarrow$ lokaler Tiefpunkt $T_1(-\sqrt{3} \mid -\frac{3}{2})$. Außerdem $f''(0) = -2 < 0$, $f(0) = 0 \Rightarrow$ lokaler Hochpunkt $H(0 \mid 0)$. Schließlich $f''(\sqrt{3}) = 4 > 0$, $f(\sqrt{3}) = -\frac{3}{2} \Rightarrow$ lokaler Tiefpunkt $T_2(\sqrt{3} \mid -\frac{3}{2})$.

- *Bestimmung der Wendepunkte*: Wir berechnen $f''(x) = 0 \Rightarrow x_1 = -1$ bzw. $x_2 = 1$. Dann gilt $f'''(-1) = -4 \neq 0$, $f(-1) = -\frac{5}{6} \Rightarrow$ Wendepunkt $W_1(-1 \mid -\frac{5}{6})$. Außerdem $f'''(1) = 4 \neq 0$, $f(1) = -\frac{5}{6} \Rightarrow$ Wendepunkt $W_2(1 \mid -\frac{5}{6})$.

- *Zeichnen des Schaubildes*: Nun können wir das Schaubild der Funktion zeichnen ($\rightarrow$ Abb. 1.33).

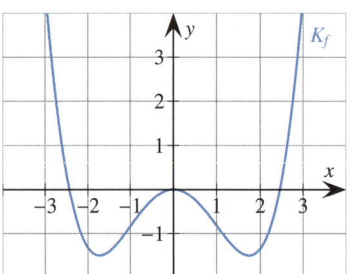

Abb. 1.33.: Schaubild der Funktion f mit $f(x) = \frac{1}{6}x^4 - x^2$

148. Führen Sie eine Kurvendiskussion durch und zeichnen Sie dann das Schaubild von f.

(a) $f(x) = \frac{1}{6}x^3 - \frac{1}{2}x^2$

(b) $f(x) = (x^2 - 1)^2$

(c) $f(x) = \frac{1}{6}x^4 - \frac{1}{3}x^3$

(d) $f(x) = \frac{1}{6}x^3 + \frac{1}{2}x^2 + x$

(e) $f(x) = \frac{3}{32}x^5 - \frac{5}{8}x^3$

(f) $f(x) = -\frac{1}{16}x^4 + 2x$

149. Es ist die Funktion f mit $f(x) = (x-1)(x+2)^2$ gegeben. Bei welchem der drei Schaubilder in Abb. 1.34 handelt es sich um die Abbildung der Funktion? Begründen Sie Ihre Antwort.

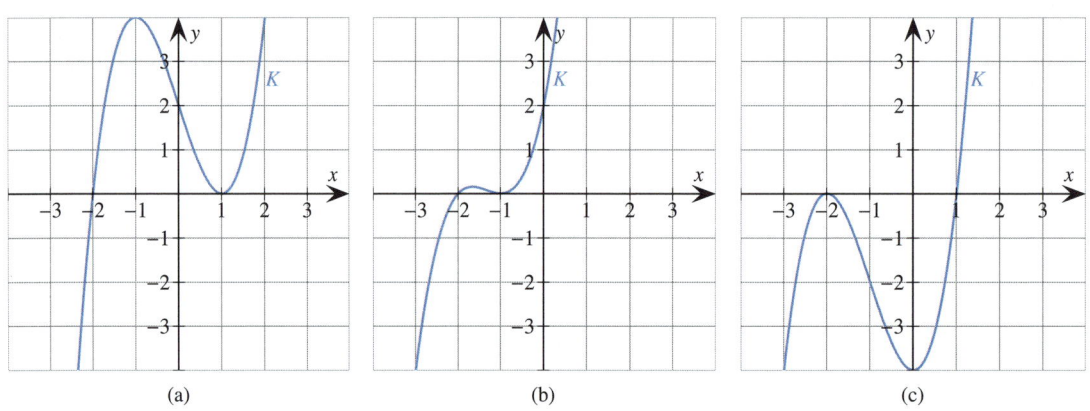

Abb. 1.34.: Schaubilder zu Aufgabe 149

150. Beschreiben Sie, wie das Schaubild der Funktion g aus dem Schaubild der Funktion f hervorgeht.

(a) $f(x) = x^3 + x$, $g(x) = x^3 + x + 2$

(b) $f(x) = x^3 + x^2$, $g(x) = (2x)^3 + (2x)^2$

151. Geben Sie den Term einer neuen Funktion g an, die entsteht, wenn man das Schaubild der Funktion f mit $f(x) = (x-2)^3$

(a) um 3 Einheiten nach links verschiebt;

(b) an der x-Achse spiegelt.

152. K ist das Schaubild der Funktion f mit $f(x) = \frac{3}{2}x^2 - 4x + 1$, $x \in \mathbb{R}$.

    (a) Berechnen Sie die Funktionsgleichung der Normalen n durch K an der Stelle $x = 2$.

    (b) In welchen Punkten schneidet n das Schaubild K? Berechnen Sie.

153. Es ist die Funktion f mit $f(x) = \frac{1}{4}x^4 - x^2 + 1$, $x \in \mathbb{R}$, gegeben.

    (a) Untersuchen Sie das Schaubild K von f auf Symmetrie und skizzieren Sie es.

    (b) Berechnen Sie die Wendepunkte von K exakt.

    (c) Zeigen Sie, dass K oberhalb der Parabel p mit $p(x) = x^2 - 4$ liegt.

154. K ist das Schaubild der Funktion f mit $f(x) = 0{,}25x^3 - 1{,}5x^2 + 1{,}75x + 2$. Die Tangente an K im Punkt $P(1 \mid f(1))$ bildet mit den beiden Koordinatenachsen ein Dreieck. Zeigen Sie, dass dieses Dreieck den Inhalt $A = 9$ besitzt.

155. K ist das Schaubild einer punktsymmetrischen ganzrationalen Funktion fünften Grades mit den lokalen Hochpunkten $H_1(-3 \mid 3)$ und $H_2(1 \mid \frac{11}{9})$.

    (a) Welche Aussagen können Sie über die Anzahl und Lage der lokalen Tiefpunkte von K machen?

    (b) Skizzieren Sie ein mögliches Aussehen von K.

    (c) Wie viele Nullstellen und Wendestellen hat die Funktion? Begründen Sie.

156. In Abb. 1.35 ist das Schaubild K_f einer Funktion f gegeben. Entscheiden Sie jeweils mit Begründung, welche dieser Aussagen richtig bzw. falsch sind.

    (a) $f(-1) > f(1)$ (c) $f''(-1) > 0$ (e) f' hat 2 Extremstellen

    (b) $f'(-1) > f'(1)$ (d) f' hat 2 Nullstellen   (f) f'' hat 2 Nullstellen

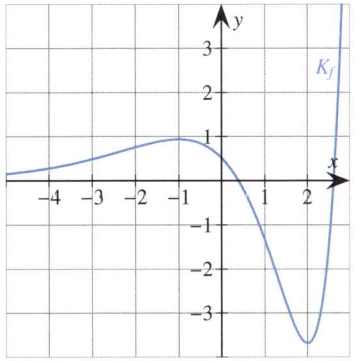

Abb. 1.35.: Schaubild zu Aufgabe 156

157. Welche Aussagen lassen sich über das Schaubild einer Funktion f treffen, wenn gilt:

    (a) $f(1) = 3$, $f'(1) = 0$, $f''(1) = 6$ (c) $f'(-2) = 0$, $f''(-2) = 0$, $f'''(-2) = -1$

    (b) $f'(-1) = 2$, $f''(-1) = 0$, $f'''(-1) = 1$ (d) $f(2) = \frac{1}{2}$, $f'(2) = -2$, $f''(2) = -3$

158. Das Schaubild einer Funktion f hat den Wendepunkt $W(-1 \mid 1)$ und an der Stelle $x = 2$ eine Tangente mit der Gleichung $y = 3x - 1$. Tim stellt anhand dieses Textes drei Bedingungen für die Funktion auf:

- $f'(2) = -1$
- $f(-1) = 1$
- $f''(-1) = 0$

Sind alle Bedingungen richtig? Sind alle Informationen verarbeitet? Falls nein, verbessern Sie bzw. ergänzen Sie fehlende Bedingungen! Welchen Grades müsste eine ganzrationale Funktion mindestens sein, um alle diese Bedingungen erfüllen zu können?

159. Das Schaubild K einer ganzrationalen Funktion 3. Grades hat an der Wendestelle $x = 1$ die Steigung 3. Zudem wird K von der Geraden g mit der Gleichung $y = 36x - 12$ an der Stelle $x = 2$ berührt. Zeigen Sie, dass die Funktion f mit $f(x) = 11x^3 - 33x^2 + 36x + 32$ diese Eigenschaften erfüllt.

160. In Abb. 1.36 ist jeweils das Schaubild K einer Funktion f eingezeichnet. Ermitteln Sie die Werte von a und c, damit das Schaubild zur Funktion passt.

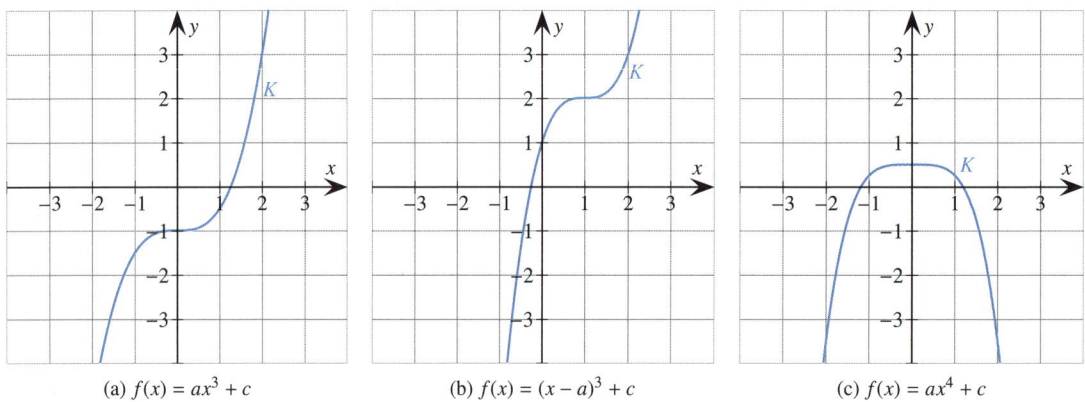

(a) $f(x) = ax^3 + c$ (b) $f(x) = (x - a)^3 + c$ (c) $f(x) = ax^4 + c$

Abb. 1.36.: Schaubilder zu Aufgabe 160

161. In Abb. 1.37 sind Schaubilder einer Funktion f eingezeichnet. Gibt es einen Wert für n, sodass die Schaubilder zu den Funktionen passen? Falls ja, geben Sie ihn an und beschriften Sie anschließend die Skalen der x- und y-Achse. Begründen Sie Ihre Entscheidung.

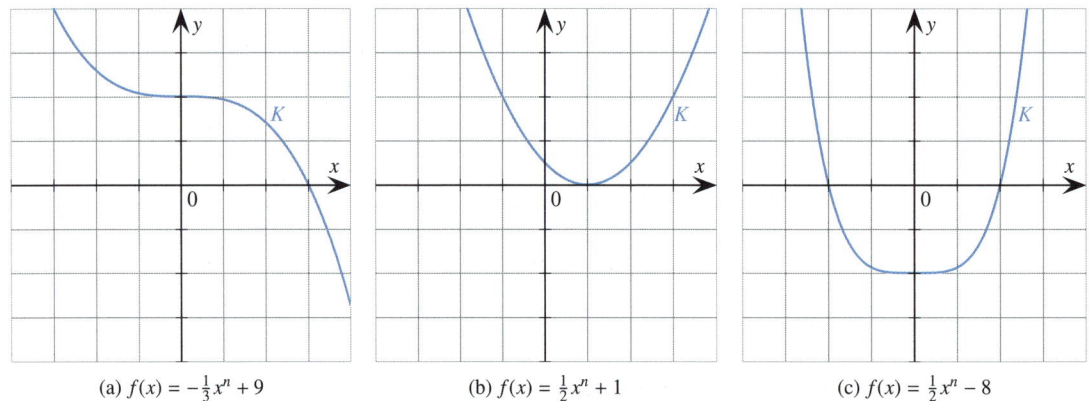

(a) $f(x) = -\frac{1}{3}x^n + 9$ (b) $f(x) = \frac{1}{2}x^n + 1$ (c) $f(x) = \frac{1}{2}x^n - 8$

Abb. 1.37.: Schaubilder zu Aufgabe 161

162. In Abb. 1.38 ist jeweils das Schaubild K einer Funktion f eingezeichnet. Ermitteln Sie die Werte von a, b und c, damit das Schaubild zur Funktion passt.

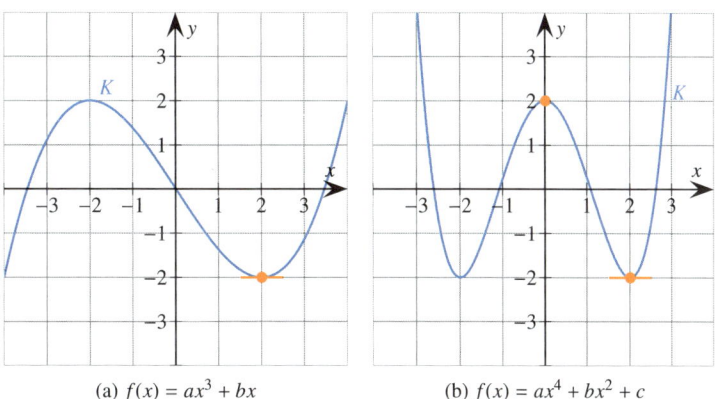

(a) $f(x) = ax^3 + bx$ (b) $f(x) = ax^4 + bx^2 + c$

Abb. 1.38.: Schaubilder zu Aufgabe 162

163. In Abb. 1.39 ist jeweils das Schaubild K einer Funktion f eingezeichnet. Ermitteln Sie die Werte für a, b und c, damit das Schaubild zur Funktion passt.

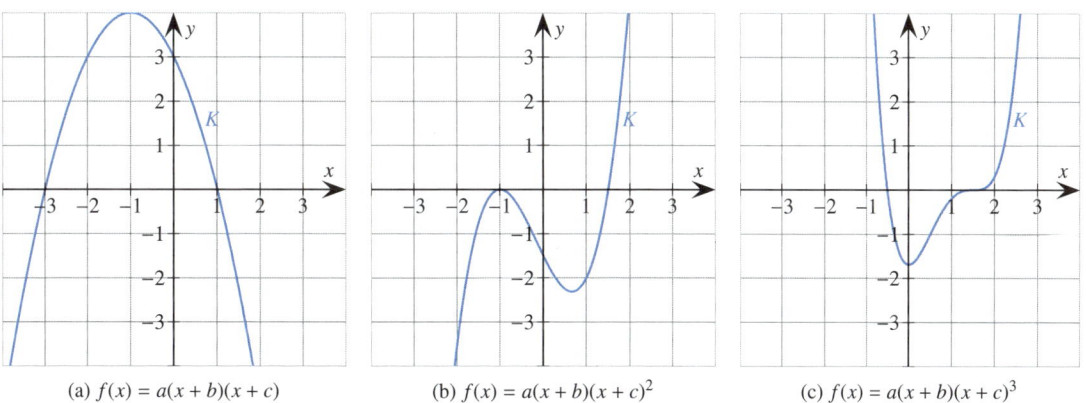

(a) $f(x) = a(x + b)(x + c)$ (b) $f(x) = a(x + b)(x + c)^2$ (c) $f(x) = a(x + b)(x + c)^3$

Abb. 1.39.: Schaubilder zu Aufgabe 163

164. K ist das Schaubild einer ganzrationalen Funktion sechsten Grades.

(a) Erläutern Sie, wie viele Nullstellen/Extremstellen/Wendestellen die Funktion maximal haben kann.

(b) Skizzieren Sie ein mögliches Beispiel für den maximalen Fall.

165. Entscheiden Sie jeweils mit Begründung, ob die folgenden Aussagen wahr oder falsch sind.

(a) Eine ganzrationale Funktion 3. Grades hat immer genau drei Nullstellen.

(b) Wenn $f''(u) > 0$, dann ist f an der Stelle u rechtsgekrümmt.

(c) Jede Stelle u, für die $f'(u) = 0$ gilt, ist eine globale Extremstelle.

(d) Jede Stelle u, für die $f''(u) = 0$ gilt, ist eine Wendestelle.

(e) Ist das Schaubild einer Funktion symmetrisch zur y-Achse, so liegt immer eine gerade Anzahl von Extremstellen vor.

(f) Eine lokale Maximalstelle ist eine Stelle mit der Steigung 0 und Rechtskrümmung.

(g) Eine ganzrationale Funktion dritten Grades besitzt maximal eine Stelle mit Steigung 0.

(h) Ist eine Funktion monoton steigend, so kann ihr Schaubild keine Stelle mit Steigung 0 haben.

166. In Abb. 1.40 sind mehrere Schaubilder eingezeichnet. Erläutern Sie, ob sie jeweils zu der Funktion f mit $f(x) = ax(x + b)^n$ bei geeigneter Wahl der Werte a, b und n gehören können. Falls ja, geben Sie diese Werte an.

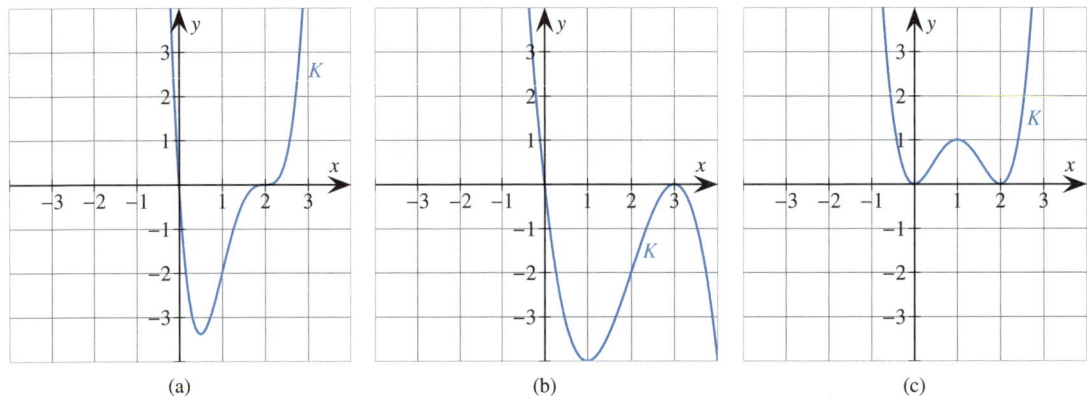

Abb. 1.40.: Schaubilder zu Aufgabe 166

167. Beim Speerwurf beschreibt der Speer ungefähr eine quadratische Funktion h (Wurfparabel), wobei $h(x)$ die Höhe des Speeres über dem Boden nach x Metern waagrechter Entfernung vom Abwurfpunkt ist. Der Speer verlässt die Hand des Athleten in 2 m Höhe unter einem Abwurfwinkel von 45° und erreicht nach 34 Metern seinen höchsten Punkt.

(a) Geben Sie den Term der Funktion h an.

(b) Nach wie vielen Metern kommt der Speer auf dem Boden auf?

(c) Unter welchem Winkel ist dies der Fall?

★ **168.** In Abb. 1.41 sind die Schaubilder zweier Geraden gegeben. Verbinden Sie die beiden Punkte P und Q so durch eine geeignete ganzrationale Funktion dritten Grades, dass der Übergang fließend und ohne Knicke erfolgt. Bestimmen Sie den Term dieser Verbindungsfunktion.

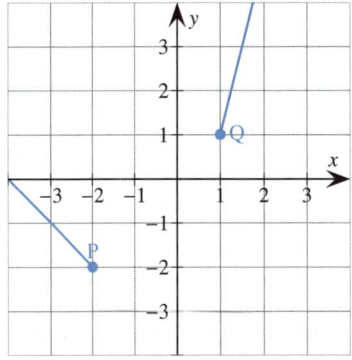

Abb. 1.41.: Schaubild zu Aufgabe 168

60

Aufgaben mit Anwendungsbezug

Physikalische Zusammenhänge

Wenn die Funktion s den *Weg* eines Objektes in Abhängigkeit von der Zeit t angibt, dann gibt $s'(t)$ (bzw. $v(t)$) die *Geschwindigkeit* des Objektes und $s''(t)$ (bzw. $v'(t)$ bzw. $a(t)$) die *Beschleunigung* des Objektes in Abhängigkeit von der Zeit t an.

$$s(t) \xrightarrow{\text{ableiten}} \begin{array}{c} s'(t) \\ \text{bzw.} \\ v(t) \end{array} \xrightarrow{\text{ableiten}} \begin{array}{c} s''(t) \\ \text{bzw.} \\ v'(t) \\ \text{bzw.} \\ a(t) \end{array}$$

$$\textit{Weg} \qquad \textit{Geschwindigkeit} \qquad \textit{Beschleunigung}$$

Allgemein ausgedrückt gibt die erste Ableitung f' einer Funktion f stets an, wie sich f verändert.

169. Die Funktion v_1 stellt die Geschwindigkeit eines 100-Meter-Sprinters (in Metern pro Sekunde) in Abhängigkeit von der Zeit t (in Sekunden) dar. K_1 ist das Schaubild von v_1 ($\rightarrow$ Abb. 1.42).

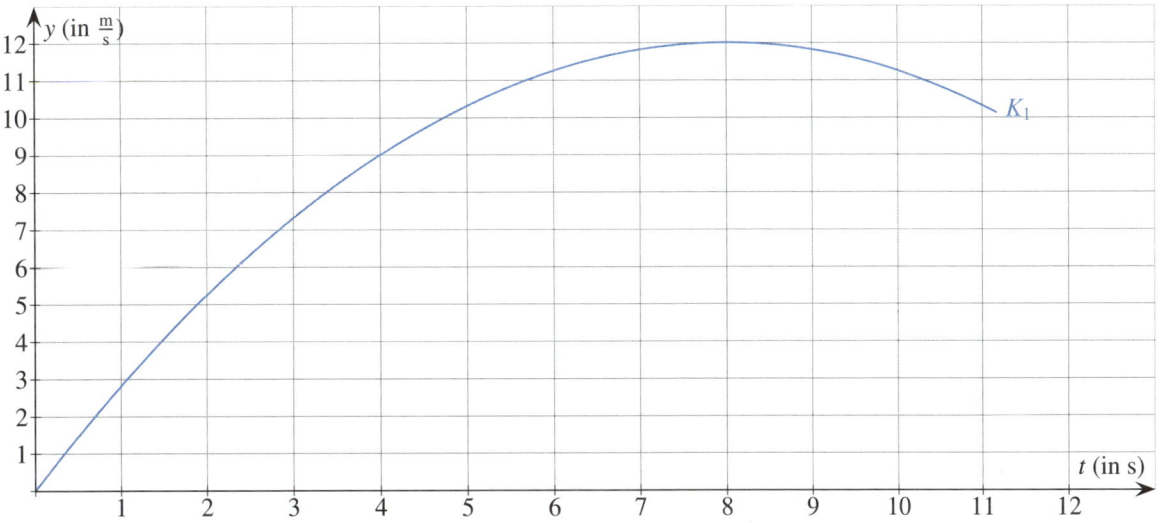

Abb. 1.42.: Schaubild zu Aufgabe 169

(a) Beschreiben Sie den Geschwindigkeitsverlauf des 100-Meter-Sprinters in Worten.

Der Verlauf der Wegstrecke des Sprinters in Abhängigkeit von der Zeit ist gegeben durch s_1 mit

$$s_1(t) = -\frac{1}{16}t^3 + \frac{3}{2}t^2.$$

Dabei gibt $s_1(t)$ die zurückgelegte Wegstrecke (in Metern) nach t Sekunden an.

(b) Zeigen Sie, dass die Zeit, die der Sprinter für 100 Meter benötigt, ca. 11,17 Sekunden beträgt.

(c) Erläutern Sie die Bedeutung des Ausdrucks $\frac{1}{5}(s(5) - s(0))$ im Sachzusammenhang.

61

Für einen zweiten Sprinter ist die Funktion s_2 der Wegstrecke in Abhängigkeit von der Zeit t durch

$$s_2(t) = -\frac{11}{216}t^3 + \frac{11}{8}t^2$$

gegeben.

(d) Zu welchem Zeitpunkt hat der zweite Sprinter maximale Geschwindigkeit? Wie groß ist sie?

(e) Zeichnen Sie den Verlauf der Geschwindigkeitsfunktion des zweiten Sprinters in das obige Schaubild. Vergleichen Sie die Merkmale beider Läufe. Welcher Sprinter kommt schneller ins Ziel?

(f) Findet ein Überholvorgang statt? Wenn ja, zu welchem Zeitpunkt und an welcher Stelle?

170. Der Verlauf einer Epidemie wird durch eine Funktion f mit $f(x) = -\frac{1}{10}x^3 + 3x^2$ für $x \geq 0$ modelliert. Dabei geben die x-Werte den Tag seit Beginn der Epidemie an. Der Funktionswert $f(x)$ gibt die Anzahl der erkrankten Personen am Tag x an.

(a) Zeichnen Sie das Schaubild der Funktion f in ein geeignetes Koordinatensystem.

(b) An welchem Tag endet die Epidemie? Berechnen Sie.

(c) An welchem Tag ist die Anzahl der Erkrankten maximal? Wie viele Erkrankte sind es dann?

(d) An welchem Tag steigt die Anzahl der Erkrankten am schnellsten?

(e) Bewerten Sie die folgende Aussage: „Zwischen dem 10. und dem 20. Tag steigt die Anzahl der Erkrankten im Durchschnitt um 20 Personen bzw. 12 % täglich."

Wirtschaftswissenschaftliche Begriffe

Bei Aufgaben zu wirtschaftswissenschaftlichen Themen sind die folgenden Begriffe interessant.

(a) Die *Kostenfunktion* $K(x)$ gibt die entstehenden Kosten bei der Produktion von x Mengeneinheiten (ME) eines Gutes an.

(b) Die *Erlösfunktion (Umsatzfunktion)* $E(x)$ gibt den Reinerlös bei dem Verkauf von x ME eines Gutes an.

(c) Die *Gewinnfunktion* $G(x) = E(x) - K(x)$ gibt den Reingewinn bei dem Verkauf von x ME eines Gutes an.

(d) Die *Gewinnzone* $[x_s; x_g]$ wird durch die beiden positiven Nullstellen von G angegeben: die *Nutzenschwelle* x_s und die *Nutzengrenze* x_g.

(e) Die *Grenzkostenfunktion* $K'(x)$ gibt den momentanen Kostenzuwachs an. Die Stelle mit dem minimalen Kostenzuwachs ist die Wendestelle von K.

(f) Die *Stückkostenfunktion* $k(x) = \frac{K(x)}{x}$ gibt die entstehenden Kosten für die x-te ME eines Gutes an.

(g) Das *Betriebsoptimum* x_{opt} gibt die Produktionsmenge bei den minimalen Stückkosten an. Die minimalen Stückkosten werden somit mit $k(x_{opt})$ angegeben.

171. Ein Unternehmen konzentriert sich auf die Produktion von Smartphones in limitierter Stückzahl. Dabei werden die Gesamtkosten für die Herstellung von x Smartphones durch die Funktion K mit

$$K(x) = 0,1x^3 - 10x^2 + 580x + 9\,600, \quad x \in [0; 150]$$

beschrieben. Jedes Smartphone ist im Handel für 900 € erhältlich.

(a) Geben Sie den Funktionsterm der Gewinnfunktion G an.

(b) Bestimmen Sie die Gewinnzone zeichnerisch.

(c) Für welche Produktionsmenge erhalten wir den maximalen Gewinn? Wie groß ist er?

(d) An welcher Stelle ist der momentane Kostenzuwachs am geringsten?

(e) Die Stückkostenfunktion ist in Abb. 1.43 dargestellt. Beschreiben Sie den Verlauf der Funktion im Sachzusammenhang und geben Sie minimalen Stückkosten sowie das Betriebsoptimum an.

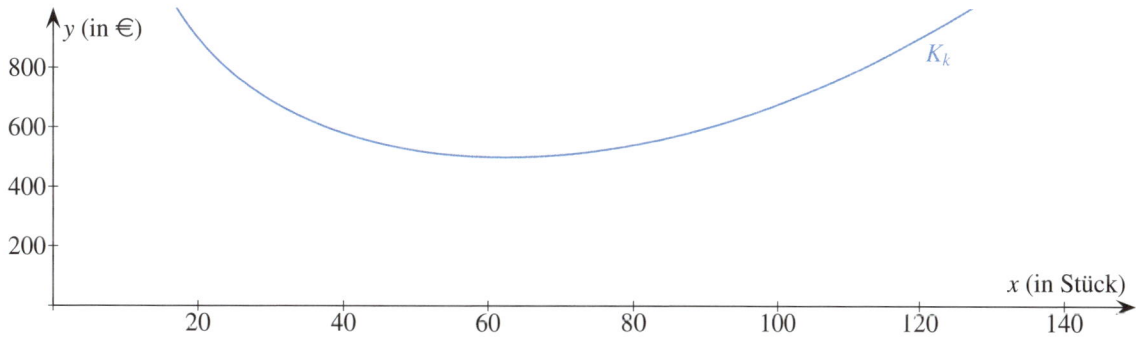

Abb. 1.43.: Schaubild der Stückkostenfunktion

172. Ein Sportgeschäft möchte zu einer Veranstaltung eine bestimmte Anzahl x an T-Shirts in limitierter Stückzahl produzieren lassen und diese zum Preis von 18 € verkaufen.

(a) Die Druckerei verlangt für den Auftrag pauschal 192 € und einen variablen Beitrag von $200\sqrt{x}$ in Abhängigkeit von der Anzahl x an T-Shirts. Geben Sie die Funktionsgleichung der Kostenfunktion und der Gewinnfunktion an.

(b) Wie viele T-Shirts muss das Sportgeschäft mindestens drucken lassen, um überhaupt einen Gewinn zu erzielen?

(c) Bei welcher Stückzahl erzielt das Sportgeschäft einen relativen Gewinn von 30 % je T-Shirt?

1.9. Kurvendiskussion – exponentielle Funktionen

173. Führen Sie eine Kurvendiskussion durch und zeichnen Sie dann das Schaubild von f.

(a) $f(x) = \frac{1}{2}(e^x - e^{-x})$

(c) $f(x) = 16(e^{2x} - e^x)$

(e) $f(x) = 32xe^{x-2}$

(b) $f(x) = 4e^{-x} - e^{-2x}$

(d) $f(x) = e^{1-x^2}$

(f) $f(x) = (5 - 2x)e^{2x-3}$

174. Beschreiben Sie, wie das Schaubild der Funktion g aus dem Schaubild der Funktion f hervorgeht.

(a) $f(x) = e^{4x}$, $g(x) = 3e^{4x}$

(b) $f(x) = 1 + e^x$, $g(x) = 1 + e^{x-2}$

175. Geben Sie den Term einer neuen Funktion g an, die entsteht, wenn wir das Schaubild der Funktion f mit $f(x) = e^{2x+1}$

(a) um den Faktor $\frac{1}{2}$ in x-Richtung stauchen

(b) um 2 Einheiten nach oben verschieben

176. In Abb. 1.44a ist das Schaubild K der Funktion f mit $f(x) = (-x - 1)e^{-x} - 2$ gegeben. Beschriften Sie die Skalen der x- und y-Achse und begründen Sie Ihre Entscheidung.

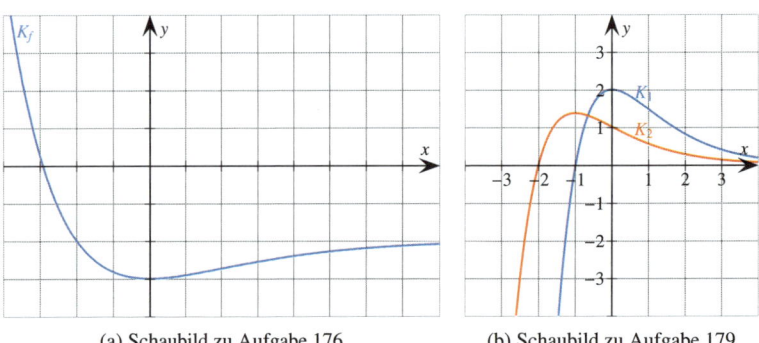

(a) Schaubild zu Aufgabe 176   (b) Schaubild zu Aufgabe 179

Abb. 1.44.: Schaubilder

177. In Abb. 1.45 ist jeweils das Schaubild K_f einer Funktion f vom angegebenen Typ gegeben. Bestimmen Sie die Werte a, b bzw. c, damit das Schaubild zur Funktion passt.

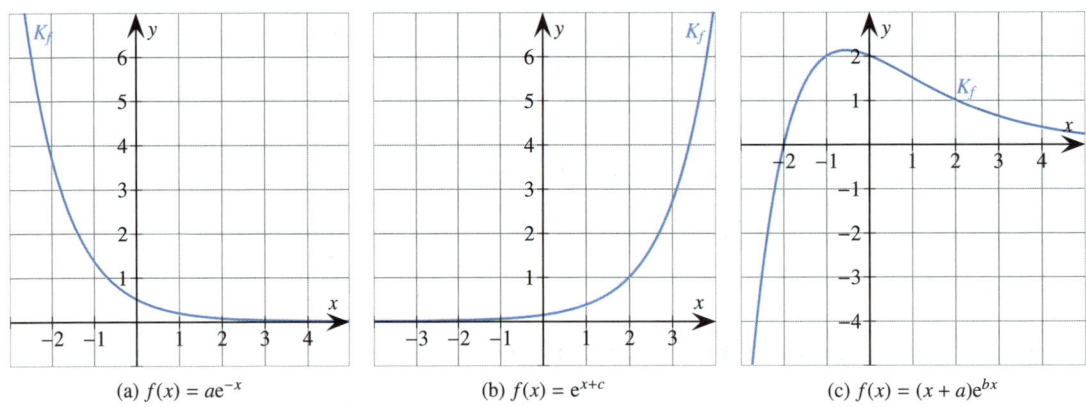

(a) $f(x) = ae^{-x}$ (b) $f(x) = e^{x+c}$ (c) $f(x) = (x + a)e^{bx}$

Abb. 1.45.: Schaubilder zu Aufgabe 177

64

178. Eine Funktion f vom Typ $f(x) = e^{bx} + c$ hat die Nullstelle -1 und die waagrechte Asymptote $y = -3$ für $x \to \infty$. Bestimmen Sie den Funktionsterm von f.

179. In Abb. 1.44b ist jeweils das Schaubild K_f einer Funktion f vom Typ $f(x) = (ax + b)e^{-x}$ gegeben. Bestimmen Sie ihren Funktionsterm.

180. Bei einer Untersuchung wird die Konzentration eines Wirkstoffes im Blut nach der Einnahme eines Medikaments gemessen. Es stellt sich heraus, dass diese Konzentration k (in mg pro Liter Blut) näherungsweise durch

$$k(t) = 40(e^{-t} - e^{-2t})$$

beschrieben werden kann, wobei t die Zeit (in Stunden) nach Einnahme des Medikamentes ist.

(a) Zeichnen Sie den Verlauf der Funktion k innerhalb der ersten acht Stunden.

(b) Zu welchem Zeitpunkt ist die Konzentration maximal? Wie groß ist sie dann?

(c) Ein Forscher behauptet, dass das Medikament nach exakt 2 Stunden am stärksten abgebaut wird. Nehmen Sie Stellung.

(d) Berechnen Sie den durchschnittlichen Konzentrationsabbau zwischen der 1. und der 3. Stunde.

(e) Bei einem alternativen Medikament ist die Konzentration durch die Funktion g mit $g(t) = 25te^{-t}$ ($\to$ Abb. 1.46) gegeben. Vergleichen Sie die beiden Funktionen hinsichtlich ihres Verlaufs.

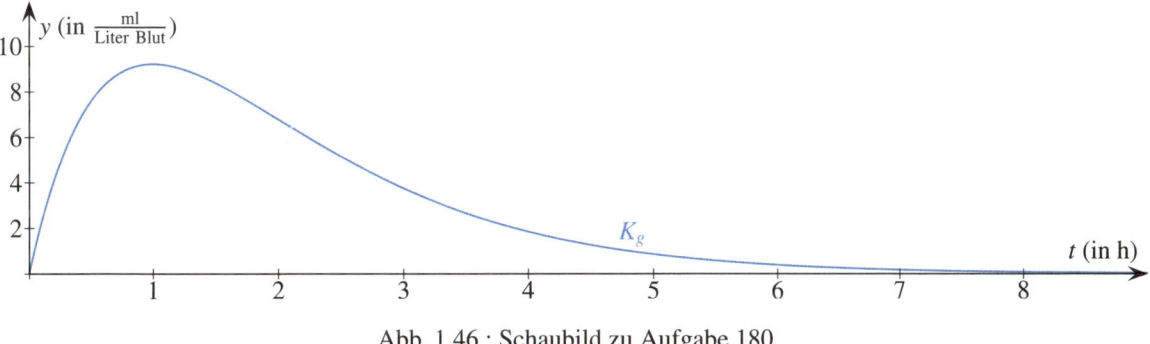

Abb. 1.46.: Schaubild zu Aufgabe 180

181. Die Bevölkerungszahl K eines Landes wird durch die Funktion

$$K(t) = 580\,000 + 20\,000e^{\frac{1}{8}t} - 10\,000t, \quad t \in [0;\ 20]$$

modelliert, wobei t das jeweilige Jahr angibt.

(a) Zeigen Sie, dass die Bevölkerungszahl im 12. Jahr ein Minimum hat.

(b) In welchem Jahr fällt die Bevölkerungszahl am stärksten?

(c) Wie könnte der Term $-10\,000t$ in der Funktion K im Sachzusammenhang interpretiert werden?

(d) Erläutern Sie die folgenden Größen im Sachzusammenhang:

$$A = \frac{K'(19)}{365}, \qquad B = \frac{K(20) - K(19)}{365}$$

1.10. Kurvendiskussion – trigonometrische Funktionen

182. Führen Sie eine Kurvendiskussion durch und zeichnen Sie dann das Schaubild von f.

(a) $f(x) = 2 - \sin(\frac{3}{2}x)$, $x \in [0; \frac{4}{3}\pi)$

(c) $f(x) = \sin x \cdot \cos x$, $x \in [-2; 2]$

(b) $f(x) = 3\cos(\frac{\pi}{4}x)$, $x \in [-4; 4)$

(d) $f(x) = x + \cos x$, $x \in [-4; 4]$

Hinweis: In Teilaufgabe (c) ist die Formel $(\sin x)^2 + (\cos x)^2 = 1$ hilfreich. In Teilaufgabe (d) ist $f(x) = 0$ für $x = -1{,}03$.

183. In Abb. 1.47 sind die Schaubilder der Funktion f, g und h eingezeichnet. Ordnen Sie die Schaubilder den Funktionen zu und begründen Sie Ihre Entscheidung.

(a) $f(x) = \sin(x - \frac{\pi}{2}) + 2$, $g(x) = \sin(x - \frac{\pi}{2}) - 2$, $h(x) = \sin(x + \frac{\pi}{2}) + 2$

(b) $f(x) = 2\sin(-\frac{1}{2}x)$, $g(x) = \frac{3}{2}\sin x$, $h(x) = 3\sin(\frac{\pi}{2}x)$

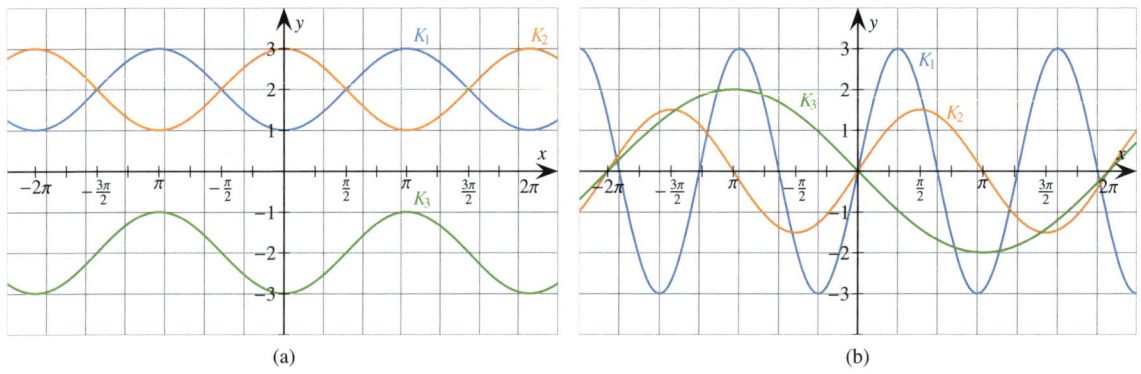

(a)   (b)

Abb. 1.47.: Schaubilder zu Aufgabe 183

184. In Abb. 1.48 sind die Schaubilder der Funktion f, g und h eingezeichnet. Ordnen Sie die Schaubilder den Funktionen zu und begründen Sie Ihre Entscheidung.

(a) $f(x) = \sin(2x - \frac{\pi}{4}) + 2$, $g(x) = -2\sin(x + \pi) - 1$, $h(x) = 2\sin(x - \frac{\pi}{2}) + 1$

(b) $f(x) = \cos(x - \frac{\pi}{2}) + 1$, $g(x) = 2\cos(\frac{1}{2}x) + 1$, $h(x) = \cos(x + \frac{\pi}{2}) - 2$

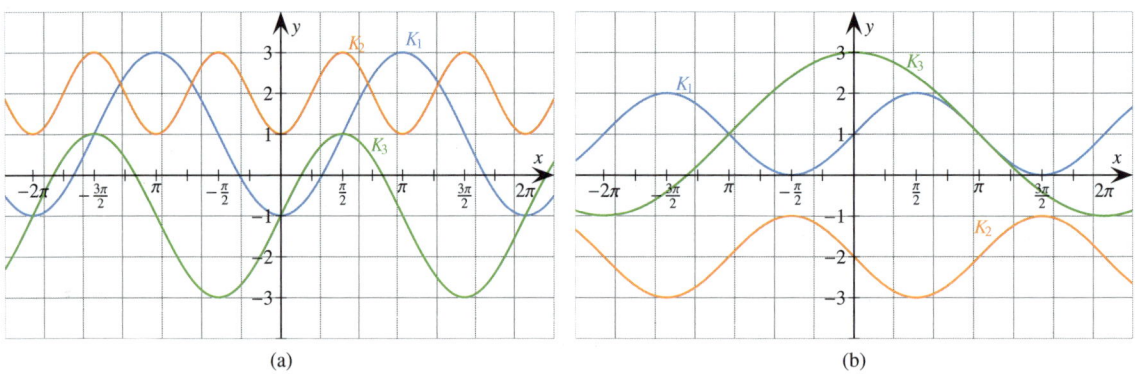

(a)   (b)

Abb. 1.48.: Schaubilder zu Aufgabe 184

Theorie & Aufgaben

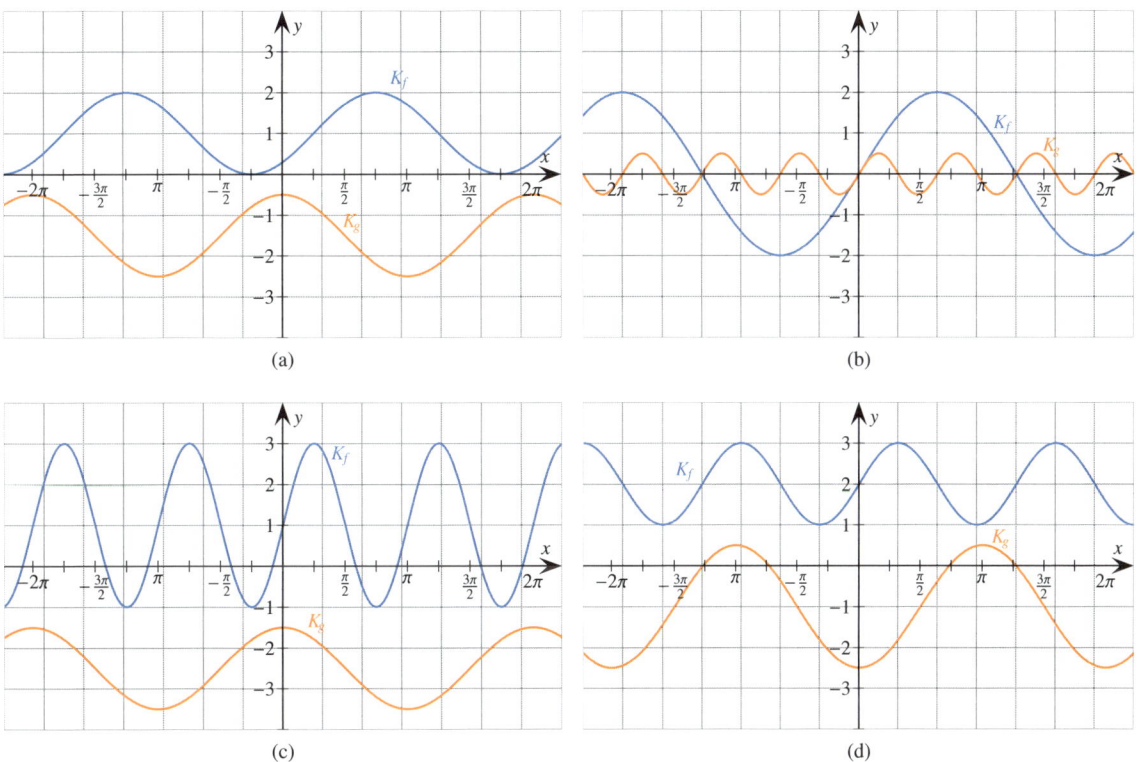

- **185.** Beschreiben Sie, wie das Schaubild der Funktion g aus dem Schaubild der Funktion f hervorgeht.

  (a) $f(x) = 2\sin x$, $g(x) = 2\sin(x + \pi)$ (b) $f(x) = \frac{1}{2}\cos x$, $g(x) = \frac{1}{2}\cos(\pi x)$

- **186.** Geben Sie den Term einer neuen Funktion g an, die entsteht, wenn wir das Schaubild von f mit $f(x) = \cos(\frac{1}{2}x)$

  (a) um den Faktor $\frac{1}{4}$ in y-Richtung stauchen   (b) um 3 Einheiten nach rechts verschieben

- **187.** In Abb. 1.49 sind Schaubilder verschiedener Funktionen f vom Typ $f(x) = a\sin(b(x - c)) + d$ gegeben. Bestimmen Sie die Werte a, b, c und d so, dass die Schaubilder zur Funktion passen.

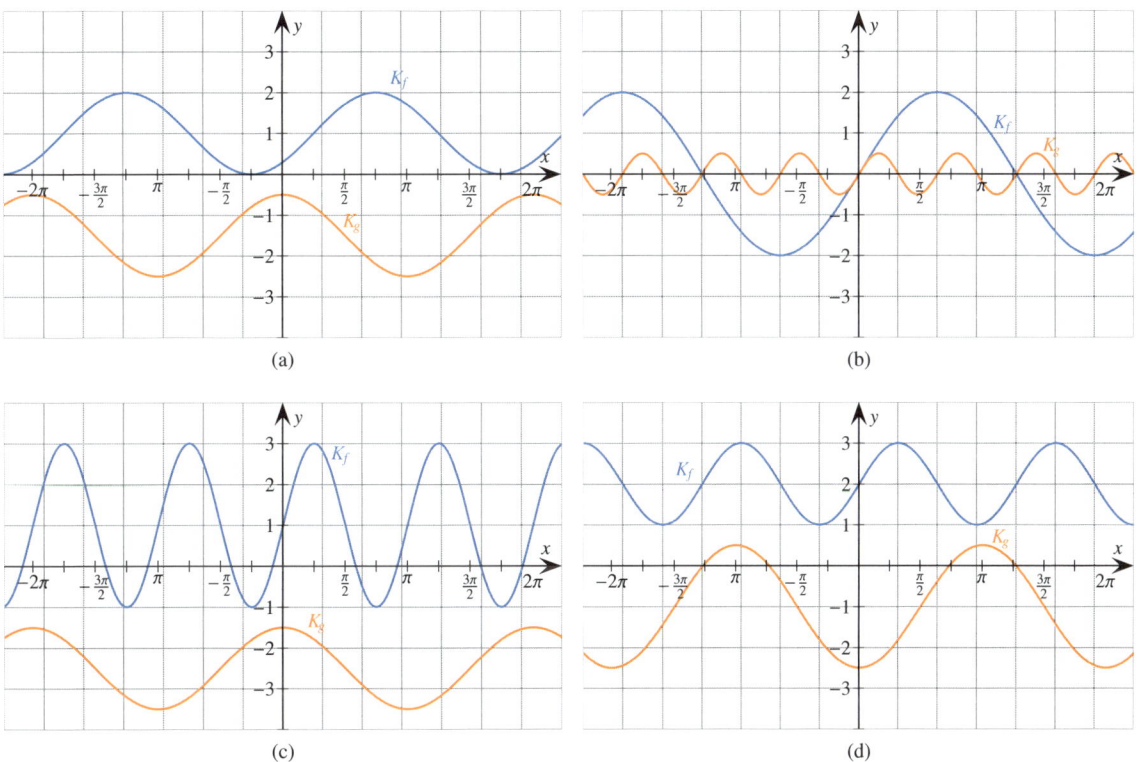

Abb. 1.49.: Schaubilder zu Aufgabe 187

- **188.** Das Schaubild der Funktion f mit $f(x) = \cos x$ ist K_f. Die beiden Tangenten an K_f in denjenigen Wendepunkten der Funktion, die der y-Achse am nahesten liegen, schneiden sich in einem gemeinsamen Punkt. Berechnen Sie ihn.

- **189.** Das Schaubild der Funktion f mit $f(x) = 2\cos(2x)$ ist K_f. Zwei benachbarte Schnittpunkte von K_f mit den x-Achsen sowie der dazwischen liegende Hochpunkt bilden ein gleichschenkliges Dreieck.

  (a) Berechnen Sie den Inhalt dieses Dreiecks.

  (b) Begründen Sie rechnerisch, dass sich der Inhalt dieses Dreiecks nicht verändert, wenn wir die Funktion f mit $f(x) = a\cos(ax)$ für ein beliebiges $a > 0$ betrachten.

- **190.** Es ist eine Funktion f mit $f(x) = a\sin(bx^2)$, $a \in \mathbb{R}^*$, $b \in (0; \pi]$ gegeben. Bestimmen Sie die Werte von a und b so, dass das Schaubild von f den Hochpunkt H(1 | 2) hat.

•• **191.** ▦ Es ist die Funktion *d* durch

$$d(t) = 3{,}8 \cdot \sin\left(\frac{2\pi}{365}(t - 79)\right) + 12{,}15$$

gegeben. Sie gibt an, wie groß die Tageslänge (Zeitspanne zwischen Sonnenaufgang und Sonnenuntergang) eines Tages im Kalenderjahr ist. Der Wert *t* (in Tagen) liegt zwischen 1 (1. Januar) und 365 (31. Dezember). Der Wert *d(t)* gibt die Tageslänge in Stunden an.

(a) Beschreiben Sie anschaulich die Bedeutung der Werte 3,8 und $\frac{2\pi}{365}$ in diesem Beispiel.

(b) Zeichnen Sie das Schaubild dieser Funktion in ein geeignetes Koordinatensystem.

(c) Berechnen Sie die Tagesdauer am 17. Januar.

(d) Berechnen Sie, an welchen Tagen des Jahres die Tagesdauer ungefähr 15 Stunden beträgt.

(e) Berechnen Sie, an welchem Datum die Tagesdauer am längsten ist. Wie lange dauert dieser Tag?

(f) Berechnen Sie, an welchem Datum die Tagesdauer am kürzesten ist. Wie lange dauert dieser Tag?

•• **192.** ▦ Am 18.07.2015 wurden im Hafen von St. Pauli regelmäßig die aktuellen Pegelstände gemessen. Diese wurden anschließend in einer Funktion *p* mit $p(t) = 156\sin(0{,}52t + 1{,}52) + 536$ modelliert. Dabei ist *t* die Uhrzeit (in Stunden) und *p(t)* der Pegelstand (in cm) zu dieser Zeit.

(a) Welcher Pegelstand wurde für den 19.07.2015 um 08:30 Uhr vermutet?

(b) Wie groß ist der maximale Pegelstand?

(c) In welchem Zeitabstand wiederholen sich die maximalen Pegelstände?

(d) Zu welcher Zeit fiel der Pegelstand am 18.07.2015 am schnellsten?

••• **193.** Ein Auto fährt mit konstanter Geschwindigkeit. Es hat Autoreifen mit einem Durchmesser von 80 cm. Zum Zeitpunkt *t* = 0 (*t* in Sekunden) überfährt es einen Kaugummi. Nun erscheint pro Sekunde der Kaugummi exakt 4 Mal an der gleichen Stelle.

(a) Geben Sie die Höhe *h* des Kaugummis über dem Boden in Abhängigkeit von der Zeit *t* durch eine geeignete Sinusfunktion an.

(b) Nach welchem Sekundenbruchteil erreicht der Kaugummi zum ersten Mal eine Höhe von 30 cm?

(c) Wie schnell fährt das Auto?

★ **194.** ▦ Führen Sie eine Kurvendiskussion der Funktion *f* mit $f(x) = e^{\sin x}$, $x \in [-4; 4]$ durch und zeichnen Sie dann das Schaubild von *f*. *Tipp: Die Formel* $(\sin x)^2 + (\cos x)^2 = 1$ *kann dabei hilfreich sein.*

1.11. Kurvenscharen*

In diesem Abschnitt untersuchen wir sogenannte *Kurvenscharen/Funktionenscharen*, d.h. eine ganze Menge von Funktionen (→ Abb. 1.50a). Nimmt der Parameter einen bestimmen Wert an, so erhalten wir eine spezielle Funktion aus dieser Menge (→ Abb. 1.50b). Die Untersuchungen hierzu werden wie in den vorigen Abschnitten durchgeführt.

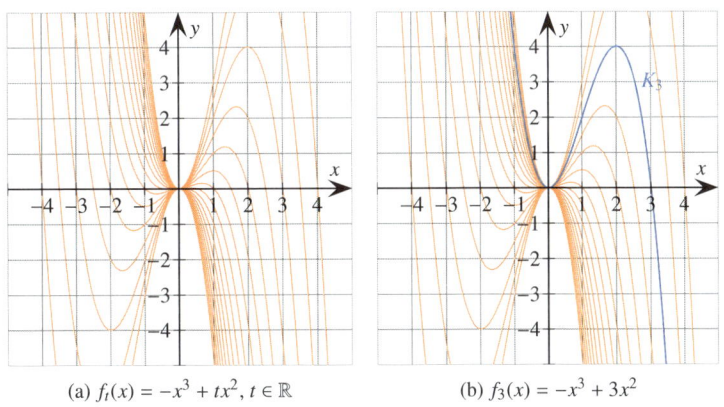

(a) $f_t(x) = -x^3 + tx^2, t \in \mathbb{R}$ (b) $f_3(x) = -x^3 + 3x^2$

Abb. 1.50.: Beispiel einer Kurvenschar

195. Für jedes $t > 0$ ist die Funktion f_t gegeben. K_t ist das Schaubild von f_t. Untersuchen Sie K_t auf Schnittpunkte mit den Koordinatenachsen sowie Hoch-, Tief- und Wendepunkte. Zeichnen Sie zudem K_t für den angegebenen Wert t in einem geeigneten Bereich.

(a) $f_t(x) = \frac{1}{8}x^3 - \frac{1}{4}tx^2$ für $t \in \mathbb{R}$, zeichnen für $t \in \{-2, 0, 2\}$

(b) $f_t(x) = \frac{1}{8t^2}x^3 - \frac{1}{t}x^2 + 2x$ für $t \in \mathbb{R}^*$, zeichnen für $t \in \{-\frac{1}{2}, \frac{1}{2}, 1\}$

(c) $f_t(x) = \left(\frac{x}{t}\right)^4 - 2\left(\frac{x}{t}\right)^2$ für $t \in \mathbb{R}^*$, zeichnen für $t \in \{\frac{1}{2}, 1, 2\}$

(d) $f_t(x) = 2tx e^{-\frac{1}{2}x}$ für $t \in \mathbb{R}$, zeichnen für $t \in \{-1, 1, 2\}$

(e) $f_t(x) = (tx + 1)e^{-x}$ für $t \in \mathbb{R}^*$, zeichnen für $t \in \{-4, 1, 8\}$

196. Für jedes $t > 0$ ist die Funktion f_t gegeben durch $f_t(x) = \frac{2}{t^2}x^3 - \frac{3}{t}x^2$. K_t ist das Schaubild von f_t.

(a) Skizzieren Sie K_t für $t \in \{1, 2, 3\}$. Welche Gemeinsamkeiten stellen Sie fest?

(b) Zeigen Sie: Für alle $t > 0$ hat K_t genau zwei Schnittpunkte mit der x-Achse.

(c) Zeigen Sie: Alle Tiefpunkte liegen auf der Geraden $y = -x$.

197. Für $a \in \mathbb{R}$ ist die Funktion f_a durch $f_a(x) = \frac{1}{4}x^3 + ax^2 - ax + \frac{3}{4}$, $x \in \mathbb{R}$, gegeben. K_a ist ihr Schaubild.

(a) Besitzen die verschiedenen K_a gemeinsame Punkte? Falls ja, berechnen Sie deren Koordinaten exakt.

(b) Für welche Werte von a besitzt K_a keine/eine/zwei lokale Extremstellen? Skizzieren Sie jeweils ein Beispiel.

(c) Sind die Koordinaten des Wendepunktes abhängig oder unabhängig von a? Begründen Sie durch Rechnung.

198. Die Tangenten durch die Punkte $(a \mid f(a))$ des Schaubildes der Funktion f mit $f(x) = x^2 - 2x + 1$ bilden eine Geradenschar mit Parameter a. Geben Sie die Funktion g_a dieser Schar an.

69

1.12. Extremwertaufgaben

In vielen Alltagssituationen geht es darum, gewisse *optimale* Situationen zu schaffen. Beispiele hierfür sind kürzeste Wege oder der optimale Preis für ein Produkt. Bei Verpackungen geht es oftmals darum, mit minimalem Materialverbrauch ein gewisses Produkt zu verpacken (z.B. Konservendosen, Milchtüten etc.). Das Lösungsprinzip einer Extremwertaufgabe lässt sich sehr gut am Beispiel einer eher theoretischen Aufgabe nachvollziehen.

> **Beispiel**
>
> Es ist die Funktion f mit $f(x) = 4 - \frac{1}{3}x^2$ gegeben. Ihr Schaubild ist K. Die Punkte P($-u$ | 0), Q(u | 0), R($-u$ | $f(-u)$) und S(u | $f(u)$) mit $u \in [0; \sqrt{12}]$ bilden ein Rechteck. Für welchen Wert von u ist der Flächeninhalt des Rechtecks maximal?

> **Lösung**

Zunächst zeichnen wir das Schaubild K der Funktion und die gesuchte Figur für einen frei gewählten Wert von u. Für kleine Werte von u ist das Rechteck schmal und hoch, für große Werte von u ist es breit und flach ($\rightarrow$ Abb. 1.51). Für die Werte $u = 0$ und $u = \sqrt{12}$ hat es den Flächeninhalt 0. Also muss es einen Wert von u geben, für den der Flächeninhalt des Rechtecks maximal ist.

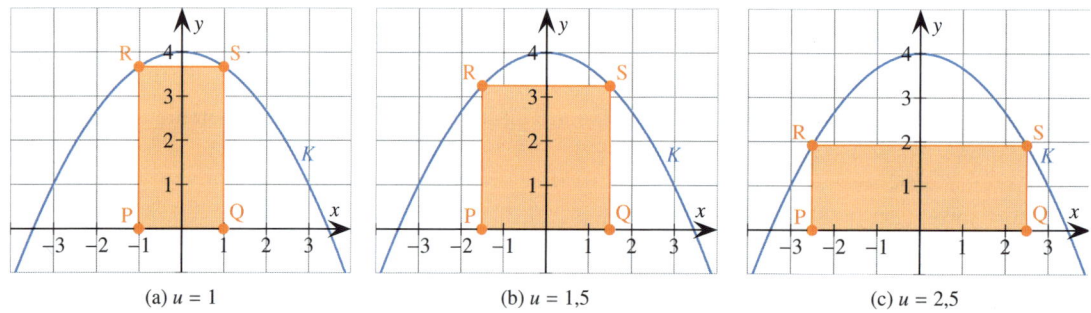

(a) $u = 1$ (b) $u = 1{,}5$ (c) $u = 2{,}5$

Abb. 1.51.: Rechtecke für verschiedene Werte von u

Der Flächeninhalt A des Rechtecks ist also abhängig von der Wahl von u. Wir schreiben dafür $A(u)$ und drücken ihn nun mit Hilfe der Flächenformel für Rechtecke durch u aus:

$$A(u) = \underbrace{2u}_{\text{Breite}} \cdot \underbrace{f(u)}_{\text{Höhe}} = 2u \cdot \left(4 - \frac{1}{3}u^2\right) = 8u - \frac{2}{3}u^3$$

Die von uns neu gebildete Funktion A heißt *Zielfunktion*. Der Hochpunkt von A liefert uns nun den Wert von u, für den das Rechteck maximal ist, sowie den maximalen Flächeninhalt. Wir berechnen $A'(u) = 8 - 2u^2$ und $A''(u) = -4u$. Es gilt $A'(u) = 0$ für $u = 2$. Außerdem ist $A''(2) = -8 < 0$, also liegt ein Hochpunkt an der Stelle $u = 2$ vor. Der maximale Flächeninhalt beträgt dann $A(2) = \frac{32}{3}$.

Bei vielen Aufgaben muss dieser variable Wert u selbständig eingeführt werden. Das Prinzip bleibt aber stets das gleiche: Finde eine Zielfunktion, die nur von einer Größe abhängig ist und suche deren Hochpunkt/Tiefpunkt.

Theorie & Aufgaben

199. Es ist die Funktion f mit $f(x) = \frac{1}{2}x^2 - \frac{1}{16}x^3$, $x \in \mathbb{R}$, gegeben. Die Punkte O(0 | 0), P(u | 0) und Q(u | f(u)) mit $u \in [0; 8]$ bilden ein Dreieck.

(a) Skizzieren Sie das Schaubild von f sowie das Dreieck für $u = 4$.

(b) Beschreiben Sie, wie sich die Form des Dreiecks verändert, wenn u größer bzw. kleiner wird.

(c) Bestimmen Sie den Wert von u so, dass der Flächeninhalt des Dreiecks maximal ist.

200. Es ist die Funktion f mit $f(x) = 4e^{-0,2x}$, $x \in [0; \infty)$ gegeben. Ein Rechteck mit den Eckpunkten P(0 | 0) und Q(u | f(u)) liegt mit zwei Seiten auf den Koordinatenachsen.

(a) Skizzieren Sie das Schaubild von f sowie das Rechteck für $u = 2$.

(b) Beschreiben Sie, wie sich die Form des Rechtecks verändert, wenn u größer bzw. kleiner wird.

(c) Bestimmen Sie den Wert von u so, dass der Flächeninhalt des Rechtecks maximal ist.

201. Es ist die Funktion f mit $f(x) = x^2$, $x \in \mathbb{R}$, sowie der Punkt P(0 | 1,5) gegeben. Das Schaubild von f ist K. Bestimmen Sie den Punkt M auf dem Schaubild K, sodass die Länge der Strecke $\overline{PM}$ minimal ist.

202. Es ist die Funktion f mit $f(x) = 3e^{-\frac{x}{2}}$, $x \in \mathbb{R}$, sowie die Gerade mit der Gleichung $y = 6 - x$ gegeben. Das Schaubild von f ist K, das Schaubild der Geraden ist G. Die Gerade mit der Gleichung $x = u$ schneidet K in dem Punkt P, und G im Punkt Q.

(a) Zeichnen Sie die Strecke PQ für $u = 4$ und bestimmen Sie die zugehörige Streckenlänge.

(b) Beschreiben Sie, wie sich die Form der Strecke verändert, wenn u größer bzw. kleiner wird.

(c) Bestimmen Sie den Wert von $u \in [-2; 6]$ so, dass die Streckenlänge $\overline{PQ}$ maximal ist.

203. Es ist bekannt, dass von zwei Zahlen eine um 36 größer ist als die andere. Bestimmen Sie die Werte beider Zahlen so, dass ihr Produkt minimal ist.

204. Es ist bekannt, dass von zwei Zahlen eine um 28 kleiner ist als die andere. Bestimmen Sie die Werte beider Zahlen so, dass ihr Produkt minimal ist.

205. Wie ist die positive Zahl u zu wählen, damit die Summe aus u und ihrem Kehrwert minimal ist?

206. Für welche Ursprungsgerade ist die Summe der Quadrate der vertikalen Abstände der Punkte P(1 | 1), Q(2 | 3) und R(3 | 3,5) zur Geraden am geringsten ($\rightarrow$ Abb. 1.52)? *Hinweis: Weitere und allgemeinere Aufgaben werden im Abschnitt 3.1 behandelt.*

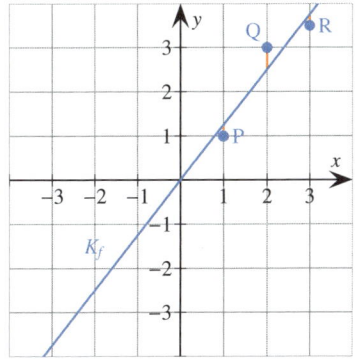

Abb. 1.52.: Schaubild zu Aufgabe 206

71

207. Ein rechteckiges Gartengrundstück soll mit einem 200 m langen Zaun begrenzt werden. Bestimmen Sie die Seitenlängen des Grundstücks, damit seine Fläche die maximal mögliche ist.

208. Ein rechteckiges Gartengrundstück mit Flächeninhalt 1 600 m² soll mit einem Zaun begrenzt werden. Bestimmen Sie die Seitenlängen des Grundstücks, damit möglichst wenig Zaunmaterial verwendet werden muss.

209. Ein Schwimmbad mit quadratischer Grundfläche und einem Volumen von 32 m³ soll so gebaut werden, dass möglichst wenig Material für die aus Grundfläche und Seitenwänden bestehende Oberfläche verbaut wird. Bestimmen Sie die Höhe des „optimalen" Swimmingpools.

210. Wie müssen Radius r und Höhe h einer zylinderförmigen Konservendose (→ Abb. 1.53) gewählt werden, damit sie ein Volumen von 850ml hat und möglichst wenig Material verbraucht wird? Wie viel Material wird dann verbraucht?

Abb. 1.53.: Zerlegte Konservendose mit Boden und Deckel

211. Nach einem Picknick im Grünen befinden Sie sich 5 km von einer geraden Straße entfernt, und 13 km von Ihnen liegt auf dieser Straße der Bahnhof, den Sie erreichen wollen. Im hohen Gras können Sie sich mit einer Geschwindigkeit von $3 \frac{\text{km}}{\text{h}}$ fortbewegen, auf der Straße mit $5 \frac{\text{km}}{\text{h}}$. Berechnen Sie die kürzestmögliche Dauer, innerhalb derer Sie Ihr Ziel erreichen.

212. Es ist die Funktion f mit $f(x) = 6 - x^2$ gegeben. Ihr Schaubild ist K_f. Ein Punkt P liegt auf K_f im 1. Quadranten. Die Tangente in P an K_f schneidet die Koordinatenachsen in den Punkten Q und R. Wie muss P gewählt werden, damit das Dreieck OQR minimalen Flächeninhalt hat?

213. Es ist die Funktion f mit $f(x) = 4 - x^2$ gegeben. Ihr Schaubild ist K_f. Ein Punkt P liegt auf K_f im 1. Quadranten. Die Tangente in P an K_f schneidet die Koordinatenachsen in den Punkten Q und R. Wie muss P gewählt werden, damit die Streckenlänge $\overline{QR}$ minimal wird?

214. K sei das Schaubild der Funktion f mit $f(x) = x^2 - 3x + 3$. Welcher Punkt P$(u \mid f(u))$ liegt dem Koordinatenursprung Q am nächsten?

Theorie & Aufgaben

2. Integralrechnung

Im vorangegangenen Kapitel haben wir uns damit beschäftigt, die Ableitung einer Funktion f zu berechnen. Die Rückrichtung dieses Problems führt uns zur Integralrechnung. Sie wird es uns ermöglichen,

- die Inhalte einer Vielzahl von Flächen zu ermitteln ($\rightarrow$ Abschnitte 2.2 – 2.4);

- Mittelwerte von Funktionen zu bestimmen ($\rightarrow$ Abschnitt 2.5);

- das Volumen bestimmter dreidimensionaler Körper zu berechnen ($\rightarrow$ Abschnitt 2.6).

2.1. Stammfunktion und unbestimmtes Integral

Wir wissen bereits aus Abschnitt 1.1, wie wir die Ableitungsfunktion f' zu einer gegebenen Funktion f bestimmen. Wie lösen wir aber die Rückrichtung des Problems?

> **Beispiel**
>
> Welche Funktion F ergibt abgeleitet $f(x) = 2x - \frac{1}{2}x^2$?

Wir zeichnen das Schaubild K_f von f und betrachten die Eigenschaften, die sich aus K_f für das Schaubild K_F ergeben müssen. Für $x \in (-\infty; 0)$ verläuft K_f unterhalb der x-Achse. Daher muss F in diesem Bereich monoton fallend sein. Da f in $x = 0$ eine Nullstelle hat, muss F dort eine Extremstelle besitzen. Über Vorzeichenwechsel von f ($- \rightarrow +$) schließen wir, dass es sich um ein lokales Minimum handeln muss. Auf diese Art führen wir unsere Argumentation fort und erhalten die folgende Tabelle:

	$x \in (-\infty; 0)$	$x = 0$	$x \in (0; 4)$	$x = 4$	$x \in (4; \infty)$
Eigenschaft von f	$f(x) < 0$	$f(x) = 0$	$f(x) > 0$	$f(x) = 0$	$f(x) < 0$
Eigenschaft von F	↘	T	↗	H	↘

Somit muss K_F einen wie in Abb. 2.1b skizzierten Verlauf haben.

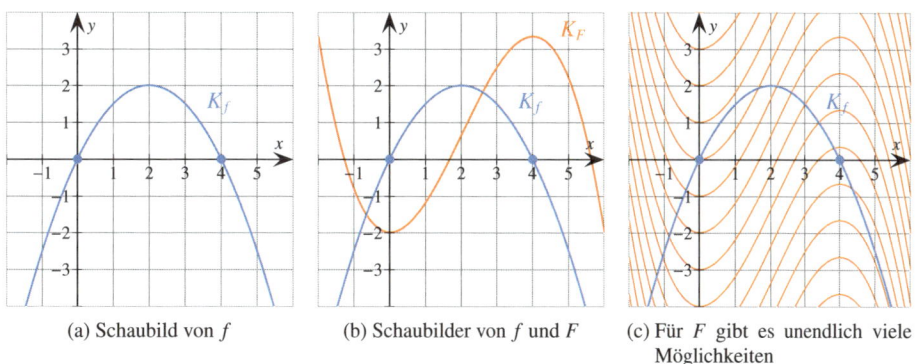

(a) Schaubild von f (b) Schaubilder von f und F (c) Für F gibt es unendlich viele Möglichkeiten

Abb. 2.1.: Zusammenhang einer Funktion f mit ihrer Stammfunktion

73

Lösung

Durch unser Wissen über Ableitungen von ganzrationalen Funktionen ermitteln wir, dass die Funktion F mit $F(x) = x^2 - \frac{1}{6}x^3$ eine mögliche Lösung ist, denn $F'(x) = 2x - \frac{1}{2}x^2$.

Wir führen für F eine Bezeichnung ein.

> **Stammfunktion und unbestimmtes Integral**
>
> Jede Funktion F mit $F' = f$ heißt *Stammfunktion* von f.

Diese Information deutet bereits an, dass F nicht die einzige Lösung ist. Betrachten wir Abb. 2.1c, dann sehen wir, dass sich durch bloßes Verschieben der orangen Kurve nach oben/unten ausschließlich die Lage, nicht aber die Monotonie- oder Krümmungseigenschaften verändern, siehe auch Abb. 2.2. Auch rechnerisch stellen wir fest, dass die durch

$$F_1(x) = x^2 - \frac{1}{6}x^3 + 1, \quad F_2(x) = x^2 - \frac{1}{6}x^3 + 2, \quad \ldots, \quad F_c(x) = x^2 - \frac{1}{6}x^3 + c$$

gegebenen Funktionen F unser Problem lösen, denn die Konstanten fallen beim Ableiten vollständig weg. Die Lösung unseres Problems ist also eine ganze Menge von Stammfunktionen, die sich nur durch eine Konstante unterscheiden ($\rightarrow$ Abb. 2.2).

> **Zusammenhang der Stammfunktionen**
>
> Es gelten die folgenden Zusammenhänge:
>
> (a) Sind F_1 und F_2 zwei Stammfunktionen von f, dann gibt es eine reelle Zahl c, so dass $F_2(x) = F_1(x) + c$.
>
> (b) Wir schreiben:
>
> $$\int f(x)\,dx = F(x) + c$$
>
> und nennen diesen Ausdruck *unbestimmtes Integral*. Wir bezeichnen das Symbol $\int$ als *Integralzeichen*, $f(x)$ als *Integranden*, x als *Integrationsvariable*, dx als *Differential* und c als *Integrationskonstante*.

Durch die Schreibweise $f'(x)$ bzw. $\frac{d}{dx}$ gaben wir beim Differenzieren an, dass wir nach x ableiten. Beim Integrieren geben wir durch das Differential dx an, dass wir nach x integrieren.

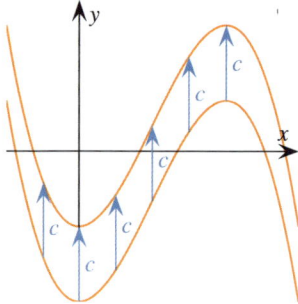

Abb. 2.2.: Alle Stammfunktionen unterscheiden sich nur um eine Konstante c

Wir suchen nun systematisch nach einer Stammfunktion F von $f(x) = x^n$. Zunächst erkennen wir, dass der Grad von F um eins höher liegen muss als der von f. Bestimmen wir nun die Ableitung $(x^{n+1})' = (n+1)x^n$.

Fügen wir den Faktor $\frac{1}{n+1}$ hinzu, so erhalten wir für alle $n \neq -1$ das gewünschte Ergebnis

$$F(x) = \frac{1}{n+1}x^{n+1} + c \implies f(x) = F'(x) = x^n.$$

Nicht jede Funktion ist grundsätzlich integrierbar, die in diesem Buch behandelten Funktionen sind es jedoch. Mit ähnlichen Überlegungen wie oben erhalten wir die folgenden Regeln.

Integrationsregeln I

Die wichtigsten Integrationsregeln sind

(a) $\int x^n \, dx = \frac{1}{n+1}x^{n+1} + c$ (c) $\int \sin x \, dx = -\cos x + c$

(b) $\int \cos x \, dx = \sin x + c$ (d) $\int e^x \, dx = e^x + c$

Integrationsregeln II

Für alle integrierbaren Funktionen f und g, sowie $k \in \mathbb{R}$ gilt

(a) $\int k \cdot f(x) \, dx = k \cdot \int f(x) \, dx$ („*Vorfaktoren bleiben beim Integrieren bestehen*")

(b) $\int f(x) + g(x) \, dx = \int f(x) \, dx + \int g(x) \, dx$ („*Bei Summen die Terme einzeln integrieren*")

(c) $\int f(x) - g(x) \, dx = \int f(x) \, dx - \int g(x) \, dx$ („*Bei Differenzen die Terme einzeln integrieren*")

Beispiel

Berechnen Sie das unbestimmte Integral.

(a) $\int 5x^3 + \frac{1}{x^2} \, dx$ (b) $\int 2\sin x - e^x \, dx$

Lösung

(a) $\int 5x^3 + \frac{1}{x^2} \, dx = \int 5x^3 \, dx + \int x^{-2} \, dx = \frac{5}{4}x^4 - x^{-1} + c$

(b) $\int 2\sin x - e^x \, dx = \int 2\sin x \, dx - \int e^x \, dx = -2\cos x - e^x + c$

---

215. Geben Sie eine Stammfunktion von f an. Führen Sie die Probe durch.

(a) $f(x) = 3x$ (d) $f(x) = x^4(1-x)$ (g) $f(x) = \sqrt[3]{x}$

(b) $f(x) = 6x^2$ (e) $f(x) = x^{\frac{2}{7}}$ (h) $f(x) = \frac{1}{x^5}$

(c) $f(x) = -2x^2 + 1$ (f) $f(x) = \sqrt{x}$ (i) $f(x) = -\frac{1}{2x^3}$

216. Geben Sie eine Stammfunktion von f an. Führen Sie die Probe durch.

(a) $f(x) = 2\sin x$ (c) $f(x) = \frac{1}{3}e^x$ (e) $f(x) = -\frac{1}{7}\sin x$

(b) $f(x) = -5\cos x$ (d) $f(x) = -4e^x$ (f) $f(x) = \pi\cos x$

217. Berechnen Sie das unbestimmte Integral und prüfen Sie Ihr Ergebnis durch Ableiten.

(a) $\int 6x \, dx$

(b) $\int 3x^2 \, dx$

(c) $\int 4 \, dx$

(d) $\int 9x^2 + 2x + 4 \, dx$

(e) $\int 4t^4 - 2t^3 + 1 \, dt$

(f) $\int 5u^6 - 3u^5 \, du$

(g) $\int x^3(1 + x) \, dx$

(h) $\int (x + 1)(x - 5) \, dx$

(i) $\int -4(t^2 - 3t + 3) \, dt$

(j) $\int 2 \sqrt{x} \, dx$

(k) $\int \sqrt[3]{u^2} + 1 \, du$

(l) $\int \frac{2}{x^2} + \frac{6}{x^3} \, dx$

218. Berechnen Sie das unbestimmte Integral und prüfen Sie Ihr Ergebnis durch Ableiten.

(a) $\int 3 \cos x \, dx$

(b) $\int \pi \sin x \, dx$

(c) $\int 4e^x + 2 \, dx$

(d) $\int x - \frac{1}{3} \sin x \, dx$

(e) $\int \frac{1}{7}(e^x - \cos x) \, dx$

(f) $\int -(e \sin x + \pi e^x) \, dx$

219. Berechnen Sie das unbestimmte Integral und prüfen Sie Ihr Ergebnis durch Ableiten.

(a) $\int 5x^4 \, dx$

(b) $\int 5t^4 \, dt$

(c) $\int 2t^2 + 3e^4 \, dt$

(d) $\int 6ax^3 \, dx$

(e) $\int 6ax^3 \, da$

(f) $\int xyz \, dz$

(g) $\int 7t^2 + 3x^2 \, dt$

(h) $\int p^2q + q^2p \, dp$

(i) $\int \frac{a^2}{b^2} \, db$

220. Berechnen Sie das unbestimmte Integral und prüfen Sie Ihr Ergebnis durch Ableiten.

(a) $\int ax^4 \, dx$

(b) $\int ax^3 + bx^2 + dx + e \, dx$

(c) $\int ae^x + b \cos x \, dx$

(d) $\int px^3 + \frac{1}{p}x^2 - 4p \, dx$

(e) $\int 2te^x - \sin x \, dx$

(f) $\int t(3 \sin x - t \cos x) \, dx$

221. Finden Sie den Fehler und verbessern Sie.

(a) $f(x) = x^3 + x^4 \Rightarrow F(x) = 3x^4 + 4x^5$

(b) $f(x) = \frac{1}{x^2} + \frac{1}{x^3} \Rightarrow F(x) = -\frac{1}{3}x^{-3} - \frac{1}{4}x^{-4}$

(c) $f(x) = e^x \Rightarrow F(x) = e^{\frac{1}{2}x^2}$

(d) $f(x) = \cos x + \sin x \Rightarrow F(x) = \sin x + \cos x$

222. Handelt es sich bei F um eine Stammfunktion von f? Überprüfen Sie rechnerisch.

(a) $f(x) = -2xe^{-x^2+1}$, $F(x) = e^{-x^2+1}$

(b) $f(x) = \frac{1}{2} \sqrt{e^x}$, $F(x) = 3 + \sqrt{e^x}$

223. Geben Sie die Funktionsgleichung derjenigen Stammfunktion der Funktion f an, welche an der angegebenen Stelle den gegebenen Wert besitzt.

(a) $f(x) = 2x^2 + 2x - 1$, $F(0) = 4$

(b) $f(x) = -\frac{1}{4}x^3 + 6x$, $F(2) = 5$

(c) $f(x) = \sin x$, $F(\pi) = 7$

(d) $f(x) = 5e^x + 2$, $F(0) = 3$

224. Geben Sie die Funktionsgleichung derjenigen Stammfunktion der Funktion f an, deren Schaubild durch den gegebenen Punkt P verläuft.

(a) $f(x) = x^3$, P(2 | 1)

(c) $f(x) = -2$, P(2 | 1)

(b) $f(x) = \sin x$, P(0 | 2)

(d) $f(x) = \cos x$, P($\frac{\pi}{2}$ | 0)

225. Das Schaubild einer Stammfunktion F von f mit $f(x) = 3x^3 + 2$ verläuft durch den Punkt P(1 | −2). Bestimmen Sie die Funktionsgleichung von F.

226. Die erste Ableitung einer Funktion f ist gegeben durch $f'(x) = 2e^x + 6x$. Das Schaubild von f verläuft durch den Punkt P(0 | 1). Bestimmen Sie die Funktionsgleichung von f.

227. In Abb. 2.3 ist das Schaubild K_f einer Funktion f gegeben. Entscheiden Sie jeweils mit Begründung, welche dieser Aussagen zu einer beliebigen Stammfunktion F von f richtig bzw. falsch sind.

(a) F ist in $x = 1$ monoton fallend

(d) $F(2) > F(1)$

(b) $F'(2) = 0$

(e) F ist in $x = 3$ rechtsgekrümmt

(c) K_F hat in $x = 0$ einen lokalen Hochpunkt

(f) $F'(1) < F'(2)$

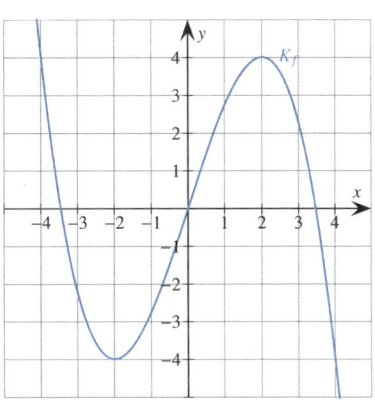

Abb. 2.3.: Schaubild zu Aufgabe 227

228. Es sind die beiden Funktionen F_1 und F_2 mit $F_1(x) = (x − 1)(x − 4)$ und $F_2(x) = (x − 2)(x − 3)$ gegeben.

(a) Zeigen Sie: Sowohl F_1 als auch F_2 sind Stammfunktionen von f mit $f(x) = 2x − 5$.

(b) Berechnen Sie allgemein $F_2(x) − F_1(x)$. Wie lässt sich dieses Ergebnis interpretieren?

229. Entscheiden Sie jeweils mit Begründung, ob die angegebene Aussage wahr oder falsch ist.

(a) Zu jeder Funktion gibt es genau eine Ableitungsfunktion.

(b) Zu jeder Funktion gibt es genau eine Stammfunktion.

77

230. Welche Aussagen lassen sich über das Schaubild der Stammfunktion F einer Funktion f machen, wenn

(a) $f(4) = 0$ und $f(2) = 1$ gilt?

(b) $f(-2) = 0$ gilt und f dort einen VZW von $-$ nach $+$ hat?

(c) $f(1) = 0$ gilt und f dort keinen VZW hat?

231. In Abb. 2.4 sind jeweils das Schaubild einer Funktion f sowie das Schaubild einer möglichen Stammfunktion von f eingezeichnet. Ordnen Sie die Schaubilder den Funktionen zu und begründen Sie Ihre Entscheidung.

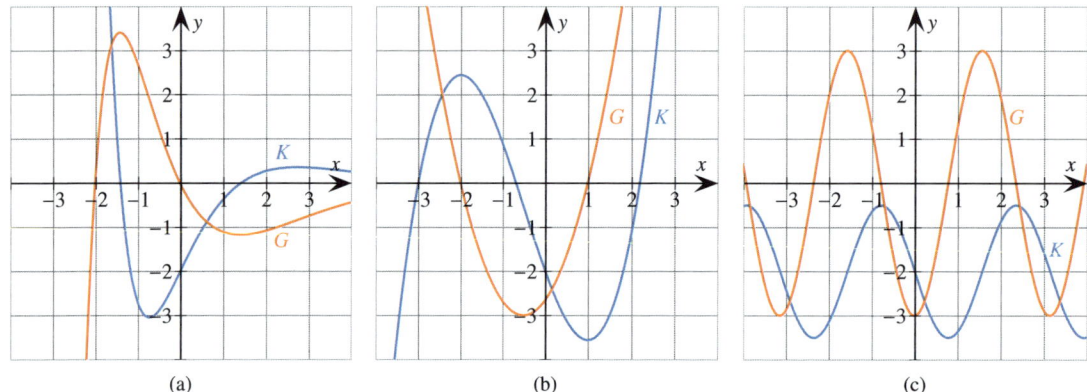

Abb. 2.4.: Schaubilder zu Aufgabe 231

232. In Abb. 2.5 ist jeweils das Schaubild K_F einer ganzrationalen Stammfunktion F von f eingezeichnet. Welche Aussagen können Sie über die Symmetrie, Extremstellen und Nullstellen des Schaubildes von f machen? Skizzieren Sie ein mögliches Schaubild von f.

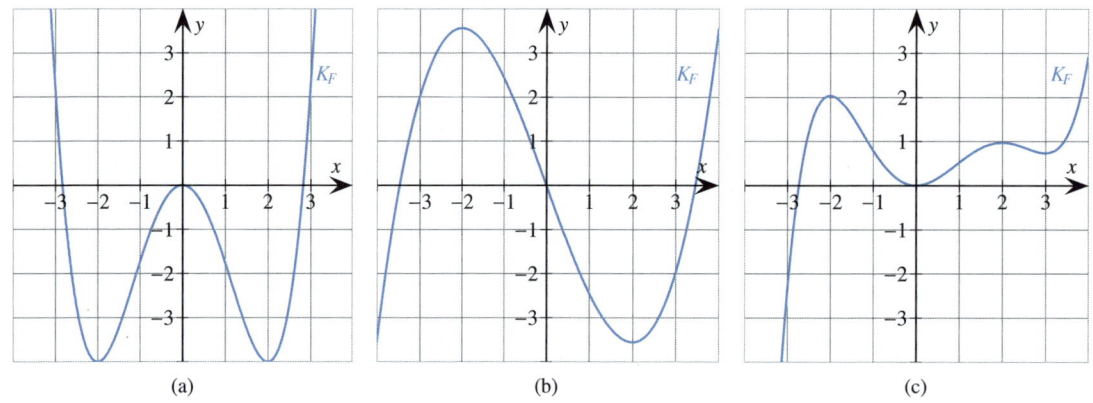

Abb. 2.5.: Schaubilder zu Aufgabe 232

233. In Abb. 2.6 ist jeweils das Schaubild K_f einer ganzrationalen Funktion f eingezeichnet. Welche Aussagen können Sie über Extrem- und Wendestellen einer Stammfunktion F machen? Skizzieren Sie ein mögliches Schaubild von F.

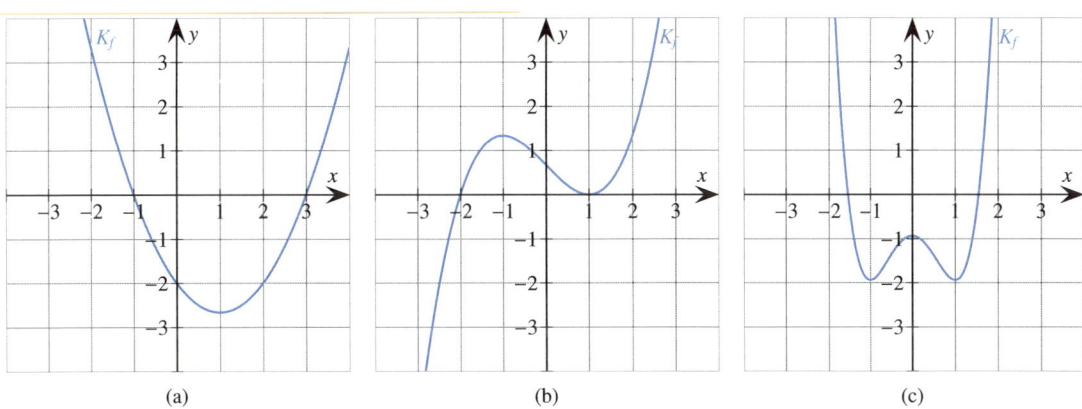

Abb. 2.6.: Schaubilder zu Aufgabe 233

234. In Abb. 2.7 ist das Schaubild K einer Funktion dargestellt. Diese Funktion gibt die momentane Zu-/Abnahme Δp eines Flusspegels (in cm) in Abhängigkeit von der Zeit t (in Tagen) an. Beschreiben Sie den Verlauf des Pegelstandes in diesem Fluss so genau wie möglich.

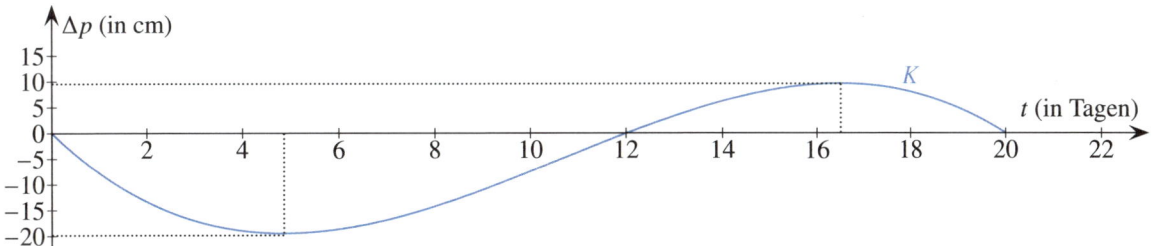

Abb. 2.7.: Zu-/Abnahme des Flusspegels in Aufgabe 234

235. In Abb. 2.8a ist das Schaubild K_F einer Stammfunktion F von f eingezeichnet. Ergänzen Sie die folgenden Aussagen.

(a) $f(0) = $ ▨

(b) $f(1) = $ ▨

(c) K_f hat einen lokalen Hochpunkt in $x \approx$ ▨

(d) f hat ▨ Nullstellen

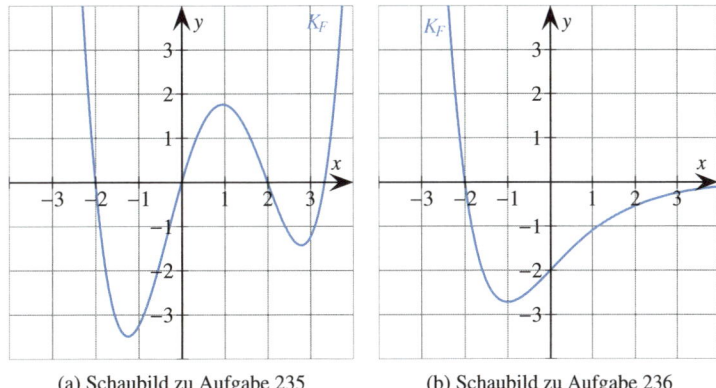

(a) Schaubild zu Aufgabe 235   (b) Schaubild zu Aufgabe 236

Abb. 2.8.: Schaubilder

236. Es ist eine Funktion f mit $f(x) = (x+a)\mathrm{e}^{-x}$ gegeben. Bestimmen Sie den Wert von a so, dass das Schaubild K_F einer Stammfunktion von f durch Abb. 2.8b gegeben ist.

237. Beweisen Sie die Behauptungen des Infokastens „Integrationsregeln II".

238. Welche der drei Schaubilder in Abb. 2.9 können keine Stammfunktion von f zeigen? Begründen Sie ausführlich.

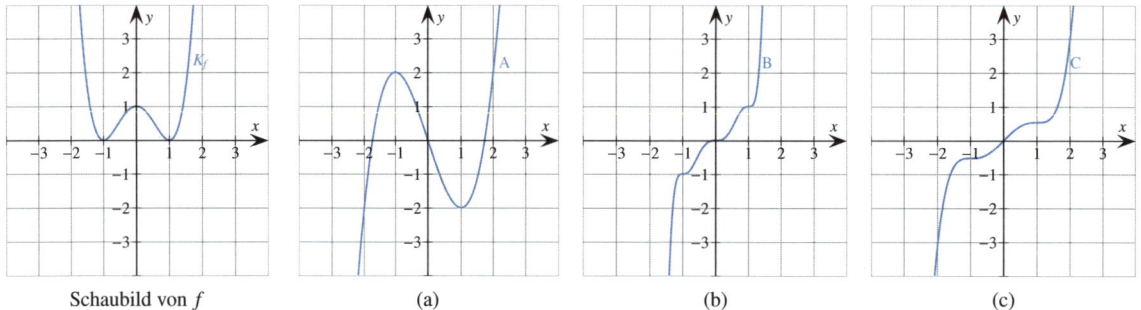

Abb. 2.9.: Schaubilder zu Aufgabe 238

239. Es ist die Funktion f mit $f(x) = \frac{1}{4}x^3 - \frac{1}{4}ax^2 - x + a$ gegeben. Bestimmen Sie den Wert des Parameters a so, dass das Schaubild K_F einer Stammfunktion durch Abb. 2.10a gegeben ist.

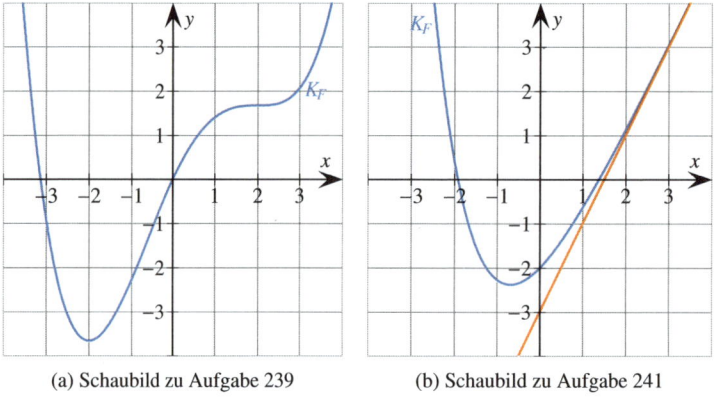

(a) Schaubild zu Aufgabe 239   (b) Schaubild zu Aufgabe 241

Abb. 2.10.: Schaubilder

240. Beweisen oder widerlegen Sie:

(a) Hat eine ganzrationale Funktion f ausschließlich Terme mit ungeraden Hochzahlen, so sind die Schaubilder ihrer Stammfunktionen stets symmetrisch zur y-Achse.

(b) Hat eine ganzrationale Funktion f ausschließlich Terme mit geraden Hochzahlen, so sind die Schaubilder ihrer Stammfunktionen stets symmetrisch zum Koordinatenursprung.

241. Es ist eine Funktion f mit $f(x) = a\mathrm{e}^{-x} + c$ gegeben. Bestimmen Sie die Werte von a und c so, dass das Schaubild K_F einer Stammfunktion von f durch Abb. 2.10b gegeben ist.

Theorie & Aufgaben

Integration durch Substitution[*]

Um Funktionen wie z.B. $f(x) = e^{2x}$, $f(x) = \sin(\frac{1}{2}x - 3)$ usw. abzuleiten, benötigen wir die Kettenregel $(f(g(x))' = f'(g(x)) \cdot g'(x)$, wobei $g(x)$ den inneren Term ausdrückt. Um derartige Funktionen zu integrieren, benötigen wir ebenfalls ein Hilfsmittel. Dieses ist hier die *Substitution*. Ist F eine Stammfunktion von f, dann gilt $F'(x) = f(x)$ und $F(g(x))' = f(g(x)) \cdot g'(x)$. Durch Integration dieser Gleichung erhalten wir die gewünschte Formel.

> **Integration durch Substitution**
>
> $$\int f(g(x)) \cdot g'(x)\, dx = \int F(g(x))'\, dx = F(g(x)) + c$$

Um Integrale mit dieser Regel in der Praxis zu berechnen, versuchen wir, einen Term (häufig den inneren) zu substituieren und hoffen, dass sich das Integral während des Rechenwegs vereinfacht.

> **Beispiel**
>
> Berechnen Sie das unbestimmte Integral $\int x e^{-x^2}\, dx$.

> **Lösung**
>
> 1. Wir substituieren $y = g(x) = -x^2$.
>
> 2. Wir berechnen $\frac{dy}{dx} = -2x \Leftrightarrow dy = -2x\, dx$.
>
> 3. Wir integrieren nun nach y und führen die Rücksubstitution durch.
>
> $$\int x e^{-x^2}\, dx \overset{1,2}{=} \int -\frac{1}{2} e^y\, dy = -\frac{1}{2} e^y + c = -\frac{1}{2} e^{-x^2} + c.$$

Nicht alle Funktionen, die wir mit der Kettenregel ableiten, lassen sich mit Substitution integrieren. Die eingeführte Regel funktioniert nur bei ausgewählten Funktionen ähnlich zu den in diesem Abschnitt vorgestellten. Bei einigen Funktionen wie z.B. $f(x) = e^{x^2}$ hilft keine Regel. Es gibt keine explizite Darstellung für die Stammfunktion von f, obwohl sie existiert.

242. Berechnen Sie mit Hilfe von Substitution die folgenden Integrale.

(a) $\int e^{2x}\, dx$

(b) $\int \cos(5x)\, dx$

(c) $\int \sin(-x)\, dx$

(d) $\int e^{-\frac{1}{2}x}\, dx$

(e) $\int e^{4x-1}\, dx$

(f) $\int -\sin(\frac{1}{5}x + 7)\, dx$

(g) $\int (x+2)^5\, dx$

(h) $\int (1-x)^4\, dx$

(i) $\int \sqrt{2x+1}\, dx$

243. Berechnen Sie mit Hilfe von Substitution die folgenden Integrale.

(a) $\int x^2 e^{-x^3}\, dx$

(b) $\int \sin x\, e^{\cos x}\, dx$

(c) $\int \sin x \cos x\, dx$

244. Recherchieren Sie im Internet nach dem unbestimmten Integral der Funktion f mit $f(x) = \frac{1}{\sqrt{1-x^2}}$ und versuchen Sie, dessen Herleitung zu verstehen.

Integration durch lineare Substitution

Ist der innere Term wie bei den Funktionen im vorherigen Abschnitt ein linearer Term, vereinfacht sich die Vorgehensweise zu einer *linearen Substitution*, die deutlich einfacher durchzuführen ist.

Integration durch lineare Substitution

Für $a \neq 0$ und $b \in \mathbb{R}$ gilt:

$$\int f(ax+b)\,dx = \frac{1}{a}F(ax+b) + c$$

Beispiel

Berechnen Sie mit Hilfe von linearer Substitution eine Stammfunktion von f.

(a) $f(x) = e^{4x+3}$ (b) $f(x) = \sin(\frac{1}{2}x - 5)$ (c) $f(x) = (2x+1)^5$

Lösung

(a) $F(x) = e^{4x+3} \cdot \frac{1}{4} = \frac{1}{4}e^{4x+3}$

(b) $F(x) = -\cos(\frac{1}{2}x - 5) \cdot 2 = -2\cos(\frac{1}{2}x - 5)$

(c) $F(x) = \frac{1}{6}(2x+1)^6 \cdot \frac{1}{2} = \frac{1}{12}(2x+1)^6$

---

245. Berechnen Sie mit Hilfe von linearer Substitution die folgenden Integrale.

(a) $\int e^{2x}\,dx$ (d) $\int e^{-\frac{1}{2}x}\,dx$ (g) $\int (x+2)^5\,dx$

(b) $\int \cos(5x)\,dx$ (e) $\int e^{4x-1}\,dx$ (h) $\int (1-x)^4\,dx$

(c) $\int \sin(-x)\,dx$ (f) $\int -\sin(\frac{1}{5}x + 7)\,dx$ (i) $\int \sqrt{2x+1}\,dx$

246. Berechnen Sie mit Hilfe von linearer Substitution die folgenden Integrale.

(a) $\int a e^{bx}\,dx$ (b) $\int (tx+1)^4\,dx$ (c) $\int \sin(\frac{t}{a})\,dt$ (d) $\int e^{au+b}\,du$

247. Finden Sie den Fehler und verbessern Sie.

(a) $f(x) = e^{4x+3} \Rightarrow F(x) = 4e^{4x+3}$ (b) $f(x) = \cos(1+2x) \Rightarrow F(x) = \sin(x + x^2)$

248. Tim möchte für die Funktion f mit $f(x) = e^{3x}$ eine zugehörige Stammfunktion bestimmen. Er argumentiert: „Der Term e^{3x} kommt auch in der Ableitung f' vor, also auch in der Stammfunktion F. Ich setze also $F(x) = ae^{3x}$, berechne die Ableitung $f(x) = F'(x) = 3ae^{3x}$ und führe einen Vergleich des Vorfaktors durch: $1 = 3a \Rightarrow a = \frac{1}{3}$. Somit erhalte ich $F(x) = \frac{1}{3}e^{3x}$."

(a) Darf Tim diese Vorgehensweise hier anwenden?

(b) Falls ja, entwickeln Sie eine ähnliche Vorgehensweise für die Funktionen g mit $g(x) = \sin(\pi x)$ und h mit $h(x) = \cos(\frac{1}{2}x)$.

Partielle Integration*

Um Funktionen wie z.B. $f(x) = x \cdot e^x$, $f(x) = x^2 \cdot \sin x$ usw. abzuleiten, benötigen wir die Produktregel. Um sie zu integrieren, gibt es ebenfalls eine eigene Regel, die *partielle Integration*. Diese führt zwar oft zum Erfolg, aber auch nicht immer, wie z.B. bei $f(x) = e^x \cdot \sqrt{x}$.

Partielle Integration

Können wir die Funktion f als Produkt einer Funktion g und der Ableitung h' einer weiteren Funktion schreiben ($f(x) = g(x) \cdot h'(x)$), dann gilt die Formel:

$$\int f(x)\,dx = g(x) \cdot h(x) - \int g'(x) \cdot h(x)\,dx$$

Wenn ein Faktor in einer Funktion ein Polynom ist und der zweite Faktor beim Integrieren nicht komplizierter wird, dann können wir das Polynom durch ein- oder mehrfaches Differenzieren abräumen. Bei diesem Typ setzen wir für g das Polynom und für h' den anderen Faktor (sin/cos/e).

Beispiel

Berechnen Sie das unbestimmte Integral $\int (2x + 4)e^x\,dx$.

Lösung

$$\int \underbrace{(2x+4)}_{g(x)} \cdot \underbrace{e^x}_{h'(x)}\,dx = \underbrace{(2x+4)}_{g(x)} \cdot \underbrace{e^x}_{h(x)} - \int \underbrace{2}_{g'(x)} \cdot \underbrace{e^x}_{h(x)}\,dx$$

$$= (2x+4)e^x - 2e^x + c = (2x+2)e^x + c$$

Wählen wir g und h' dabei falsch, so landen wir in einer Sackgasse, da das neu entstehende Integral komplizierter zu berechnen ist als das ursprüngliche.

$$\int \underbrace{(2x+4)}_{h'(x)} \cdot \underbrace{e^x}_{g(x)}\,dx = \underbrace{(x^2+4x)}_{h(x)} \cdot \underbrace{e^x}_{g(x)} - \int \underbrace{(x^2+4x)}_{h(x)} \cdot \underbrace{e^x}_{g'(x)}\,dx$$

Es gibt auch andere, sehr kreative Arten, die partielle Integration anzuwenden, siehe z.B. Aufgabe 251.

249. Berechnen Sie mit Hilfe von partieller Integration die folgenden Integrale.

(a) $\int x e^x\,dx$ (b) $\int x \sin x\,dx$ (c) $\int (x+1)\cos x\,dx$

250. Berechnen Sie mit Hilfe von partieller Integration die folgenden Integrale.

(a) $\int (x+1)^2 e^x\,dx$ (b) $\int x^2 \cos x\,dx$ (c) $\int (1-x^2)\sin x\,dx$

251. Berechnen Sie das unbestimmte Integral $\int e^x \sin x\,dx$.

2.2. Berechnung von Flächeninhalten oberhalb der x-Achse

Mit Hilfe jeder Mathematik-Formelsammlung lassen sich Inhalte von Flächen wie dem Rechteck, Dreieck, Trapez und einigen anderen berechnen. Doch die Formelvielfalt ist begrenzt. Die Integralrechnung ermöglicht uns, diese Palette großzügig zu erweitern. Genauer gesagt lassen sich alle Flächen berechnen, die von Schaubildern von Funktionen begrenzt sind. Um dieses Ziel zu erreichen, führen wir zunächst behutsam zwei neue Begriffe ein.

Das bestimmte Integral

Für eine integrierbare nichtnegative Funktion $f\colon [a;\, b] \to \mathbb{R}$ bezeichnet das *bestimmte Integral*

$$A = \int_a^b f(x)\,\mathrm{d}x$$

den Inhalt der Fläche, die das Schaubild von f mit der x-Achse einschließt, wobei wir a und b als *Integrationsgrenzen* bezeichnen ($\to$ Abb. 2.11a).

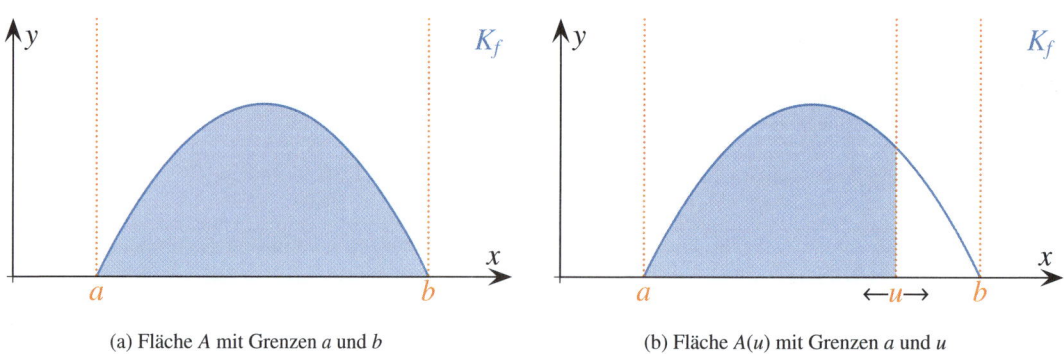

(a) Fläche A mit Grenzen a und b

(b) Fläche $A(u)$ mit Grenzen a und u

Abb. 2.11.: Bestimmtes Integral und Integralfunktion

Wir merken an, dass das in Abschnitt 2.1 eingeführte unbestimmte Integral eine Schar von Funktionen bezeichnet und das bestimmte Integral nur einen Zahlenwert. Wollen wir den Flächeninhalt angeben, den das Schaubild K_f von f mit der x-Achse innerhalb der festen unteren Grenze a und der veränderbaren oberen Grenze u einschließt, so erhalten wir eine Funktion, die von dem Wert von u abhängig ist ($\to$ Abb. 2.11b).

Integralfunktion

Für eine integrierbare nichtnegative Funktion $f\colon [a;\, b] \to \mathbb{R}$ heißt die Funktion $A\colon [a;\, b] \to \mathbb{R}$ mit

$$A(u) = \int_a^u f(x)\,\mathrm{d}x$$

Integralfunktion von f zur unteren Grenze a.

Im Hauptsatz der Differential- und Integralrechnung stellt sich heraus, dass A eine Stammfunktion von f ist.

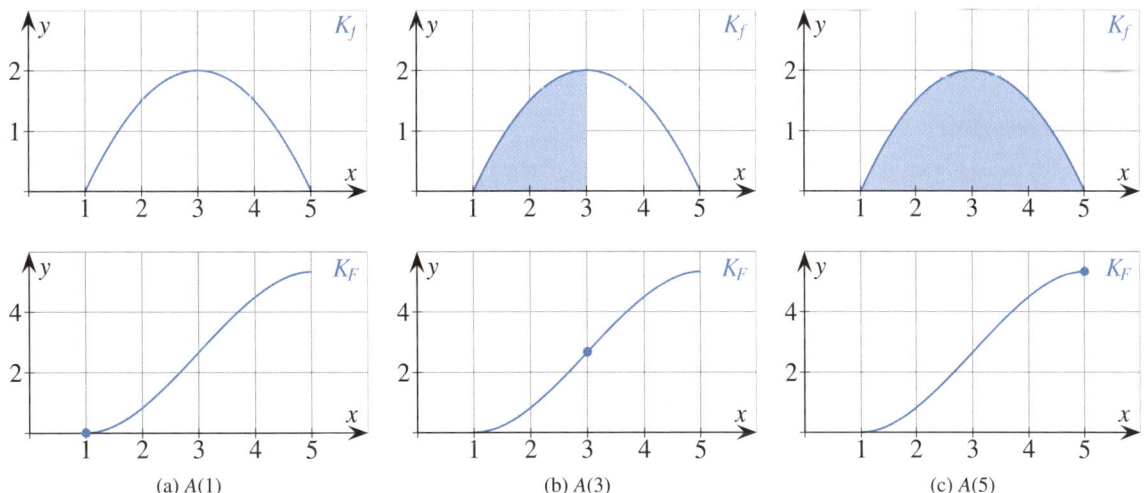

            (a) $A(1)$ (b) $A(3)$ (c) $A(5)$

Abb. 2.12.: Verlauf des Flächeninhaltes – 1. Teil des HDI

Im Beispiel ist der Flächeninhalt zu Beginn 0. Zudem liegt in $x = 1$ ein lokaler Tiefpunkt vor, da f in $x = 1$ eine Nullstelle hat ($\rightarrow$ Abb. 2.12a). In $x = 3$ liegt ein Wendepunkt vor, denn der Flächenzuwachs ist maximal, da K_f in $x = 3$ einen lokalen Hochpunkt hat ($\rightarrow$ Abb. 2.12b). In $x = 5$ liegt ein lokaler Hochpunkt vor, da f in $x = 5$ eine Nullstelle hat ($\rightarrow$ Abb. 2.12c).

Aus diesen Überlegungen sehen wir bereits, dass die Ableitung A' der Integralfunktion genau die Funktion f selbst liefert. Dies führt uns zum sogenannten *Hauptsatz der Differential- und Integralrechnung*, der in Anhang A rechnerisch bewiesen wird.

Hauptsatz der Differential- und Integralrechnung

Es ist $f\colon [a;\, b] \rightarrow \mathbb{R}$ eine nichtnegative, integrierbare Funktion, A eine Integralfunktion von f und F eine Stammfunktion von F. Dann gilt:

(a) $A'(x) = f(x)$

(b) $\int_a^b f(x)\,\mathrm{d}x = [F(x)]_a^b = F(b) - F(a)$

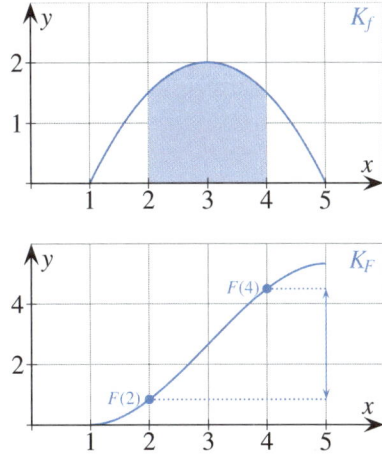

Abb. 2.13.: Berechnung des Flächeninhaltes – 2. Teil des HDI

In diesem Abschnitt geht es uns lediglich darum, uns mit dem Begriff und der Berechnung des bestimmten Integrals vertraut zu machen. Dabei sind einige Rechenregeln hilfreich.

Rechenregeln für bestimmte Integrale

Für alle nichtnegativen integrierbaren Funktionen f und g, sowie $a, b, c, k \in \mathbb{R}$ gilt

(a) $\int_a^b f(x) \pm g(x)\, dx = \int_a^b f(x)\, dx \pm \int_a^b g(x)\, dx$ *(Summenregel)*

(b) $\int_a^b k \cdot f(x)\, dx = k \int_a^b f(x)\, dx$ *(Faktorregel)*

(c) $\int_a^b f(x)\, dx = \int_a^c f(x)\, dx + \int_c^b f(x)\, dx$ *(Additivität des Integrals)*

(d) $\int_b^a f(x)\, dx = - \int_a^b f(x)\, dx$ *(Vertauschen der Integrationsgrenzen)*

(e) $\int_a^a f(x)\, dx = 0$ *(gleiche Grenzen)*

In Abb. 2.13 stellen wir durch das Abzählen von Kästchen fest, dass der gesuchte Flächeninhalt einen Wert zwischen 3 und 4 annimmt. Bessere Verfahren zur Bestimmung solcher Schätzwerte werden in Abschnitt 3.3 vorgestellt. Das folgende Beispiel liefert uns jedoch das exakte Ergebnis. Die Berechnung des Flächeninhaltes erfolgt dabei direkt über den Hauptsatz der Differential- und Integralrechnung.

> **Beispiel**
>
> Berechnen Sie den Inhalt der Fläche, die das Schaubild K_f von $f(x) = -\frac{1}{2}x^2 + 3x - \frac{5}{2}$ für $x \in [2; 4]$ mit der x-Achse einschließt (Abb. 2.13).

Lösung

1. Wir bestimmen eine Stammfunktion F von f. $F(x) = -\frac{1}{6}x^3 + \frac{3}{2}x^2 - \frac{5}{2}x$.

2. Wir setzen die obere und untere Grenze in das bestimmte Integral ein und berechnen den konkreten Zahlenwert. $a = 2$, $b = 4$. Wir berechnen

$$A = \int_2^4 \left(-\frac{1}{2}x^2 + 3x - \frac{5}{2} \right) dx = \left[-\frac{1}{6}x^3 + \frac{3}{2}x^2 - \frac{5}{2}x \right]_2^4$$

$$= \left(-\frac{1}{6} \cdot 4^3 + \frac{3}{2} \cdot 4^2 - \frac{5}{2} \cdot 4 \right) - \left(-\frac{1}{6} \cdot 2^3 + \frac{3}{2} \cdot 2^2 - \frac{5}{2} \cdot 2 \right) = \frac{10}{3} - \left(-\frac{1}{3} \right) = \frac{11}{3} \approx 3{,}67 \,.$$

252. Das Schaubild K der Funktion f und die x-Achse schließen im angegebenen Intervall ein Flächenstück mit Inhalt A ein. Zeichnen Sie zunächst K und markieren Sie die angegebene Fläche. Berechnen Sie dann ihren Inhalt.

(a) $f(x) = -x^2 + 4x - 3$, $x \in [1; 3]$

(b) $f(x) = 4 - \frac{1}{4}x^4$, $x \in [-2; 2]$

(c) $f(x) = -x^3 + x^2 + \frac{7}{4}x + \frac{1}{2}$, $x \in [1; 2]$

(d) $f(x) = \frac{1}{2}x^4 - x^3 - \frac{3}{2}x^2 + 2x + 2$, $x \in [-1; 2]$

(e) $f(x) = 6x(\frac{3}{2} - x)$, $x \in [0; 1]$

(f) $f(x) = -3x^2(x - 2)$, $x \in [0; 2]$

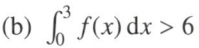

- **253.** Das Schaubild K der Funktion f und die x-Achse schließen im angegebenen Intervall ein Flächenstück mit Inhalt A ein. Zeichnen Sie zunächst K und markieren Sie die angegebene Fläche. Berechnen Sie dann ihren Inhalt.

(a) $f(x) = 3\cos x$, $x \in [0; \frac{\pi}{2}]$

(b) $f(x) = e^x$, $x \in [0; 1]$

(c) $f(x) = 4\sin x$, $x \in [0; \pi]$

(d) $f(x) = \frac{1}{2}e^x$, $x \in [1; 2]$

(e) $f(x) = 2 + 2\cos x$, $x \in [-\pi; \pi]$

(f) $f(x) = 2 - e^x$, $x \in [-2; 0]$

- **254.** Das Schaubild K der Funktion f und die x-Achse schließen im angegebenen Intervall ein Flächenstück mit Inhalt A ein. Berechnen Sie dessen Inhalt.

(a) $f(x) = \sin(x + \frac{\pi}{2})$, $x \in [-\frac{\pi}{2}; \frac{\pi}{2}]$

(b) $f(x) = 3 - 2e^{x+1}$, $x \in [-3; -2]$

(c) $f(x) = 4e^{-2x}$, $x \in [0; 2]$

(d) $f(x) = -3\cos(\pi x)$, $x \in [-\frac{3}{2}; -\frac{1}{2}]$

- **255.** In Abb. 2.14a ist das Schaubild K einer Funktion f eingezeichnet. Überprüfen Sie durch Schätzen des Flächeninhalts, ob die folgenden Aussagen richtig oder falsch sind.

(a) $\int_{-1}^{0} f(x)\,dx > 4$

(b) $\int_{0}^{3} f(x)\,dx > 6$

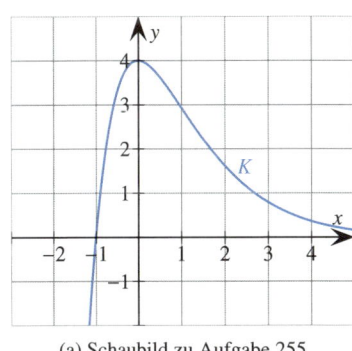
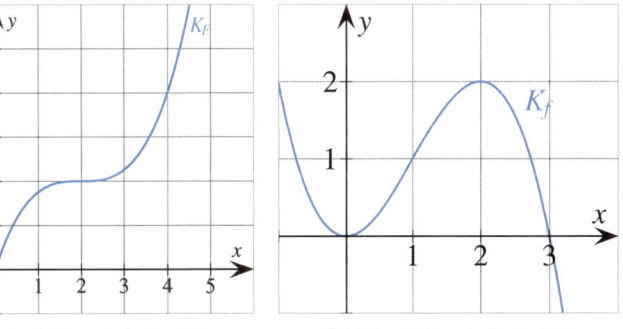

(a) Schaubild zu Aufgabe 255   (b) Schaubild zu Aufgabe 256   (c) Schaubild zu Aufgabe 257

Abb. 2.14.: Schaubilder

- **256.** F ist eine Stammfunktion von f. In Abb. 2.14b ist das Schaubild von K_F von F eingezeichnet. Begründen Sie anhand der Abbildung, welche der folgenden Aussagen wahr oder falsch sind.

(a) $\int_{1}^{3} f(x)\,dx > 1$

(b) $\int_{0}^{2} f(x)\,dx = \int_{2}^{4} f(x)\,dx$

- **257.** In Abb. 2.14c ist das Schaubild K_f einer Funktion f eingezeichnet. Entscheiden Sie jeweils mit Begründung, welche dieser Aussagen über die Stammfunktion F von f richtig bzw. falsch sind.

(a) $F(2) - F(1) > 0$

(b) $F(3) - F(0) > 2$

(c) $F(3) - F(0) > 4$

- **258.** Es ist die Funktion f mit $f(x) = x^2$ gegeben. Ihr Schaubild K schließt mit der x-Achse und der Geraden $x = b$ ($b > 0$) ein Flächenstück mit parameterabhängigem Inhalt $A(b)$ ein. Für welchen Wert von b gilt: $A(b) = 72$?

•• **259.** Das Schaubild der Funktion f mit $f(x) = e^{-\frac{1}{3}x}$ schließt mit den beiden Koordinatenachsen und der Geraden $x = u$ $(u > 0)$ eine Fläche ein.

   (a) Berechnen Sie den Inhalt dieser Fläche in Abhängigkeit von u.

   (b) Gegen welchen Wert strebt der Flächeninhalt für $u \to \infty$?

•• **260.** Im Jahr 1986 wurde durch die Reaktorkatastrophe von Tschernobyl ein Waldstück mit dem Caesium-Isotop ^{137}Cs kontaminiert. Die radioaktive Belastung in Abhängigkeit des Jahres wird durch die spezifische Aktivität A von ^{137}Cs in Becquerel pro kg Frischmasse angegeben:

$$A(t) = 4\,000\,e^{-0{,}023t},$$

wobei $t = 0$ dem Jahr 1986 entspricht.

   (a) Interpretieren Sie die Zahl 4 000 im Sachzusammenhang.

   (b) Zeigen Sie, dass die Halbwertszeit des Isotops ^{137}Cs etwa 30 Jahre beträgt.

   (c) Pilze, die in den Handel gelangen, dürfen eine spezifische Aktivität von 600 Becquerel pro kg Frischmasse nicht überschreiten. Ab welchem Jahr wird das nach diesem Ansatz der Fall sein? Begründen Sie rechnerisch.

   (d) Eine 1986 geborene Person hat seit ihrer Geburt ca. 500 g Waldpilze pro Jahr konsumiert. Berechnen Sie die von ihr insgesamt aufgenommene Becquerel-Menge bis zu ihrem 40. Geburtstag.

••• **261.** Bestimmen Sie rechnerisch den Inhalt der schraffierten Fläche aus Abb. 2.15a.

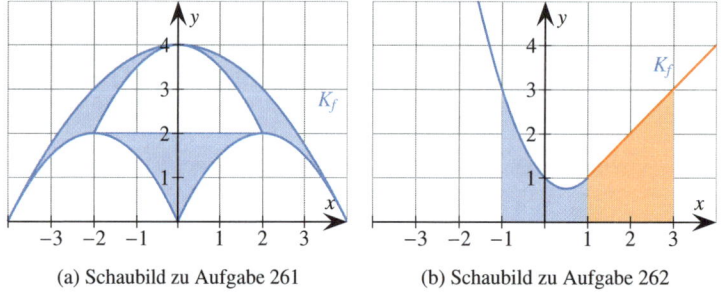

(a) Schaubild zu Aufgabe 261   (b) Schaubild zu Aufgabe 262

Abb. 2.15.: Schaubilder

••• **262.** Das in Abb. 2.15b gegebene Schaubild der abschnittsweise definierten Funktion schließt eine farbig markierte Fläche mit Inhalt A ein. Berechnen Sie A exakt.

••• **263.** Das Schaubild einer ganzrationalen Funktion dritten Grades hat die Nullstellen $x_1 = -3$, $x_2 = 3$ sowie den y-Achsenabschnitt 3. Zudem schließt es mit den Koordinatenachsen im 1. Quadranten eine Fläche mit dem Inhalt $A = 8{,}25$ ein. Bestimmen Sie den Funktionsterm von f.

★ **264.** Beweisen Sie die Flächenformel $A = \frac{1}{2}gh$ für ein Dreieck mit Hilfe der Integralrechnung und geeignet gewählter Funktionen (Skizze!).

2.3. Hauptsatz der Differential- und Integralrechnung

Bisher haben wir bei der Berechnung von Integralen ausschließlich Funktionen behandelt, deren Schaubild auf bzw. oberhalb der x-Achse lag.

Das bestimmte Integral war gegeben durch $\int_a^b f(x)\,dx$ und gab den (nichtnegativen) Wert der Fläche zwischen K_f und der x-Achse innerhalb der unteren Grenze a und der oberen Grenze b an. Erlauben wir nun auch negative Werte für f, so bleibt die Berechnung glücklicherweise ähnlich. Allerdings erhält das bestimmte Integral nun eine allgemeinere Bedeutung. Es gibt nun die *Flächenbilanz* bzw. den *orientierten Flächeninhalt* zwischen den oberhalb und unterhalb der x-Achse gelegenen Flächenstücken an. Die oberen Flächenstücke fließen mit positivem, die unteren Flächenstücke mit negativem Wert in die Bilanz ein. Wie wir mit diesem Wissen den gesamten Inhalt der Fläche zwischen dem Schaubild einer allgemeinen Funktion und der x-Achse berechnen, klären wir ebenfalls in diesem Abschnitt. Die beiden folgenden Sätze sind von enormer Bedeutung.

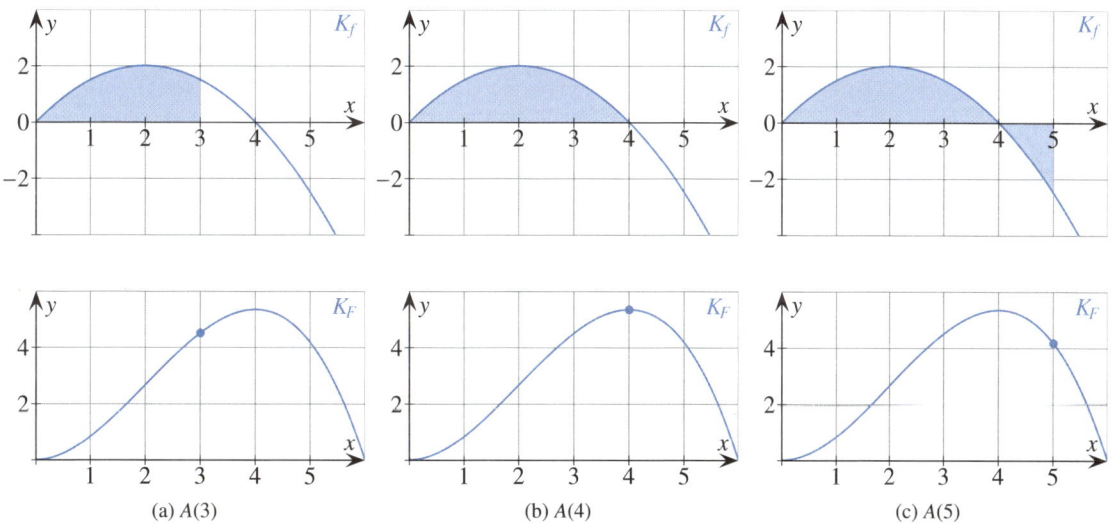

(a) $A(3)$ (b) $A(4)$ (c) $A(5)$

Abb. 2.16.: Berechnung der Flächenbilanz – 1. Teil des HDI

Im Beispiel steigt die Flächenbilanz im Intervall $x \in [0;\,4]$, da sich das Schaubild von f stets oberhalb der x-Achse befindet ($\rightarrow$ Abb. 2.16a). An der Stelle $x = 4$ hat die Flächenbilanz ihr Maximum ($\rightarrow$ Abb. 2.16b). Anschließend fällt die Flächenbilanz, da das Schaubild von f nun unterhalb der x-Achse liegt, also Flächenteile wieder abgezogen werden ($\rightarrow$ Abb. 2.16c).

Wir sehen auch hier, dass die Ableitung A' der Integralfunktion genau die Funktion f selbst liefert. Der *Hauptsatz der Differential- und Integralrechnung*, der in Kapitel A rechnerisch bewiesen wird, gilt für alle integrierbaren Funktionen. Und zwar unabhängig davon, ob sie im Positiven oder im Negativen liegen.

Hauptsatz der Differential- und Integralrechnung

Es ist $f\colon [a;\,b] \rightarrow \mathbb{R}$ eine nichtnegative, integrierbare Funktion, A eine Integralfunktion von f und F eine Stammfunktion von F. Dann gilt:

(a) $A'(x) = f(x)$

(b) $\int_a^b f(x)\,dx = [F(x)]_a^b = F(b) - F(a)$

Bei der Berechnung von Integralen in der Praxis müssen wir also stets wissen, ob wir eine *Gesamtfläche* oder eine *Flächenbilanz* berechnen wollen. Die Berechnung der Flächenbilanz erfolgt direkt über den Hauptsatz der Differential- und Integralrechnung, die der Gesamtfläche erfolgt wie im nachstehenden Beispiel. Dabei sind einige Rechenregeln hilfreich.

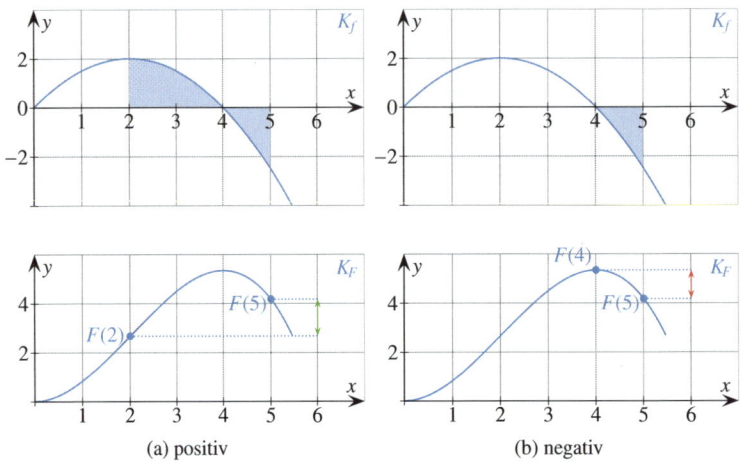

(a) positiv   (b) negativ

Abb. 2.17.: Berechnung der Flächenbilanz – 2. Teil des HDI

Rechenregeln für bestimmte Integrale

Für alle integrierbaren Funktionen f und g, sowie $a, b, c, k \in \mathbb{R}$ gilt

(a) $\int_a^b f(x) \pm g(x)\, dx = \int_a^b f(x)\, dx \pm \int_a^b g(x)\, dx$ (*Summenregel*)

(b) $\int_a^b k \cdot f(x)\, dx = k \int_a^b f(x)\, dx$ (*Faktorregel*)

(c) $\int_a^b f(x)\, dx = \int_a^c f(x)\, dx + \int_c^b f(x)\, dx$ (*Additivität des Integrals*)

(d) $\int_b^a f(x)\, dx = - \int_a^b f(x)\, dx$ (*Vertauschen der Integrationsgrenzen*)

(e) $\int_a^a f(x)\, dx = 0$ (*gleiche Grenzen*)

Im nächsten Beispiel hat die Funktion f mehrere Nullstellen, welche die Gesamtfläche in mehrere Teilflächen, sowohl ober- als auch unterhalb der x-Achse, unterteilen.

Beispiel

Berechnen Sie den Flächeninhalt, den das Schaubild K_f von $f(x) = -\frac{1}{4}x^3 + 3x$ mit der x-Achse einschließt ($\rightarrow$ Abb. 2.18).

Lösung

1. Wir berechnen die Nullstellen von f, welche die Gesamtfläche in mehrere Teilflächen unterteilen.

$$f(x) = 0 \Leftrightarrow x_1 \left(-\frac{1}{4}x^2 + 3 \right) = 0$$

$$\Leftrightarrow x_1 = 0 \text{ bzw. } -\frac{1}{4}x^2 + 3 = 0$$

$$\Leftrightarrow x_1 = 0 \text{ bzw. } x_{2/3} = \pm \sqrt{12}$$

2. Wir berechnen die Inhalte der einzelnen Teilflächen A_1, A_2, ... und ändern das Vorzeichen, wenn ein Integralwert negativ ist.

$$\int_{-\sqrt{12}}^{0} -\frac{1}{4}x^3 + 3x\, dx = \left[-\frac{1}{16}x^4 + \frac{3}{2}x^2\right]_{-\sqrt{12}}^{0} = -9 \Rightarrow A_1 = 9$$

$$\int_{0}^{\sqrt{12}} -\frac{1}{4}x^3 + 3x\, dx = \left[-\frac{1}{16}x^4 + \frac{3}{2}x^2\right]_{0}^{\sqrt{12}} = -9 \Rightarrow A_2 = 9$$

3. Wir berechnen die Gesamtfläche $A = A_1 + A_2 + \ldots \Rightarrow A = A_1 + A_2 = 18$.

Der Wert entspricht in etwa dem, was wir in Abb. 2.18 durch das Abzählen von Kästchen ermitteln würden.

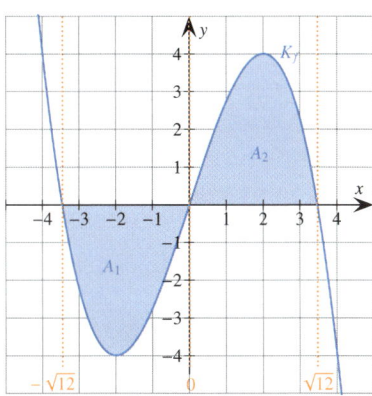
(a) Teilflächen zwischen K_f und der x-Achse

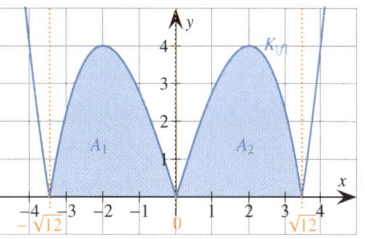
(b) Teilflächen zwischen $K_{|f|}$ und der x-Achse

Abb. 2.18.: Berechnung von Flächeninhalten

Würden wir das Integral $\int_{-\sqrt{12}}^{\sqrt{12}} -\frac{1}{4}x^3 + 3x\, dx = 0$ berechnen, so würde uns dieses Ergebnis lediglich die Flächenbilanz (= orientierter Flächeninhalt) angeben. Der Wert 0 würde hier bedeuten, dass die Fläche oberhalb der x-Achse den gleichen Inhalt hat wie die Fläche unterhalb der x-Achse (siehe Abb. 2.18a). Dadurch, dass wir das Vorzeichen bei negativem Integral verändern, führen wir anschaulich die Berechnung des Integrals $\int_{-\sqrt{12}}^{\sqrt{12}} |f(x)|\, dx$ durch. Mit diesem Integranden würden wir das Schaubild K_f in den Bereich oberhalb der x-Achse klappen (siehe Abb. 2.18b), das heißt alle berechneten Flächen würden oberhalb der x-Achse liegen.

265. Berechnen Sie exakt.

(a) $\int_{-1}^{2} x^2 - 3x\, dx$

(c) $\int_{-2}^{0} \frac{1}{6}x^4 + \frac{1}{10}x^2\, dx$

(e) $\int_{\frac{1}{3}}^{\frac{1}{2}} \frac{1}{x^2}\, dx$

(b) $\int_{2}^{4} -\frac{1}{6}x^3 + 2x\, dx$

(d) $\int_{1}^{4} 3\sqrt{x}\, dx$

(f) $\int_{\frac{1}{4}}^{\frac{4}{9}} -x^{-\frac{3}{2}}\, dx$

266. Das Schaubild K der Funktion f schließt mit der x-Achse mehrere Flächenstücke ein. Zeichnen Sie zunächst K und markieren Sie die angegebenen Flächen. Berechnen Sie dann ihren Gesamtinhalt.

(a) $f(x) = x^3 - x^2 - 2x$

(c) $f(x) = -\frac{1}{6}x^3 + \frac{1}{2}x^2 + \frac{2}{3}x$

(e) $f(x) = 6x(1 - x^4)$

(b) $f(x) = (x^2 - 1)(x + 3)$

(d) $f(x) = x^4 + x^3 - 2x^2$

(f) $f(x) = x^2(2 - x^2)$

267. Berechnen Sie exakt.

(a) $\int_0^\pi \sin x \, dx$

(b) $\int_{-1}^0 e^x \, dx$

(c) $\int_0^{\frac{1}{3}} e^{3x} \, dx$

(d) $\int_1^2 \cos(\pi x) \, dx$

(e) $\int_{-\frac{1}{2}}^0 e^{-2x} \, dx$

(f) $\int_{-\frac{\pi}{2}}^\pi \sin(2x) \, dx$

268. 🖎 Das Schaubild K der Funktion f schließt mit der x-Achse mehrere Flächenstücke ein. Zeichnen Sie zunächst K und markieren Sie die angegebenen Flächen. Berechnen Sie dann ihren Gesamtinhalt.

(a) $f(x) = 3\sin(\pi x)$, $x \in [-2; 2]$

(b) $f(x) = 4\cos(2x)$, $x \in [-\frac{3}{4}\pi; \frac{3}{4}\pi]$

(c) $f(x) = -e^{2x} + 5e^x - 4$

(d) $f(x) = e^x + 3e^{-x} - 4$

269. Berechnen Sie in Abhängigkeit der Parameter.

(a) $\int_3^6 ax^2 + c \, dx$

(b) $\int_{-1}^1 a e^{x+b} \, dx$

(c) $\int_0^\pi \cos(ax) + b \, dx$

270. Berechnen Sie möglichst geschickt. Geben Sie jeweils die verwendeten Rechenregeln an.

(a) $\int_{-2}^2 4 - x^2 \, dx + \int_{-2}^2 x^2 \, dx$

(b) $\int_0^{17} e^x \, dx - \int_0^{17} 3 + e^x \, dx$

(c) $36 \int_1^2 \frac{1}{12}x^2 + \frac{1}{3}x \, dx$

(d) $\frac{1}{12} \int_1^3 48 \sin(\sqrt{x}) \, dx - 8 \int_1^3 \frac{1}{2}\sin(\sqrt{x}) \, dx$

(e) $\int_{-1}^{\frac{1}{\pi}} x^6 \, dx + \int_{\frac{1}{\pi}}^1 x^6 \, dx$

(f) $\int_1^{300} e^x \, dx + \int_{300}^1 e^x \, dx$

271. Finden Sie alle Fehler in der angegebenen Rechnung und verbessern Sie.

$$\int_{\frac{\pi}{2}}^{-\pi} \sin(2x) \, dx = \int_{-\pi}^{\frac{\pi}{2}} \sin(2x) \, dx = [-2\cos(2x)]_{-\pi}^{\frac{\pi}{2}} = -2\cos(\pi) - 2\cos(-2\pi) = 2 - 2 = 0$$

272. In Abb. 2.19a ist das Schaubild K_f einer Funktion f eingezeichnet. Überprüfen Sie durch Schätzen des Flächeninhalts, ob die folgenden Aussagen richtig oder falsch sind.

(a) $\int_{-1}^1 f(x) \, dx > 0$

(b) $\int_0^2 f(x) \, dx < 2$

(c) $\int_{-1}^{-2} f(x) \, dx > 1$

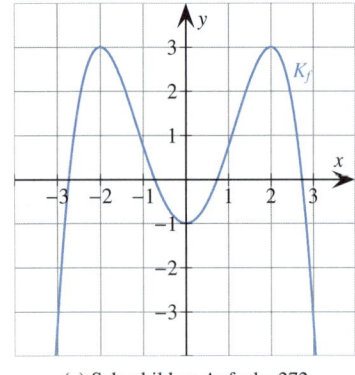

(a) Schaubild zu Aufgabe 272

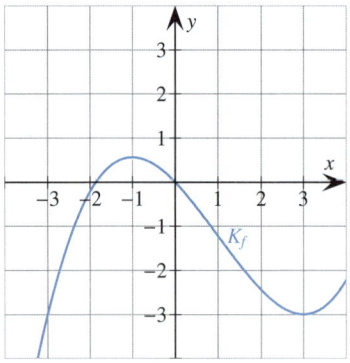

(b) Schaubild zu Aufgabe 273

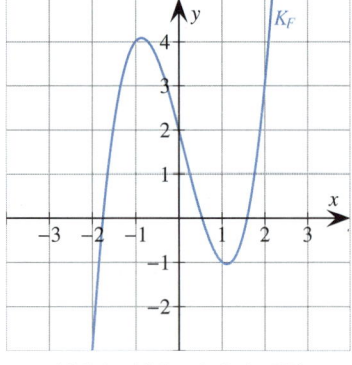

(c) Schaubild zu Aufgabe 274

Abb. 2.19.: Schaubilder

92

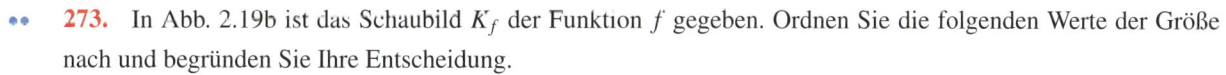

273. In Abb. 2.19b ist das Schaubild K_f der Funktion f gegeben. Ordnen Sie die folgenden Werte der Größe nach und begründen Sie Ihre Entscheidung.

$$A = \int_{-2}^{2} f(x)\,dx \qquad\qquad B = \int_{0}^{2} f(x)\,dx \qquad\qquad C = \int_{2}^{1} f(x)\,dx$$

274. In Abb. 2.19c ist das Schaubild K_F einer Stammfunktion F der Funktion f gegeben. Entscheiden Sie jeweils mit Begründung, ob die folgenden Aussagen wahr oder falsch sind.

(a) $\int_{0}^{2} f(x)\,dx > 0$
(b) $\int_{1}^{2} f(x)\,dx > \int_{-2}^{0} f(x)\,dx$

275. Es ist eine zum Koordinatenursprung punktsymmetrische Funktion f mit $\int_{0}^{1} f(x)\,dx = \frac{1}{2}$ gegeben. Entscheiden Sie, ob Sie aus diesen Informationen die Werte der angegebenen Integrale berechnen können und geben Sie in diesen Fällen das genaue Ergebnis an.

(a) $\int_{0}^{1} 4f(x)\,dx$
(c) $\int_{-1}^{1} f(x)\,dx$
(e) $\int_{1}^{0} f(x)\,dx$

(b) $\int_{0}^{4} f(x)\,dx$
(d) $\int_{-1}^{1} |f(x)|\,dx$
(f) $\int_{0}^{1} (f(x))^2\,dx$

276. Erläutern Sie anhand einer Skizze, ob der Wert des Integrals

$$\int_{-2}^{2} 1 - 4e^{-x^2}\,dx$$

größer, kleiner oder gleich Null ist.

277. Tim sagt: „Für eine Funktion f berechne ich $\int_{-4}^{4} f(x)\,dx$. Erhalte ich ein positives Ergebnis, dann weiß ich, dass das Schaubild von f stets oberhalb der x-Achse liegt." Hat Tim Recht? Untersuchen Sie.

278. Das Schaubild einer Funktion f ist K_f. In welchen der Fälle A – F gilt stets: $\int_{a}^{b} f(x)\,dx = 0$?

A: $f(x) = 1$ für alle $x \in [a; b]$, $a \neq b$

B: $a = -b$

C: K_f ist symmetrisch zum Ursprung und $a = -b$

D: $a = b$

E: $f(x) = 0$ für alle $x \in [a; b]$

F: K_f ist symmetrisch zur y-Achse und $a = -b$

279. Welche Aussagen lassen sich über das Schaubild einer Funktion f treffen, wenn gilt:

- $f(2) = 4$
- $f'(2) = 0$
- $f''(2) = 2$
- $\int_{-1}^{2} f(x)\,dx = 0$

280. Das Schaubild der Funktion f mit $f(x) = 2e^{\frac{1}{2}x+1}$ schließt mit den Geraden $x = -1$, $x = u$ ($u < -1$) und der x-Achse eine Fläche ein.

(a) Berechnen Sie den Inhalt dieser Fläche in Abhängigkeit von u.

(b) Gegen welchen Wert strebt der Flächeninhalt für $u \to -\infty$?

Theorie & Aufgaben

281. Berechnen Sie den Gesamtinhalt der in Abb. 2.20 schraffierten Flächen möglichst geschickt.

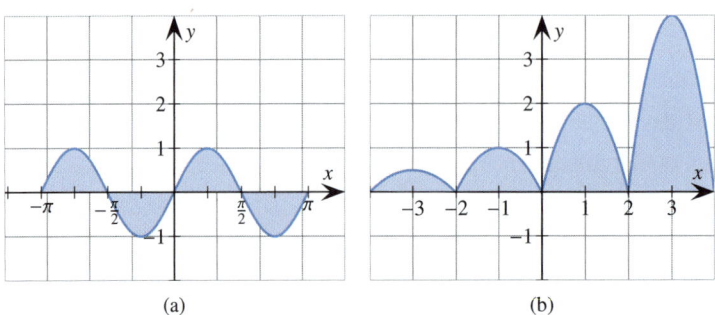

(a)   (b)

Abb. 2.20.: Schaubilder zu Aufgabe 281

282. Es ist eine Funktion s durch

$$s(t) = \frac{1}{10\,000}\, t^2 (100 - t), \qquad t \in [0;\ 100]$$

gegeben. Sie gibt an, wie viel Schnee (in mm) zum Zeitpunkt t pro Minute auf ein Grundstück fällt. Zum Zeitpunkt $t = 0$ liegt noch kein Schnee auf dem Grundstück.

(a) Zu welchem Zeitpunkt ist der Schneefall maximal?

(b) Wie viel Schnee fällt in den ersten 20 Minuten?

(c) Geben Sie eine geeignete Fragestellung an, die durch die folgende Gleichung beschrieben wird:

$$\int_0^x s(t)\,\mathrm{d}t = 40$$

(d) Begründen Sie, welches der beiden Schaubilder aus Abb. 2.21 die absolute Schneehöhe auf dem Grundstück angibt.

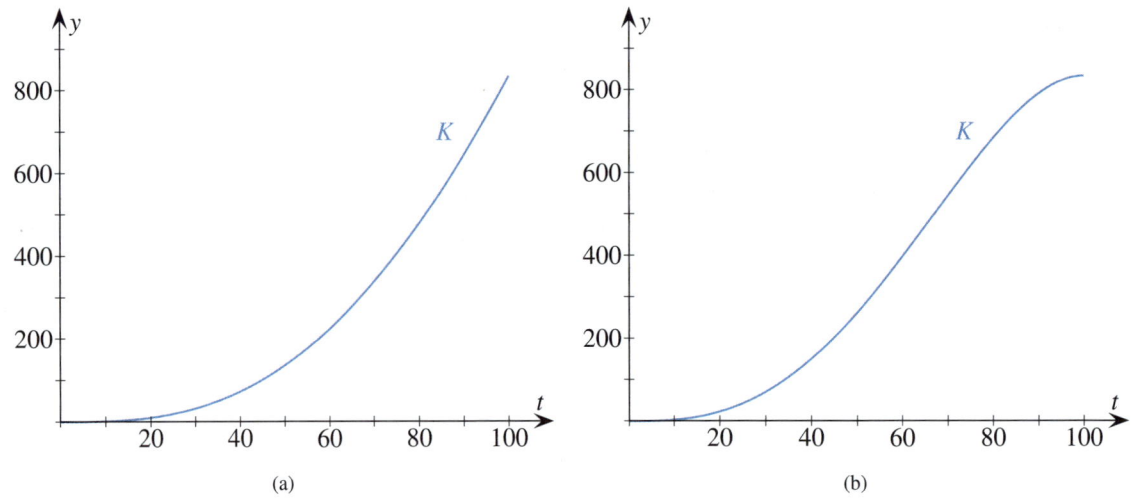

(a)   (b)

Abb. 2.21.: Schaubilder zu Aufgabe 282

94

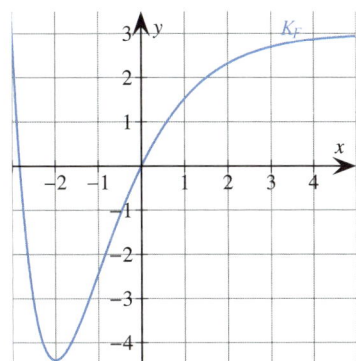

283. In Abb. 2.22 ist das Schaubild K_F der Stammfunktion F einer unbekannten Exponentialfunktion f eingezeichnet. Welche Aussagen über das Schaubild K_f von f sind richtig? Entscheiden Sie mit Begründung.

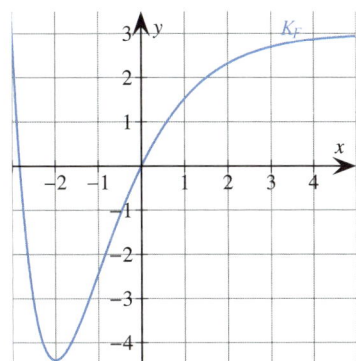

Abb. 2.22.: Schaubild zu Aufgabe 283

(a) K_f hat eine waagrechte Asymptote für $x \to \infty$.

(b) f hat eine Nullstelle in $x = 0$.

(c) Der Inhalt der Fläche, die das Schaubild von f mit den beiden Koordinatenachsen im 1. Quadranten einschließt, ist unendlich groß.

284. K_f ist das Schaubild einer Funktion f. Beweisen Sie oder geben Sie ein Gegenbeispiel an.

(a) K_f ist punktsymmetrisch zum Koordinatenursprung $\implies \int_{-1}^{1} f(x)\, dx = 0$

(b) $\int_{-1}^{1} f(x)\, dx = 0 \implies K_f$ ist punktsymmetrisch zum Koordinatenursprung.

285. Geben Sie ein Beispiel einer Funktion f an, für welche die Formel $\left(\int_{0}^{1} f(x)\, dx \right)^2 = \int_{0}^{1} (f(x))^2\, dx$

(a) gilt,   (b) nicht gilt.

286. Geben Sie diejenigen Parabeln an, die mit der x-Achse zwischen den Nullstellen $x_1 = -1$ und $x_2 = 2$ eine Fläche mit dem Inhalt $A = 7{,}5$ einschließen.

287. Es ist eine Funktion f mit $f(x) = ax^4 + bx^2$ und dem Schaubild K gegeben. Die Punkte P(3 | 0) und Q(−3 | 0) liegen auf K und bilden die Seite eines im 1. und 2. Quadranten liegenden Quadrats. Bestimmen Sie die Werte von a und b so, dass K dieses Quadrat halbiert.

288. Die Länge $L(a; b)$ der Kurve einer Funktion f innerhalb der Grenzen $[a; b]$ lässt sich durch die Formel $L(a; b) = \int_{a}^{b} \sqrt{1 + (f'(x))^2}\, dx$ exakt berechnen. Berechnen Sie die Länge der Kurve für $f(x) = \frac{1}{3} x^{\frac{3}{2}}$ innerhalb der Grenzen $[0; 5]$ exakt.

Theorie & Aufgaben

2.4. Fläche zwischen zwei Kurven

Mit Hilfe der Integralrechnung können wir nicht nur Inhalte von Flächen berechnen, die von einer Seite durch die x-Achse begrenzt werden, sondern auch von Flächen, die durch zwei Kurven begrenzt sind.

Beispiel

Berechnen Sie den Inhalt A der Fläche, welche durch die Schaubilder der Funktionen f und g mit $f(x) = 2x - \frac{1}{4}x^2$ und $g(x) = \frac{1}{4}x^2$ zwischen den Stellen $x = -1$ und $x = 5$ begrenzt wird ($\rightarrow$ Abb. 2.23).

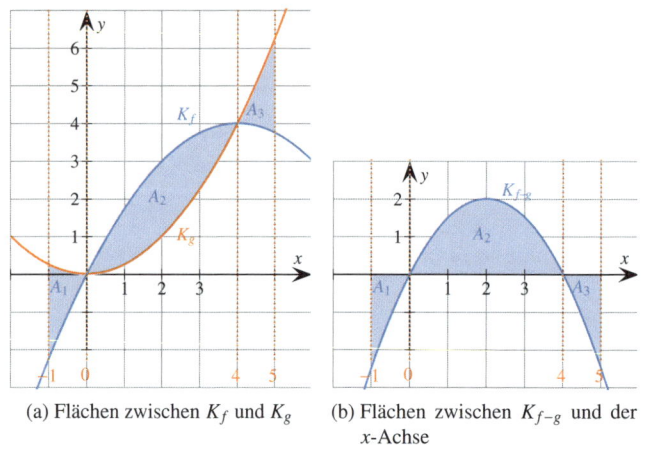

(a) Flächen zwischen K_f und K_g (b) Flächen zwischen K_{f-g} und der x-Achse

Abb. 2.23.: Berechnung des Inhaltes von Flächen zwischen zwei Kurven

Zunächst stellen wir fest, dass sich beide Schaubilder an den Stellen $x = 0$ und $x = 4$ schneiden und die Fläche in drei Teile mit den Inhalten A_1, A_2 und A_3 teilen ($\rightarrow$ Abb. 2.23a). Wir führen unser Problem nun auf ein bereits bekanntes zurück, denn wir sehen, dass der Inhalt der Fläche A_1, A_2 und A_3 zwischen f und g genau dem Inhalt der Flächen zwischen der Differenzfunktion $f - g$ und der x-Achse entspricht ($\rightarrow$ Abb. 2.23b). Hierbei müssen wir lediglich aufpassen, dass die Werte der einzelnen Integrale unterschiedliche Vorzeichen haben:

$$A_1 \text{ und } A_3: \text{ negatives Vorzeichen } (f \text{ ist kleiner als } g)$$
$$A_2: \text{ positives Vorzeichen } (f \text{ ist größer als } g)$$

Also gehen wir folgendermaßen vor:

Lösung

1. Wir bestimmen die Differenzfunktion $f - g$.

$$f(x) - g(x) = 2x - \frac{1}{4}x^2 - \left(-\frac{1}{4}x^2\right) = 2x - \frac{1}{2}x^2$$

2. Wir berechnen die Nullstellen der Differenzfunktion (= Schnittstellen von f und g), welche die Gesamtfläche in mehrere Teilflächen $A_1, A_2, \ldots$ teilen.

$$f(x) - g(x) = 0 \Rightarrow x = 0 \text{ bzw. } x = 4$$

96

Theorie & Aufgaben

3. Wir berechnen die Inhalte der einzelnen Teilflächen A_1, A_2, ... und ändern das Vorzeichen, wenn ein Integralwert negativ ist.

$$\int_{-1}^{0} 2x - \frac{1}{2}x^2 \, dx = \left[x^2 - \frac{1}{6}x^3\right]_{-1}^{0} = -\frac{7}{6} \Rightarrow A_1 = \frac{7}{6}$$

$$\int_{0}^{4} 2x - \frac{1}{2}x^2 \, dx = \left[x^2 - \frac{1}{6}x^3\right]_{0}^{4} = \frac{16}{3} \Rightarrow A_2 = \frac{16}{3}$$

$$\int_{4}^{5} 2x - \frac{1}{2}x^2 \, dx = \left[x^2 - \frac{1}{6}x^3\right]_{4}^{5} = -\frac{7}{6} \Rightarrow A_3 = \frac{7}{6}$$

4. Wir berechnen die Gesamtfläche $A = A_1 + A_2 + \ldots$

$$A = A_1 + A_2 + A_3 = \frac{23}{3}.$$

Hinweis: Manchmal muss das Verhältnis berechnet werden, in dem sich zwei Flächen A_f und A_g teilen. Wenn sich A_f und A_g im Verhältnis 2:1 teilen, bedeutet das $\frac{A_f}{A_g} = \frac{2}{1}$.

289. Die Schaubilder K_f und K_g der Funktionen f und g schließen ein gemeinsames Flächenstück ein. Zeichnen Sie zunächst K_f und K_g. Markieren Sie dann diese Fläche und berechnen Sie ihren Inhalt.

(a) $f(x) = -\frac{1}{2}x^2 + 3$, $g(x) = \frac{1}{2}x + 2$

(b) $f(x) = x^4 - 4x^2$, $g(x) = 4 - x^2$

(c) $f(x) = \sin x$, $g(x) = \cos x$, $x \in [-\frac{3}{4}\pi; \frac{1}{4}\pi]$

(d) $f(x) = \frac{1}{4}e^{2x} - e^x - \frac{9}{4}$, $g(x) = e^x - 4$

290. Die Schaubilder K_f und K_g der Funktionen f und g schließen mehrere gemeinsame Flächenstücke ein. Zeichnen Sie zunächst K_f und K_g. Markieren Sie dann diese Flächen und berechnen Sie ihren Gesamtinhalt.

(a) $f(x) = x^2 - x - 3$, $g(x) = -\frac{1}{4}x^3 + x^2 - 3$

(b) $f(x) = \frac{1}{2}x^3 - 2x^2 + 2x$, $g(x) = -x^3 + 4x^2 - \frac{5}{2}x$

(c) $f(x) = -x^4 + 4x^2 - 1$, $g(x) = x^2 + 1$

(d) $f(x) = x + \sin(2x)$, $g(x) = x - \cos(2x)$, $x \in [-\pi; \pi]$

291. Das Schaubild der Funktion f schließt mit der x-Achse ein Flächenstück ein. Das Schaubild der Funktion g teilt dieses in 2 Teile. Berechnen Sie das Verhältnis der beiden Teilstücke.

(a) $f(x) = -\frac{1}{4}x^3 + 3x$, $g(x) = -\frac{3}{2}x^2 + 3x$

(b) $f(x) = -x^2 + 4$, $g(x) = \frac{1}{32}x^4 - \frac{5}{8}x^2 + 2$

292. Es ist die Funktion f mit $f(x) = x^2$ gegeben. Ihr Schaubild K schließt mit der Geraden $y = b$ (für $b > 0$) ein Flächenstück mit parameterabhängigem Inhalt $A(b)$ ein.

(a) Berechnen Sie den Inhalt dieser Fläche exakt.

(b) Für welchen Wert von b gilt: $A(b) = 36$?

293. Das Schaubild der Funktion f mit $f(x) = 2 - 4e^x$ schließt mit der y-Achse sowie den Geraden $y = 2$ und $x = u$ (für $u < 0$) eine Fläche ein.

(a) Berechnen Sie den Inhalt dieser Fläche in Abhängigkeit von u.

(b) Gegen welchen Wert strebt der Flächeninhalt für $u \to -\infty$?

294. Das Schaubild der Funktion f mit $f(x) = e^{1-x} + x$ schließt mit der y-Achse, der 1. Winkelhalbierenden und der Geraden $x = u$ ($u > 0$) eine Fläche ein.

(a) Berechnen Sie den Inhalt dieser Fläche in Abhängigkeit von u.

(b) Gegen welchen Wert strebt der Flächeninhalt für $u \to \infty$?

295. In Abb. 2.24a sind die Schaubilder der Funktionen f und g eingezeichnet. Entscheiden Sie jeweils mit Begründung, ob die folgenden Aussagen wahr oder falsch sind.

(a) $\int_{-1}^{3} f(x) - g(x)\,dx > 4$ (b) $\int_{-2}^{4} g(x) - f(x)\,dx > 0$ (c) $\int_{-1}^{-2} f(x) - g(x)\,dx < 0$

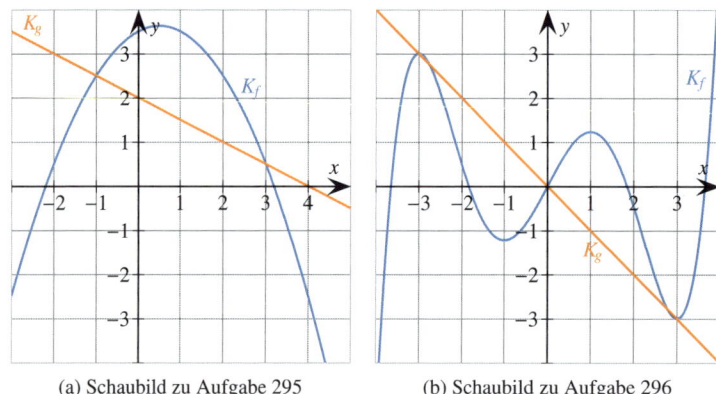

(a) Schaubild zu Aufgabe 295   (b) Schaubild zu Aufgabe 296

Abb. 2.24.: Schaubilder

296. In Abb. 2.24b sind die Schaubilder der Funktionen f und g eingezeichnet. Ordnen Sie die folgenden Werte der Größe nach und begründen Sie Ihre Entscheidung.

$$A = \int_{0}^{3} f(x) - g(x)\,dx \qquad B = \int_{-1}^{2} g(x) - f(x)\,dx \qquad C = \int_{3}^{-2} g(x) - f(x)\,dx$$

297. Berechnen Sie den Gesamtinhalt der in Abb. 2.25 schraffierten Flächen möglichst geschickt.

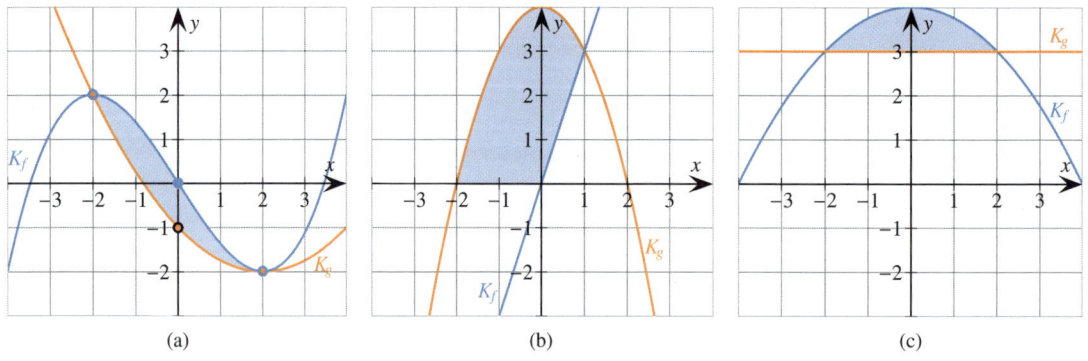

(a)   (b)   (c)

Abb. 2.25.: Schaubilder zu Aufgabe 297

298. Geben Sie ein Beispiel an, in dem gilt: $\int_a^b f(x) - g(x)\,dx = 0$ und $f \neq g$ sowie $a \neq b$.

299. Die Funktion f ist gegeben durch $f(x) = -x^2 + c$, $c \in [-2; 2]$. Ihr Schaubild ist K_f. Wie muss der Wert für c gewählt werden, damit K_f das Quadrat mit den Eckpunkten A($-2 \mid -2$), B($-2 \mid 2$), C($2 \mid 2$) und D($2 \mid -2$) halbiert?

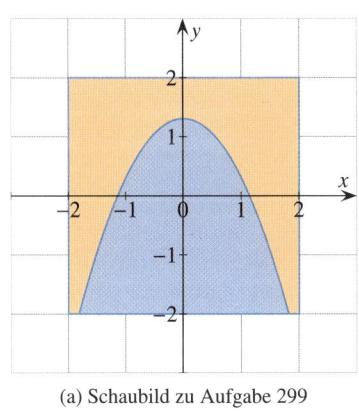

(a) Schaubild zu Aufgabe 299

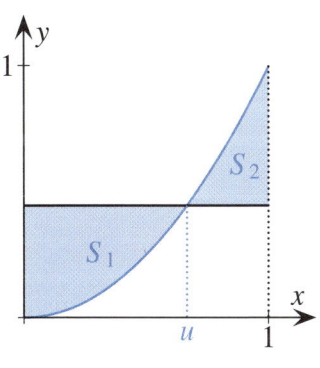

(b) Schaubild zu Aufgabe 301

Abb. 2.26.: Schaubilder

300. Es ist eine Funktion f durch

$$f(t) = 100e^{-0,03t}$$

gegeben. Sie gibt an, wie viele Autos zur Zeit t (in Minuten) an eine Kreuzung fahren. Im Zeitpunkt $t = 0$ stehen noch keine Autos an der Kreuzung. Je nachdem, wie viele Autos ankommen, wird der Verkehr reibungslos abgewickelt, oder es bildet sich ein Rückstau. Pro Minute können 20 Autos die Kreuzung überqueren.

(a) Berechnen Sie, wie viele Autos innerhalb der ersten 45 Minuten an die Kreuzung fahren.

(b) Zu welchem Zeitpunkt ist der Rückstau maximal? Wie viele Autos stehen dann im Stau?

(c) Geben Sie eine geeignete Fragestellung an, die durch die folgende Gleichung beschrieben wird.

$$\int_0^x f(t) - 20\,dt = 0$$

301. Es ist die Funktion f mit $f(x) = x^2$, $x \in [0; 1]$, gegeben. Für welche Werte von $u \in [0; 1]$ ist die Summe der Flächeninhalte von S_1 und S_2 (siehe Abb. 2.26b) minimal bzw. maximal?

2.5. Mittelwert

Mittelwert

Der Mittelwert m einer Funktion $f\colon [a; b] \to \mathbb{R}$ ist gegeben durch:

$$m = \frac{1}{b - a} \int_a^b f(x)\,\mathrm{d}x$$

Beispiel

Berechnen Sie die Durchschnittstemperatur an einem Tag, an dem zwei Messgeräte die folgenden Messwerte liefern.

(a) *Gerät 1 (Drei Messungen):* Um 6 Uhr: 14°C, um 12 Uhr: 21°C, um 18 Uhr: 22°C

(b) *Gerät 2 (Kontinuierliche Messungen):* Die Messwerte können wir durch die Funktion f mit $f(x) = -\frac{1}{12}x^2 + \frac{8}{3}x + 1$, $x \in [6; 18]$ modellieren ($\to$ Abb. 2.27). Dabei gibt x die Uhrzeit (in Stunden) an und $f(x)$ die dort herrschende Temperatur.

Lösung

(a) Wir berechnen das arithmetische Mittel $m = \frac{14 + 21 + 22}{3} = 19$.

(b) Wir berechnen

$$m = \frac{1}{18 - 6} \int_6^{18} -\frac{1}{12}x^2 + \frac{8}{3}x + 1 \,\mathrm{d}x$$

$$= \frac{1}{12}\left[-\frac{1}{36}x^3 + \frac{4}{3}x^2 + x\right]_6^{18} = 20.$$

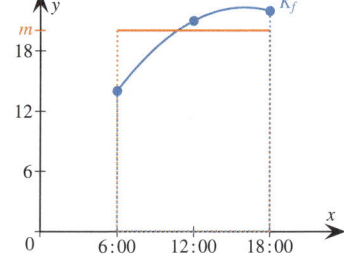

Abb. 2.27.: Temperaturen

Der Mittelwert m entspricht der Höhe eines Rechtecks mit dem gleichen Inhalt wie die Fläche unter K_f ($\to$ Abb. 2.27).

302. Berechnen Sie den Mittelwert der Funktion f im angegebenen Intervall.

(a) $f(x) = \sin x$, $x \in [0; \pi]$

(b) $f(x) = x^2$, $x \in [-2; 2]$

(c) $f(x) = 4x^2 - x^4$, $x \in [-2; 2]$

(d) $f(x) = 3\cos(2x)$, $x \in [-\frac{\pi}{4}; \frac{\pi}{4}]$

303. Die zurückgelegte Wegstrecke s (in km) eines Rennradlers in Abhängigkeit von der Fahrzeit t (in Minuten) ist gegeben durch

$$s(t) = \frac{1}{8\,100}t^3 - \frac{1}{120}t^2 + \frac{1}{2}t, \quad t \in [0; 60].$$

Berechnen Sie die mittlere Geschwindigkeit des Radlers

(a) mit Hilfe Ihrer Physikkenntnisse;

(b) mit Hilfe der Mittelwertformel.

Theorie & Aufgaben

2.6. Rotationskörper

In diesem Abschnitt beschäftigen wir uns mit dreidimensionalen Körpern, die entstehen, wenn wir das Schaubild einer Funktion um die x-Achse rotieren lassen.

Rotation um die x-Achse

Rotiert das Schaubild K_f einer Funktion $f\colon [a;\,b] \to \mathbb{R}$ um die x-Achse, so berechnet sich das Volumen V des dadurch entstehenden *Rotationskörpers* durch:

$$V = \pi \cdot \int_a^b (f(x))^2 \, \mathrm{d}x$$

Diese Formel lässt sich mit einem Trick leichter einprägen. Rotiert das Schaubild von f an der Stelle x um die x-Achse, so ergibt sich eine Kreisscheibe mit Radius $f(x)$. Diese hat den Flächeninhalt $\pi \cdot (f(x))^2$. Darüber wird das Integral gebildet.

> **Beispiel**
>
> Es ist die Funktion f mit $f(x) = x^2$ für $x \in [1;\,3]$ gegeben. Bei Rotation ihres Schaubilds um die x-Achse entsteht ein Rotationskörper ($\to$ Abb. 2.28). Berechnen Sie sein Volumen.

Lösung

Wir berechnen:

$$V = \pi \cdot \int_1^3 (x^2)^2 \, \mathrm{d}x = \pi \cdot \int_1^3 x^4 \, \mathrm{d}x = \pi \cdot \left[\frac{1}{5} x^5 \right]_1^3 = \pi \cdot \left(\frac{243}{5} - \frac{1}{5} \right) = \frac{242}{5} \pi$$

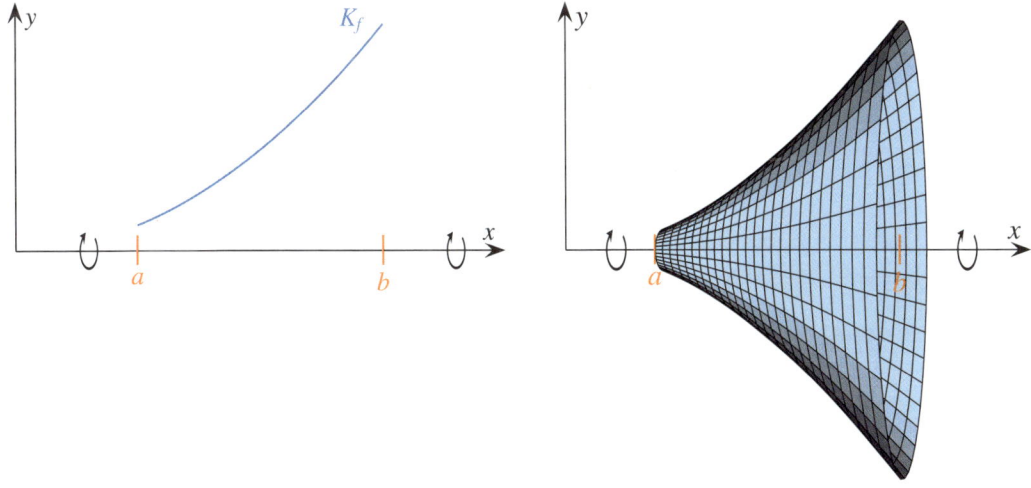

(a) Schaubild von f mit $f(x) = x^2$ (b) Der dazugehörige Rotationskörper

Abb. 2.28.: Entstehung eines Rotationskörpers

304. Das Schaubild der Funktion f rotiert um die x-Achse. Dabei entsteht ein Rotationskörper. Skizzieren Sie ihn und berechnen Sie sein Volumen.

(a) $f(x) = x^2 + 1$, $x \in [-1; 1]$

(c) $f(x) = -\frac{1}{2}x^3 + 3$, $x \in [-1; 2]$

(b) $f(x) = \sqrt{x}$, $x \in [1; 3]$

(d) $f(x) = e^x$, $x \in [-2; 1]$

305. Die Schaubilder der Funktionen f und g begrenzen ein Flächenstück. Dieses rotiert um die x-Achse. Berechnen Sie das Volumen des von ihm erzeugten Rotationskörpers.

(a) $f(x) = 3$, $g(x) = 1$, $x \in [1; 4]$

(d) $f(x) = 2x$, $g(x) = \frac{1}{2}x + 3$, $x \in [0; 2]$

(b) $f(x) = \frac{1}{4}x^2 + 1$, $g(x) = \frac{1}{4}x^2$, $x \in [0; 3]$

(e) $f(x) = \frac{1}{4}x^2$, $g(x) = x$

(c) $f(x) = x + 2$, $g(x) = 1$, $x \in [0; 2]$

(f) $f(x) = 2\sqrt{x}$, $g(x) = x$

306. Die Schaubilder der Funktionen f mit $f(x) = \frac{1}{2}x^2$ und g mit $g(x) = 3 - \frac{1}{2}x$ schließen ein Flächenstück ein. Dieses rotiert um die x-Achse. Berechnen Sie das Volumen des von ihm erzeugten Rotationskörpers.

307. Das Schaubild der Funktion f mit $f(x) = 3e^{-\frac{1}{2}x}$ rotiert um die x-Achse. Dabei entsteht ein Rotationskörper.

(a) Berechnen Sie das Volumen dieses Körpers innerhalb der Grenzen $x = 0$ und $x = u$ $(u > 0)$ in Abhängigkeit von u.

(b) Gegen welchen Wert strebt der Volumeninhalt für $u \to \infty$?

308. Tim sagt: „Die Schaubilder von f und g haben die Schnittstellen a und b $(a < b)$. Um das Volumen des Körpers zu berechnen, der bei Rotation der Schnittfläche beider Funktionen um die x-Achse entsteht, berechne ich zuerst die Differenzfunktion $f - g$ und setze sie dann in die gelernte Formel ein:"

$$V = \pi \cdot \int_a^b (f(x) - g(x))^2 \, dx$$

Hat Tim Recht? Diskutieren Sie.

309. Eine Biogasanlage hat die Form eines Zylinders, dem ein Kugelsegment als Dach aufgesetzt ist ($\to$ Abb. 2.29a). Der Zylinder hat einen Durchmesser von 20 m und eine Höhe von 4 m. Drehen wir die Figur um 90°, so kann das Dach durch das Schaubild der Funktion f mit $f(x) = \sqrt{168 - 13x - x^2}$, $x \in [4; 8]$, modelliert werden ($\to$ Abb. 2.29b). Berechnen Sie das Volumen der Biogasanlage.

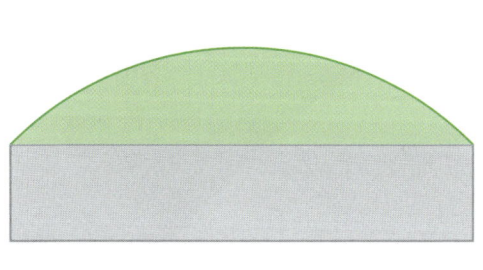

(a) Biogasanlage (Frontansicht)

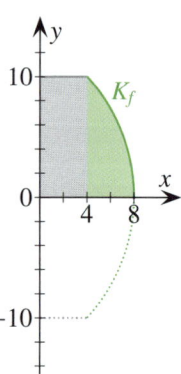

(b) Biogasanlage - mathematisch modelliert

Abb. 2.29.: Schaubilder zu Aufgabe 309

310. In Abb. 2.30 ist das Schaubild einer Funktion f eingezeichnet. Dieses rotiert um die x-Achse. Dabei entsteht ein Ihnen bekannter Rotationskörper. Berechnen Sie sein Volumen.

(a) Zylinder mit Grundflächenradius r und Höhe h: $f(x) = r$, $x \in [0; h]$ ($\to$ Abb. 2.30a)

(b) Kugel mit Radius r: $f(x) = \sqrt{r^2 - x^2}$, $x \in [-r; r]$ ($\to$ Abb. 2.30b)

(c) Kegel mit Grundflächenradius r und Höhe h: $f(x) = \frac{r}{h}x$, $x \in [0; h]$ ($\to$ Abb. 2.30c)

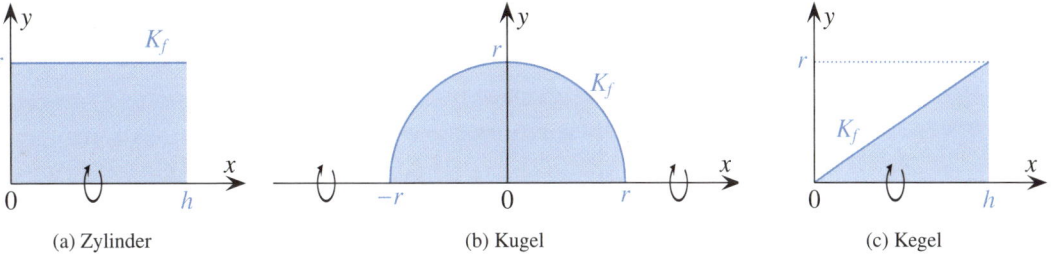

(a) Zylinder   (b) Kugel   (c) Kegel

Abb. 2.30.: Entstehung von bekannten Rotationskörpern

311. Eine Kugel mit Radius $r = 5$ wird von einem Zylinder durchbohrt. Dabei verläuft die Achse des Zylinders durch den Mittelpunkt der Kugel.

(a) Berechnen Sie das verbleibende Volumen der Kugel, wenn die Länge des zylindrischen Loches $h = 8$ beträgt.

(b) Nun verwenden wir eine Kugel mit allgemeinem Radius $r > 4$. Berechnen Sie nun das verbleibende Volumen der Kugel, wenn die Länge des zylindrischen Loches ebenfalls $h = 8$ beträgt, in Abhängigkeit von r. Deuten Sie Ihr Ergebnis.

312. Ein *Torus* ($\to$ Abb. 2.31a) ist ein dreidimensionaler Körper. Er ist definiert durch die Menge aller Punkte, die von einer Kreislinie mit Radius R einen Abstand von $r < R$ haben. Welches Flächenstück muss um die x-Achse rotieren, damit wir einen Torus erhalten? Beschreiben Sie dieses Flächenstück möglichst genau durch entsprechende Funktionen.

313. Berechnen Sie das Volumen eines Rotationskörpers, der entsteht, wenn ein Rechteck mit den Seitenlängen 3 und 4 um eine seiner Diagonalen rotiert ($\to$ Abb. 2.31b).

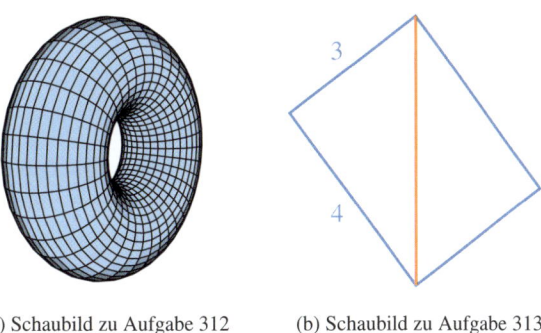

(a) Schaubild zu Aufgabe 312   (b) Schaubild zu Aufgabe 313

Abb. 2.31.: Schaubilder

3. Numerische Verfahren

Es gibt in der Mathematik viele Fragestellungen, bei denen die Lösung unmöglich oder nur schwer per Hand zu berechnen ist. Oftmals reicht es in der Praxis aus, die Lösung nicht exakt zu bestimmen, sondern nur näherungsweise mit ausreichender Genauigkeit. Derartige Probleme lösen wir dann mit Hilfe eines Taschenrechners oder Computers *numerisch*. In diesem Kapitel lernen wir sogenannte *Iterationsverfahren* kennen. Diese zeichnen sich dadurch aus, dass durch mehrfache Wiederholung der gleichen Rechenmethoden mit jedem Schritt die Näherungslösung verbessert wird. Wir werden lernen, mit Hilfe solcher Verfahren

- Funktionen zu bestimmen, die möglichst genau zu gegebenen Daten passen (→ Abschnitt 3.1);

- Nullstellen komplizierter Funktionen zu berechnen (→ Abschnitt 3.2);

- die Fläche unter einer Kurve näherungsweise zu bestimmen (→ Abschnitt 3.3).

3.1. Regression

Eine häufige Fragestellung in der Mathematik ist die Suche nach einer Funktion, die am besten zu gegebenen Daten passt (→ Aufgabe 206). Bei der sogenannten *Regression* wählen wir zuerst einen bestimmten Funktionstyp (z.B. ganzrationale Funktion 2. Grades, Exponentialfunktion) und bestimmen die Koeffizienten so, dass das Schaubild bestmöglich zu den gegebenen Daten passt. Dabei lassen wir bewusst zu, dass das Schaubild möglicherweise nicht exakt durch alle Punkte verläuft.

Beispiel

Die Lebenserwartung ist in den vergangenen Jahrzehnten enorm gestiegen. In der Tabelle ist das jeweils beobachtete Jahr x, sowie die Lebenserwartung y in Deutschland in Jahren angegeben.

Jahr x	1871	1910	1932	1960	1980	2000	2009
Lebenserwartung y	37	49	62	69	74	78	80

Geben Sie diejenige lineare Funktion an, welche die Lebenserwartung bestmöglich modelliert.

Lösung

Wir erhalten $f(x) = 0{,}3148x - 550{,}23$. In Abb. 3.1 geben die blauen Datenpunkte die durchschnittliche Lebenserwartung in Deutschland im entsprechenden Geburtsjahr an. Die blaue Gerade (*Regressionsgerade*) verläuft bestmöglich zwischen diesen Punkten. Die senkrechten Abstände der Funktion zur Geraden sind ebenfalls eingezeichnet. Nun können wir auch eine Prognose für die Lebenserwartung im Jahr 2030 abgeben: $f(2030) \approx 88{,}8$.

Bestmöglich bedeutet, dass die Summe der senkrechten quadratischen Abstände von den gegebenen Punkten zum Schaubild der Funktion minimal ist. Die Methode zur Bestimmung der Koeffizienten geht auf Carl Friedrich Gauß zurück und wird auch *Kleinste-Quadrate-Methode* genannt.

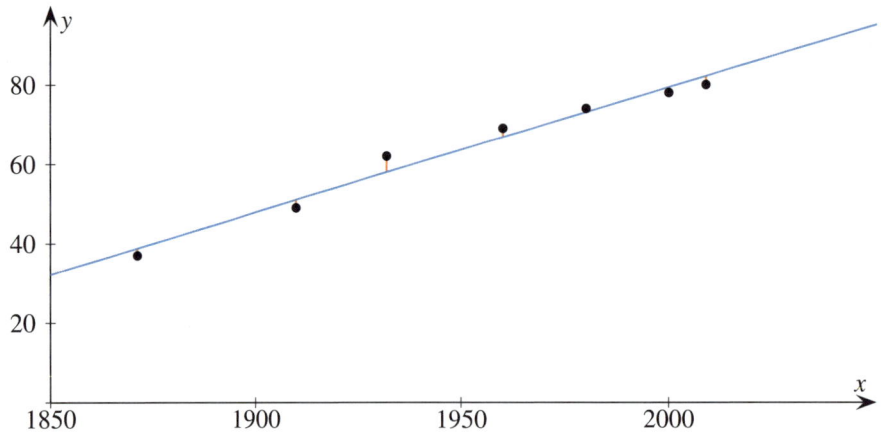

Abb. 3.1.: Lebenserwartung in Deutschland

Allgemeine Fragestellung

Gegeben: n Datenpunkte $(x_i \mid y_i)$, $i = 1, \ldots, n$;
Funktion f von bestimmtem Funktionstyp

Gesucht: Koeffizienten der Funktion f

Das Ergebnis, welches wir durch Regression erhalten, ist diejenige Funktion f des gegebenen Funktionstyps, für die der Wert

$$(y_1 - f(x_1))^2 + \ldots + (y_n - f(x_n))^2 \, ,$$

also die Summe der Quadrate der senkrechten Abstände minimal ist. Hier nimmt uns ein Taschenrechner die Rechenarbeit ab.

In der untenstehenden Tabelle sind die gebräuchlichsten Funktionstypen aufgeführt. Je nach Funktionstyp müssen unterschiedlich viele Koeffizienten bestimmt werden. Ist die Anzahl der gegebenen Datensätze gleich der Anzahl der minimal benötigten, so liegt die gefundene Kurve exakt auf den Datensätzen.

Art der Regression	Funktionstyp	Mindestanzahl Punkte
lineare Regression	$f(x) = ax + b$	2
quadratische Regression	$f(x) = ax^2 + bx + c$	3
kubische Regression	$f(x) = ax^3 + bx^2 + cx + d$	4
exponentielle Regression	$f(x) = ae^{bx}$	2
Sinus-Regression	$f(x) = a\sin(bx + c) + d$	4
logistische Regression	$f(x) = \frac{c}{1 + ae^{-bx}}$	3
allgemeine Regression	f mit Parametern $a_1, \ldots, a_n$	n

Doch woran erkennen wir rechnerisch, ob wir uns für das richtige Modell entschieden haben? Das *Bestimmtheitsmaß* r^2 gibt an, wie gut der gewählte Funktionstyp zu den gegebenen Daten passt. Das Bestimmtheitsmaß kann Werte zwischen 0 und 1 annehmen. Je größer der Wert von r^2 ist, desto geeigneter ist das Modell ($\rightarrow$ Abb. 3.2). Ist $r^2 = 1$, so gilt exakte Übereinstimmung mit den Daten. In der Regel sollte r^2 mindestens einen Wert von 0,7 annehmen. Im ausgewählten Beispiel beträgt das Bestimmtheitsmaß $r^2 = 0,98$.

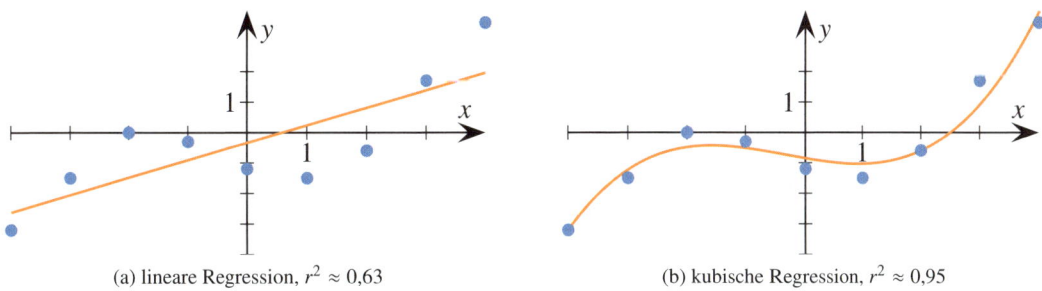

(a) lineare Regression, $r^2 \approx 0{,}63$ (b) kubische Regression, $r^2 \approx 0{,}95$

Abb. 3.2.: Bestimmtheitsmaß

314. Nach einer Klassenarbeit in Deutsch verglichen die Schüler ihren Aufwand mit dem erzielten Ergebnis.

Aufwand (in Std)	6	12	24	8	10	16	15	4
Notenpunkte	5	8	14	6	12	9	11	6

(a) Passen Sie mit Hilfe von linearer Regression eine Gerade an die Daten an.

(b) Wie groß ist das Bestimmtheitsmaß?

(c) Welche Punktzahl hätte ein Schüler vermutlich mit einem Aufwand von 20 Stunden erreicht?

315. In den Jahren 2004 – 2013 vollzog die Apple-Aktie eine rasante Kursentwicklung.

Jahr	2004	2005	2006	2007	2008	2009	2010	2011	2012	2013
Kurs (in €)	8,35	23,80	60,30	64,40	135,80	62,20	147,80	244,30	312,50	406,20

(a) Passen Sie mit Hilfe von exponentieller Regression eine Kurve an die Daten an.

(b) Wie groß ist das Bestimmtheitsmaß?

(c) Welchen Aktienkurs vermuten Sie im Jahr 2018?

316. Zur Preisbestimmung eines neuen Burgers führte eine Fastfoodkette eine kleine Marktanalyse durch. An neun aufeinander folgenden Tagen wurde jeweils ein anderer Preis festgelegt und die Nachfrage an gekauften Burgern notiert. Aus den Ergebnissen ergab sich die folgende Tabelle.

Preis (in €)	1,00	1,50	2,00	2,50	3,00	3,50	4,00	4,50	5,00
Nachfrage (in ME)	755	748	624	498	395	259	193	106	11

(a) Bestimmen Sie durch lineare Regression den Term der Nachfragefunktion N.

(b) Die Erlösfunktion E ergibt sich durch das Produkt aus Preis und Nachfragefunktion. Wie lautet der entsprechende Funktionsterm?

(c) Bestimmen Sie den Preis des Burgers, damit der Umsatz maximal wird.

(d) Die Herstellung eines Burgers kostet 1,46 €. Geben Sie die Gewinnfunktion an.

(e) Bestimmen Sie den Preis des Burgers, damit der Gewinn maximal wird.

(f) Welcher Preis liegt höher? Derjenige, welcher den Umsatz oder den Gewinn maximiert? Begründen Sie Ihre Vermutung.

317. In untenstehender Tabelle sind die historischen Preise einer Feinunze Gold gegeben. Welcher Funktionstyp passt am besten zu den gegebenen Daten: eine Gerade, eine Parabel oder eine Exponentialfunktion? Begründen Sie mathematisch.

Jahr	1980	1990	2000	2008	2011
Goldpreis in US-Dollar	400	400	300	900	1 400

318. Es ist die Zahlenfolge 1, 2, 4, 8, 15, 26, ... gegeben. Finden Sie mit Hilfe von Regression eine allgemeine Formel für das n-te Element der Zahlenfolge. Wie lauten dann die nächsten drei Glieder?

319. Der römische Architekt Vitruvius stellte im 1. Jhd. v. Chr. die Theorie des wohlgeformten Menschen auf, zu welcher Leonardo da Vinci eine berühmte Darstellung anfertigte. Diese findet sich z.B. auf der italienischen 1-Euro-Münze. Vitruvius behauptete, dass bei einem Menschen die Körperlänge einer Person das 24-fache der Handbreite beträgt. Prüfen Sie anhand einer Untersuchung mit mindestens vier Personen, ob Vitruvius Recht hat.

320. Zu einem gegebenen Datensatz führen wir jeweils eine Regression durch. Als Funktionstypen werden ganzrationale Funktionen ersten, zweiten, dritten Grades usw. gewählt. Welche Aussage lässt sich dann für das Bestimmtheitsmaß r^2 mit steigendem Grad n machen? Begründen Sie Ihre Antwort.

321. Warum minimiert man bei der Regression die senkrechten quadratischen Abstände zwischen den gegebenen Punkten und dem Schaubild der Funktion? Man könnte doch auch

(a) die senkrechten Abstände   (b) die horizontalen quadratischen Abstände

verwenden. Diskutieren Sie! Dabei können Sie auch auf Aufgabe 206 zurückgreifen.

322. Berechnen Sie mit Hilfe des Einführungsbeispiels die durchschnittliche Lebenserwartung im Jahr 1800 sowie die erwartete durchschnittliche Lebenserwartung im Jahr 2100 und diskutieren Sie die Vor- und Nachteile von Regression.

323. Bearbeiten Sie Aufgabe 315 rechnerisch und visuell mit Hilfe einer Kalkulationssoftware.

3.2. Newton-Verfahren[*]

Mit dem *Newton-Verfahren* können wir Nullstellen von Funktionen näherungsweise berechnen, wenn unsere analytischen Hilfsmittel versagen. Schon im alten Babylonien nutzte man eine spezielle Form dieses Verfahrens (*Heron-Verfahren*), um Wurzeln näherungsweise zu berechnen.

Berechnen Sie die positive Nullstelle der Funktion f mit $f(x) = x^2 - 7$ mit Hilfe des Newton-Verfahrens.

Lösung

allgemeine Vorgehensweise	Beispielrechnung
Es ist eine Funktion $f(x)$ mit Schaubild K gegeben.	$f(x) = x^2 - 7$
1. Berechne die 1. Ableitung $f'(x)$	**1.** $f'(x) = 2x$
2. Wähle einen Startwert x_0 „nahe" bei der vermuteten Nullstelle	**2.** $x_0 = 1$
3. Berechne den entsprechenden y-Wert $\rightarrow$ P$(x_0 \mid y_0)$	**3.** P$(1 \mid -6)$
4. Bestimme die Tangente t an K durch den Punkt P: $t(x) = f(x_0) + f'(x_0)(x - x_0)$	**4.** $t(x) = -6 + 2(x - 1) = 2x - 8$
5. Bestimme die Nullstelle von t und nenne sie x_1	**5.** $2x - 8 = 0 \Leftrightarrow x_1 = 4$
6. Erhöhe den Index bei x um 1 und führe die Schritte 3 - 5 durch, bis die gewünschte Genauigkeit erreicht ist.	**6.** $x_2 = 2,875$, $x_3 \approx 2,654$, ...

Die drei Abbildungen 3.3 – 3.4 illustrieren die oben beschriebene Vorgehensweise anschaulich für die Näherungslösungen x_1, x_2 und x_3.

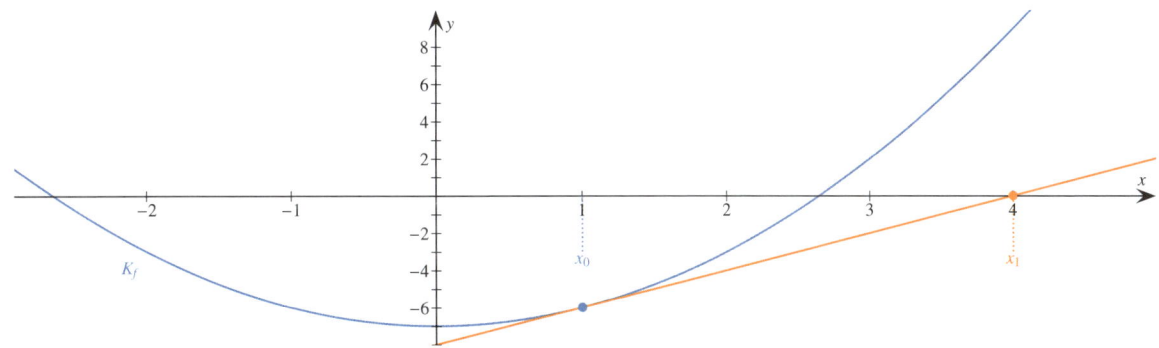

Abb. 3.3.: Newton-Verfahren: 1. Näherungslösung

Diese allgemeine Vorgehensweise lässt sich zu der folgenden Formel zusammenfassen.

Newton-Verfahren

Wählen wir einen Startwert x_0 und berechnen die Zahlenwerte x_1, x_2, ... mit Hilfe der folgenden Formeln

$$x_1 = x_0 - \frac{f(x_0)}{f'(x_0)}, \quad x_2 = x_1 - \frac{f(x_1)}{f'(x_1)}, \ldots, x_{n+1} = x_n - \frac{f(x_n)}{f'(x_n)},$$

bis die gewünschte Genauigkeit erreicht ist, so erhalten wir (unter gewissen Voraussetzungen) näherungsweise eine Nullstelle der Funktion f.

Theorie & Aufgaben

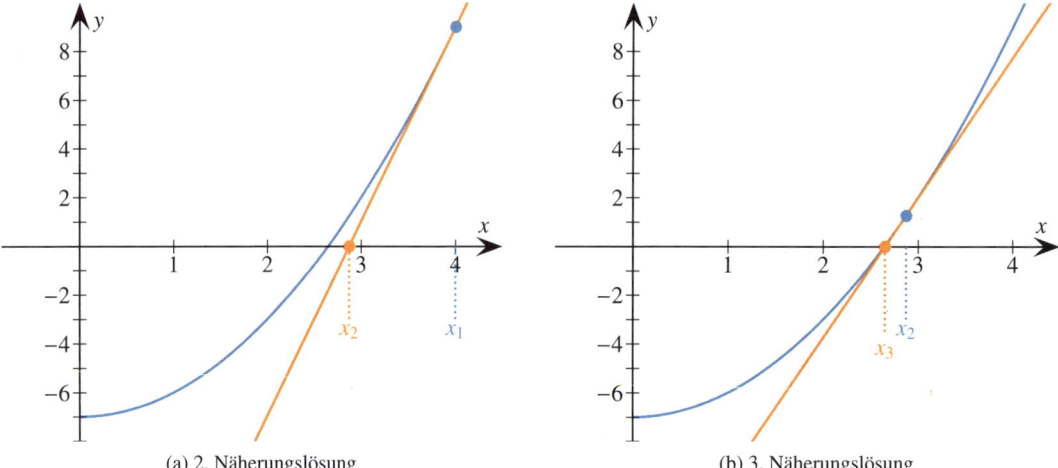

(a) 2. Näherungslösung   (b) 3. Näherungslösung

Abb. 3.4.: Newton-Verfahren

324. Jede dieser Funktionen hat genau eine einfache Nullstelle. Finden Sie diese mit dem Newton-Verfahren.

(a) $f(x) = x^3 + 6x + 2$, $x_0 = 1$ (b) $f(x) = e^x - x^2$, $x_0 = 0$ (c) $f(x) = \cos x - x$, $x_0 = -0{,}5$

325. Berechnen Sie eine Näherung für die Quadratwurzel von 2 mit Hilfe des Newton-Verfahrens für die Funktion f mit $f(x) = x^2 - 2$ (*Heron-Verfahren*).

326. Lösen Sie die Gleichung mit dem Newton-Verfahren auf drei Nachkommastellen genau. Brechen Sie ab, wenn sich die dritte Nachkommastelle nicht mehr ändert.

(a) $x^3 + x^2 - 1 = 0$ (b) $x^4 - 4x - 2 = 0$ (c) $e^x + \frac{1}{2}x = 0$

327. Führen Sie das Newton-Verfahren mit der gegebenen Funktion und dem entsprechenden Startwert durch. Interpretieren Sie Ihr Ergebnis anschaulich.

(a) $f(x) = \frac{1}{8}x^3 - x + 2$, $x_0 = 2$ (b) $f(x) = \frac{1}{2}x^3 - \frac{5}{4}x^2 + 3$, $x_0 = 2$

328. Zeigen Sie am Beispiel der Nullstelle der Funktion f mit $f(x) = x^3 + 6x + 2$ und dem Startwert $x_0 = 1$, dass sich beim Newton-Verfahren mit geeignetem Startwert bei jedem Iterationsschritt die Anzahl der richtigen Nachkommastellen etwa um den Faktor 2 erhöht. (exakte Lösung: $x^* = \sqrt[3]{2} - \sqrt[3]{4}$)

3.3. Numerische Integration*

Es gibt Funktionen, für die sich keine explizite Stammfunktion angeben lässt. Bei der Berechnung der Fläche unter dem Schaubild lässt sich daher nur auf komplizierte Rechentricks oder auf Näherungsverfahren zurückgreifen. Wir stellen letztere nun vor.

Beispiel

Berechnen Sie den Inhalt A derjenigen Fläche, die das Schaubild der Funktion f mit $f(x) = e^{-x^2}$ innerhalb des Intervalls $x \in [-2; 2]$ mit der x-Achse einschließt.

Mit Hilfe eines Rechentricks ließe sich berechnen, dass der Flächeninhalt ungefähr mit der Zahl $\sqrt{\pi}$ übereinstimmt. Kennen wir diesen nicht, so haben wir dennoch die Chance, die Lösung zumindest näherungsweise zu bestimmen. Bei den folgenden Verfahren teilen wir die gesuchte Fläche in mehrere Teilflächen gleicher Breite auf. Die x-Werte, an denen sich die Teilflächen berühren, heißen *Stützstellen*. Im Beispiel wählen wir die Werte $-2, -1, 0, 1, 2$. Um die Genauigkeit zu erhöhen, verwenden wir einfach eine größere Anzahl an Stützstellen ($\rightarrow$ Abb. 3.6). Die gebildeten Teilflächen lassen sich nun mit den unten vorgestellten Regeln berechnen. Wir vergleichen drei Verfahren (Abb. 3.5a - 3.5c).

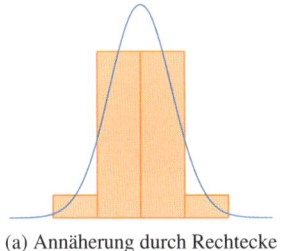 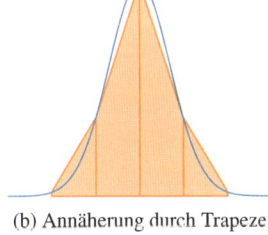 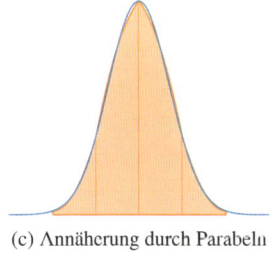

(a) Annäherung durch Rechtecke   (b) Annäherung durch Trapeze   (c) Annäherung durch Parabeln

Abb. 3.5.: Drei Verfahren zur numerischen Integration

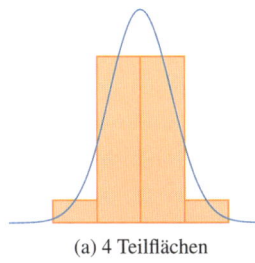 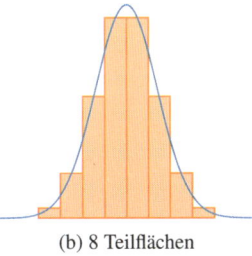 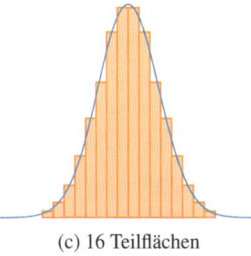

(a) 4 Teilflächen   (b) 8 Teilflächen   (c) 16 Teilflächen

Abb. 3.6.: Verbesserung der Genauigkeit durch Verdopplung der Stützstellen

Rechteckregel

Bei der Rechteckregel bilden wir kleine Rechtecke um die einzelnen Teilflächen. Die Höhe eines Rechtecks ist durch den Funktionswert in der Mitte des Intervalls festgelegt.

Rechteckregel

Das bestimmte Integral $\int_L^R f(x)\,\mathrm{d}x$ einer Funktion in dem Intervall $[L; R]$ lässt sich näherungsweise angeben durch:

$$A^*_{\text{Rechteckregel}} = f\left(\frac{L+R}{2}\right) \cdot (R - L)$$

Lösung

Für die Beispielaufgabe ($\to$ Abb. 3.7) erhalten wir:

$$A^*_{\text{Rechteckregel}} = (f(-1{,}5) + f(-0{,}5) + f(0{,}5) + f(1{,}5)) \cdot 1 = 1{,}7684$$

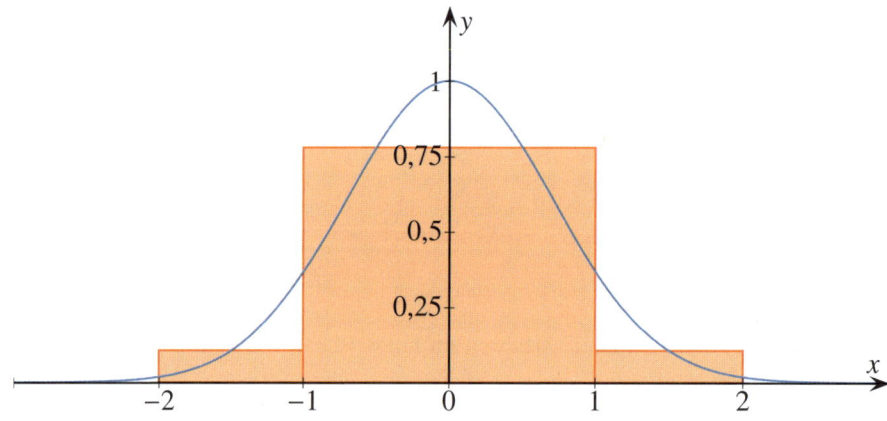

Abb. 3.7.: Visualisierung der Rechteckregel

329. ▦ Berechnen Sie die bestimmten Integrale mit Hilfe der Rechteckregel und den angegebenen Stützstellen. Berechnen Sie anschließend den relativen Fehler Ihrer Näherung im Vergleich zum exakten Ergebnis.

(a) $\int_0^4 e^{-x}\,\mathrm{d}x$, Stützstellen 0, 1, 2, 3, 4

(b) $\int_0^\pi \sin x\,\mathrm{d}x$, Stützstellen $0, \frac{\pi}{4}, \frac{\pi}{2}, \frac{3\pi}{4}, \pi$

Trapezregel

Bei der Trapezregel bilden wir kleine Trapeze um die einzelnen Teilflächen. Die oberen Eckpunkte sind dabei durch die Funktionswerte an den linken und rechten Grenzen des Intervalls festgelegt.

Trapezregel

Das bestimmte Integral $\int_L^R f(x)\,dx$ einer Funktion in dem Intervall $[L; R]$ lässt sich näherungsweise angeben durch:

$$A^*_{\text{Trapezregel}} = \frac{f(L) + f(R)}{2} \cdot (R - L)$$

Lösung

Für die Beispielaufgabe ($\rightarrow$ Abb. 3.8) erhalten wir:

$$A^*_{\text{Trapezregel}} = \frac{f(-2) + 2f(-1) + 2f(0) + 2f(1) + f(2)}{2} \cdot 1 = 1{,}7540$$

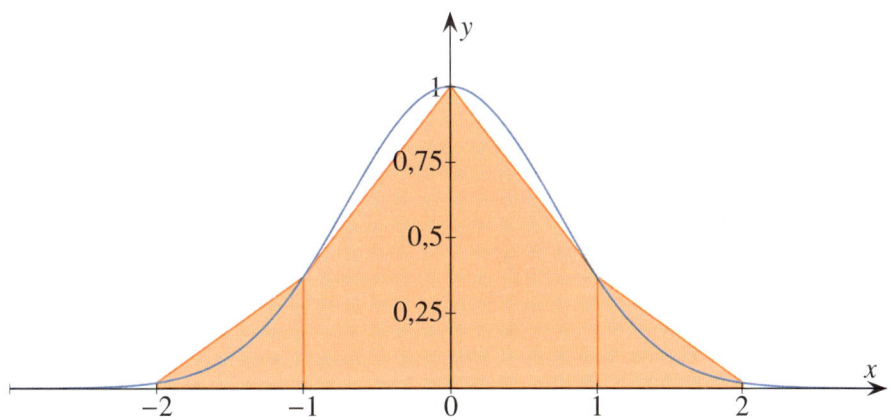

Abb. 3.8.: Visualisierung der Trapezregel

330. Berechnen Sie die bestimmten Integrale mit Hilfe der Trapezregel und den angegebenen Stützstellen. Berechnen Sie anschließend den relativen Fehler Ihrer Näherung im Vergleich zum exakten Ergebnis.

(a) $\int_0^4 e^{-x}\,dx$, Stützstellen $0, 1, 2, 3, 4$

(b) $\int_0^\pi \sin x\,dx$, Stützstellen $0, \frac{\pi}{4}, \frac{\pi}{2}, \frac{3\pi}{4}, \pi$

Theorie & Aufgaben

Simpsonregel

Bei der Simpsonregel nähern wir die Funktion in den Teilstücken durch Parabeln an. Die Punkte, welche die Parabel definieren, sind durch die Funktionswerte an der linken und rechten Grenze des Intervalls sowie den Funktionswert in der Mitte des Intervalls festgelegt.

Simpsonregel

Das bestimmte Integral $\int_L^R f(x)\,\mathrm{d}x$ einer Funktion in dem Intervall $[L; R]$ lässt sich näherungsweise angeben durch:

$$A^*_{\text{Simpsonregel}} = \frac{1}{6}(R-L)\left(f(L) + 4f\left(\frac{L+R}{2}\right) + f(R)\right)$$

Lösung

Für die Beispielaufgabe ($\rightarrow$ Abb. 3.9) erhalten wir:

$$A^*_{\text{Simpsonregel}} = \frac{1}{6}\left(f(-2) + 4f(-1{,}5) + f(-1)\right) + \frac{1}{6}\left(f(-1) + 4f(-0{,}5) + f(0)\right)$$

$$+ \frac{1}{6}\left(f(0) + 4f(0{,}5) + f(1)\right) + \frac{1}{6}\left(f(1) + 4f(1{,}5) + f(2)\right) = 1{,}7636$$

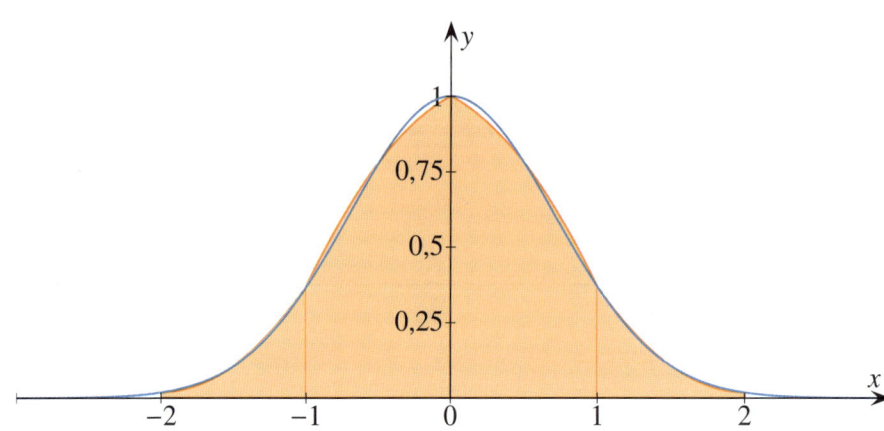

Abb. 3.9.: Visualisierung der Simpsonregel

331. Berechnen Sie die bestimmten Integrale mit Hilfe der Simpsonregel und den angegebenen Stützstellen. Berechnen Sie anschließend den relativen Fehler Ihrer Näherung im Vergleich zum exakten Ergebnis.

(a) $\int_0^4 \mathrm{e}^{-x}\,\mathrm{d}x$, Stützstellen $0, 1, 2, 3, 4$ (b) $\int_0^\pi \sin x\,\mathrm{d}x$, Stützstellen $0, \frac{\pi}{4}, \frac{\pi}{2}, \frac{3\pi}{4}, \pi$

332. Vergleichen Sie die Rechteckregel, Trapezregel und Simpsonregel hinsichtlich ihrer Genauigkeit und dem Rechenaufwand.

Teil II.
Lösungen

Differentialrechnung

Grundlegende Gleichungstypen

1. Zunächst wird die allgemeine Lösungsmethode beschrieben, anschließend der konkrete Lösungsweg für die Aufgabe.

(a) *lineare Gleichung*: Die Gleichung nacheinander so umstellen, dass die Unbekannte x alleine steht.

$$4 - \frac{x}{2} = 1 \qquad | -4$$
$$-\frac{x}{2} = -3 \qquad | \cdot (-2)$$
$$x = 6$$

(b) *quadratische Gleichung mit Wurzelziehen*: Die Gleichung nacheinander so umstellen, dass der Term x^2 alleine steht. Dann Wurzel ziehen.

$$3x^2 - 16 = 32 \qquad | +16$$
$$3x^2 = 48 \qquad |: 3$$
$$x^2 = 16 \qquad | \sqrt{}$$

Die Lösungen lauten $x_1 = -4$ bzw. $x_2 = 4$.

(c) *quadratische Gleichung mit Ausklammern*: Alles auf eine Seite bringen. Dann x ausklammern.

$$3x^2 = -x \qquad | + x$$
$$3x^2 + x = 0 \qquad | x \text{ ausklammern}$$
$$x(3x + 1) = 0 \qquad | \text{ Satz vom Nullprodukt}$$

Wir erhalten $x_1 = 0$ bzw. $x_2 = -\frac{1}{3}$.

(d) *quadratische Gleichung mit Mitternachtsformel*: Alles auf eine Seite bringen. Dann Mitternachtsformel anwenden. Die Lösungen einer Gleichung $ax^2 + bx + c = 0$ (sofern sie existieren) lauten

$$x_{1/2} = \frac{-b \pm \sqrt{b^2 - 4ac}}{2a}.$$

$$2x^2 - x = 10 \qquad | -10$$
$$2x^2 - x - 10 = 0 \qquad | \text{ Mitternachtsformel}$$

Wir erhalten

$$x_{1/2} = \frac{1 \pm \sqrt{(-1)^2 - 4 \cdot 2 \cdot (-10)}}{2 \cdot 2} = \frac{1 \pm \sqrt{81}}{4} = \frac{1 \pm 9}{4}$$

und somit $x_1 = -2$ bzw. $x_2 = \frac{5}{2}$.

(e) *Gleichung in Abhängigkeit eines Parameters*: Rechnen, als ob der Parameter eine Zahl wäre. Weiterhin wird die Lösung für x gesucht.

$$x^2 = 2ax \qquad | -2ax$$
$$x^2 - 2ax = 0 \qquad | \ x \ \text{ausklammern}$$
$$x(x - 2a) = 0 \qquad | \ \text{Satz vom Nullprodukt}$$

Wir erhalten $x_1 = 0$ bzw. $x_2 = 2a$.

(f) *nur Anzahl der Lösungen in Abhängigkeit des Parameters bestimmen*: Wovon ist die Anzahl der Lösungen für x abhängig? Hier: vom Wert des Terms unter der Wurzel. Für quadratische Gleichungen gilt: Ist $\Delta = b^2 - 4ac > 0$, dann gibt es zwei Lösungen. Ist $\Delta = 0$, dann gibt es genau eine Lösung. Ist $\Delta < 0$, dann gibt es keine Lösung.

$$x^2 + a = 2x \qquad | -2x$$
$$x^2 - 2x + a = 0 \qquad | \ \text{Mitternachtsformel}$$
$$\Delta = (-2)^2 - 4 \cdot 1 \cdot a$$
$$= 4 - 4a$$

Wir erhalten also genau eine Lösung für $\Delta = 0$ bzw. $a = 1$, zwei Lösungen für $\Delta > 0$ bzw. $a < 1$ und keine Lösung für $\Delta < 0$ bzw. $a > 1$.

(g) *Wurzelgleichung*: Jede Seite der Gleichung quadrieren.

$$\sqrt{3x + 1} = x - 1 \qquad | \ ()^2$$
$$3x + 1 = x^2 - 2x + 1 \qquad | -3x - 1$$
$$0 = x^2 - 5x \qquad | \ x \ \text{ausklammern}$$
$$0 = x(x - 5) \qquad | \ \text{Satz vom Nullprodukt}$$

Wir erhalten $x_1 = 0$ bzw. $x_2 = 5$.

(h) *Bruchgleichung*: Jede Seite der Gleichung mit dem Hauptnenner des Bruches multiplizieren.

$$x = \frac{3}{x+2} \qquad | \cdot (x + 2)$$
$$x^2 + 2x = 3 \qquad | -3$$
$$x^2 + 2x - 3 = 0 \qquad | \ \text{Mitternachtsformel}$$

Wir erhalten

$$x_{1/2} = \frac{-2 \pm \sqrt{2^2 - 4 \cdot 1 \cdot (-3)}}{2 \cdot 1} = \frac{-2 \pm \sqrt{16}}{2} = \frac{-2 \pm 4}{2}$$

und somit $x_1 = -3$ bzw. $x_2 = 1$.

(i) *höhere Gleichung mit Wurzelziehen*: Die Gleichung nacheinander so umstellen, dass die Potenz alleine steht. Dann Wurzel ziehen.

$$
\begin{aligned}
1 - \tfrac{1}{4}x^3 &= 3 && \mid -1 \\
-\tfrac{1}{4}x^3 &= 2 && \mid \cdot(-4) \\
x^3 &= -8 && \mid \sqrt[3]{} \\
x &= -2
\end{aligned}
$$

(j) *höhere Gleichung mit Ausklammern I*: Alles auf eine Seite bringen. Dann die niedrigste Potenz ausklammern.

$$
\begin{aligned}
x^3 + 4x^2 &= 5x && \mid -5x \\
x^3 + 4x^2 - 5x &= 0 && \mid x \text{ ausklammern} \\
x(x^2 + 4x - 5) &= 0 && \mid \text{Satz vom Nullprodukt}
\end{aligned}
$$

Wir erhalten $x_1 = 0$ und mit der Mitternachtsformel $x_2 = -5$ bzw. $x_3 = 1$.

(k) *höhere Gleichung mit Ausklammern II*: Alles auf eine Seite bringen. Dann die niedrigste Potenz ausklammern.

$$
\begin{aligned}
4x^2 &= x^4 && \mid -4x^2 \\
0 &= x^4 - 4x^2 && \mid x^2 \text{ ausklammern} \\
0 &= x^2(x^2 - 4) && \mid \text{Satz vom Nullprodukt}
\end{aligned}
$$

Wir erhalten $x_1 = 0$ und mit Hilfe von Wurzelziehen die Lösungen $x_2 = -2$ bzw. $x_3 = 2$.

(l) *biquadratische Gleichung mit Substitution*: Substituieren Sie $u = x^2$. Dann ist $x^4 = u^2$.

$$
\begin{aligned}
x^4 - 3x^2 - 4 &= 0 && \mid \text{Subst: } u = x^2 \\
u^2 - 3u - 4 &= 0 && \mid \text{Mitternachtsformel}
\end{aligned}
$$

Wir erhalten

$$
u_{1/2} = \frac{3 \pm \sqrt{(-3)^2 - 4 \cdot 1 \cdot (-4)}}{2 \cdot 1} = \frac{3 \pm \sqrt{25}}{2} = \frac{3 \pm 5}{2}
$$

und somit $u_1 = -1$ bzw. $u_2 = 4$. Nun führen wir die Rücksubstitution durch.

$$
\begin{aligned}
u_1 = -1 &\Rightarrow x^2 = -1 \Rightarrow \text{keine Lösungen} \\
u_2 = 4 &\Rightarrow x^2 = 4 \Rightarrow x_1 = -2 \text{ bzw. } x_2 = 2
\end{aligned}
$$

(m) *Exponentialgleichung*: Beide Seiten der Gleichung logarithmieren.

$$
\begin{aligned}
e^{1-x} &= 8 && \mid \ln() \\
1 - x &= \ln 8 && \mid +x - \ln 8 \\
1 - \ln 8 &= x
\end{aligned}
$$

Lösungen

(n) *gemischte Gleichung I*: So viel wie möglich ausklammern. Dabei müssen die Potenzgesetze beachtet werden.

$$x^2 e^x + 4x e^x = 0 \qquad | \; x e^x \text{ ausklammern}$$

$$x e^x (x + 4) = 0 \qquad | \text{ Satz vom Nullprodukt}$$

Wir erhalten $x_1 = 0$ bzw. $x_2 = -4$. Anmerkung: e^x wird nie Null!

(o) *gemischte Gleichung II*: Einen e-Term ausklammern.

$$e^{-x} - 3e^{-2x} = 0 \qquad | \; e^{-x} \text{ ausklammern}$$

$$e^{-x}(1 - 3e^{-x}) = 0 \qquad | \text{ Satz vom Nullprodukt}$$

Da der Ausdruck e^{-x} alleine nie Null werden kann, lösen wir

$$1 - 3e^{-x} = 0 \qquad | +3e^{-x}$$

$$1 = 3e^{-x} \qquad | : 3$$

$$\tfrac{1}{3} = e^{-x} \qquad | \ln()$$

$$-\ln 3 = \ln \tfrac{1}{3} = -x \qquad | \cdot (-1)$$

$$\ln 3 = x$$

(p) *gemischte Gleichung III*: Substituiere $e^x = u$. Dann ist $e^{2x} = u^2$

$$e^{2x} - 4e^x + 4 = 0 \qquad | \text{ Subst: } u = e^x$$

$$u^2 - 4u + 4 = 0 \qquad | \text{ Mitternachtsformel}$$

Wir erhalten

$$u_{1/2} = \frac{4 \pm \sqrt{(-4)^2 - 4 \cdot 1 \cdot 4}}{2 \cdot 1} = \frac{4 \pm 0}{2}$$

und somit $u = 2$. Nun führen wir die Rücksubstition durch.

$$u = 2 \Rightarrow e^x = 2 \Rightarrow x = \ln 2$$

(q) *trigonometrische Gleichung I*: $\sin^{-1}$ anwenden.

$$\sin x = \tfrac{1}{2} \qquad | \sin^{-1}$$

Wir erhalten $x_1 = \tfrac{1}{6}\pi$. Die zweite Lösung berechnen wir durch die Formel $x_2 = \pi - x_1$, also $x_2 = \pi - \tfrac{1}{6}\pi = \tfrac{5}{6}\pi$. Weitere Lösungen (außerhalb des Intervalls) würden wir durch Addition bzw. Subtraktion von ganzen Vielfachen des Terms 2π (Periodenlänge von f mit $f(x) = \sin x$) zu den Lösungen erhalten.

trigonometrische Gleichung II: $\cos^{-1}$ anwenden.

$$\cos x = -\tfrac{1}{2} \qquad |\ \cos^{-1}$$

Wir erhalten $x_1 = \tfrac{4}{3}\pi$. Die zweite Lösung berechnen wir durch die Formel $x_2 = 2\pi - x_1$, also $x_2 = 2\pi - \tfrac{4}{3}\pi = \tfrac{2}{3}\pi$. Weitere Lösungen (außerhalb des Intervalls) würden wir durch Addition bzw. Subtraktion von ganzen Vielfachen des Terms 2π (Periodenlänge von f mit $f(x) = \cos x$) zu den Lösungen erhalten.

(s) *trigonometrische Gleichung III*: Substituieren des inneren Terms und $\sin^{-1}$ anwenden.

$$\sin(\tfrac{1}{2}x - 1) = \sqrt{\tfrac{1}{2}} \qquad |\ \text{Subst: } u = \tfrac{1}{2}x - 1$$
$$\sin u = \sqrt{\tfrac{1}{2}} \qquad |\ \sin^{-1}$$

Wir erhalten $u_1 = \tfrac{1}{6}\pi$ bzw. $u_2 = \pi - \tfrac{1}{6}\pi = \tfrac{5}{6}\pi$. (Bei der Kosinusfunktion müssten wir die erste Lösung von 2π abziehen, um die zweite Lösung zu erhalten.) Nun führen wir die Rücksubstitution durch.

$$u_1 = \frac{1}{6}\pi \Rightarrow \frac{1}{2}x - 1 = \frac{1}{6}\pi \Rightarrow x_1 = \frac{1}{3}\pi + 2$$
$$u_2 = \frac{5}{6}\pi \Rightarrow \frac{1}{2}x - 1 = \frac{5}{6}\pi \Rightarrow x_2 = \frac{5}{3}\pi + 2$$

Weitere Lösungen würden wir durch Addition bzw. Subtraktion von ganzen Vielfachen des Terms 4π (Periodenlänge von f mit $f(x) = \sin(\tfrac{1}{2}x - 1)$) zu den Lösungen erhalten.

(t) *LGS mit Gleichsetzungsverfahren*: Beide Gleichungen nach einer Variablen (z.B. y) auflösen. Diese dann gleichsetzen.

$$\begin{array}{rrrcl}
3x & - & 5 & = & -y \\
2x & + & y & = & 2
\end{array} \Rightarrow
\begin{array}{rrrcl}
-3x & + & 5 & = & y \\
& & y & = & -2x + 2
\end{array}$$

Dann setzen wir beide gleich.

$$-3x + 5 = -2x + 2 \qquad |+3x - 2$$
$$3 = x$$

Schließlich setzen wir den gefundenen Wert in eine der oberen Gleichungen (z.B. die zweite) ein.

$$y = -2 \cdot 3 + 2 = -4.$$

Wir erhalten das Lösungspaar $x = 3$, $y = -4$.

(u) *LGS mit Einsetzungsverfahren*: Eine Gleichung (z.B. die erste) nach einer Variablen (z.B. x) auflösen und in die zweite Gleichung einsetzen.

$$\begin{aligned} x + 3y &= 1 \\ 7y &= 4 - 2x \end{aligned} \quad \Rightarrow \quad \begin{aligned} x &= 1 - 3y \\ 7y &= 4 - 2x \end{aligned}$$

Dann setzen wir den Term für x in die andere Gleichung (hier: die zweite) ein und lösen nach der übrigen Variablen (hier: y) auf.

$$\begin{aligned} 7y &= 4 - 2(1 - 3y) \\ 7y &= 4 - 2 + 6y \qquad | -6y \\ y &= 2 \end{aligned}$$

Schließlich setzen wir den gefundenen Wert in eine der oberen Gleichungen ein.

$$x = 1 - 3 \cdot 2 = -5.$$

Wir erhalten das Lösungspaar $x = -5$, $y = 2$.

(v) *LGS mit Additionsverfahren*: Eine Gleichung (z.B. die zweite) zunächst mit einer Zahl multiplizieren, damit die Vorfaktoren einer Variablen (z.B. von x) gleich sind. Dann ziehen wir die einzelnen Gleichungen voneinander ab.

$$\begin{aligned} 2x + 3y &= 7 \\ x + y &= 1 \end{aligned} \quad \Rightarrow \quad \begin{aligned} 2x + 3y &= 7 \\ 2x + 2y &= 2 \end{aligned}$$

Wir ziehen die zweite Zeile von der ersten ab: $y = 5$. Dann setzen wir den gefundenen Wert in eine der oberen Gleichungen ein.

$$x + 5 = 1 \quad \Rightarrow \quad x = -4.$$

Wir erhalten das Lösungspaar $x = -4$, $y = 5$.

2. Wir können Ungleichungen durch Direktes Rechnen oder durch eine Grenzfallbetrachtung lösen.

(a) *lineare Ungleichung*: Direktes Rechnen

$$\begin{aligned} 5 - \tfrac{1}{2}x &\leq 2 \qquad | -2 + \tfrac{1}{2}x \\ 3 &\leq \tfrac{1}{2}x \qquad | \cdot 2 \\ 6 &\leq x \end{aligned}$$

Wir erhalten $x \in [6; \infty)$.

(b) *quadratische Ungleichung*: Grenzfallbetrachtung

$$\begin{aligned} x^2 + 3x &= 4 \qquad | -4 \\ x^2 + 3x - 4 &= 0 \qquad | \text{ Mitternachtsformel} \end{aligned}$$

Dies gilt für $x = -4$ bzw. $x = 1$. Nun betrachten wir wieder die Ungleichung, und zwar auch für die Zwischenräume.

	$x \in (-\infty;\, -4)$	$x = -4$	$x \in (-4;\, 1)$	$x = 1$	$x \in (1;\, \infty)$
$x^2 + 3x < 4$?	nein	nein	ja	nein	nein

Wir erhalten $x \in (-4;\, 1)$.

(c)

$$x \leq x^3 \qquad | -x^3$$
$$x - x^3 = 0 \qquad | \ x \text{ ausklammern}$$
$$x(1 - x^2) = 0$$

Dies gilt für $x = -1$, $x = 0$ bzw. $x = 1$. Nun betrachten wir wieder die Ungleichung, und zwar auch für die Zwischenräume.

	$x \in (-\infty;\, -1)$	$x = -1$	$x \in (-1;\, 0)$	$x = 0$	$x \in (0;\, 1)$	$x = 1$	$x \in (1;\, \infty)$
$x \leq x^3$?	nein	ja	ja	ja	nein	ja	ja

Wir erhalten $x \in [-1;\, 0]$ und $x \in [1;\, \infty)$.

(d)

$$e^{1-x} > 4 \qquad | \ln()$$
$$1 - x > \ln 4 \qquad | +x - \ln 4$$
$$1 - \ln 4 > x$$

Wir erhalten $x \in (-\infty;\, 1 - \ln 4)$.

(e)

$$\sin x = \tfrac{1}{2} \qquad | \sin^{-1}$$

Dies gilt für $x = \tfrac{1}{6}\pi$ bzw. $x = \tfrac{5}{6}\pi$. Nun betrachten wir wieder die Ungleichung, und zwar auch für die Zwischenräume.

	$x \in [0;\, \tfrac{1}{6}\pi)$	$x = \tfrac{1}{6}\pi$	$x \in (\tfrac{1}{6}\pi;\, \tfrac{5}{6}\pi)$	$x = \tfrac{5}{6}\pi$	$x \in (\tfrac{5}{6}\pi;\, 2\pi]$
$\sin x \geq \tfrac{1}{2}$?	nein	ja	ja	ja	nein

Wir erhalten $x \in [\tfrac{1}{6}\pi;\, \tfrac{5}{6}\pi]$.

Ableitungsfunktion

Graphisches Ableiten

3. Schaubild B ist richtig. Denn f' muss die Nullstellen 0 und 2 haben, da K_f dort waagrechte Tangenten hat. An der Stelle $x = 1$ muss f' einen positiven y-Wert haben.

4. Schaubild C ist richtig. Denn f' muss die Nullstellen -2, 0 und 2 haben, da K_f dort waagrechte Tangenten hat. Im Bereich $x \in (-2;\, 2)$ muss f' negative y-Werte haben.

5. (b) ist die Ableitung von (e), da das Schaubild in (e) an den Stellen $x = -3$ und $x = 1$ waagrechte Tangenten hat und das Schaubild in (b) dort Nullstellen. Das Schaubild in (e) fällt am stärksten in $x = -1$. Dort hat das Schaubild in (b) den tiefsten y-Wert; (c) ist die Ableitung von (d), da das Schaubild in (d) an den Stellen $x = -1$ und $x = 3$ waagrechte Tangenten hat und das Schaubild in (c) dort Nullstellen; (f) ist die Ableitung von (a), da das Schaubild in (a) an den Stellen $x = -3$ und $x = 1$ waagrechte Tangenten hat und das Schaubild in (f) dort Nullstellen. Das Schaubild in (a) fällt am stärksten in $x = 0$. Dort hat das Schaubild in (f) den tiefsten y-Wert.

6. $f'(-1) = 1$, $f'(\sqrt{2}) = 0$, $f'(2) = 4$

7. Zu Beginn ($t = 0$) wird der Wasserhahn weit geöffnet. Bis zum Zeitpunkt $t = 8$, als 100 Liter Wasser in der Badewanne sind, wird er immer weiter zugedreht. Es fließt also immer weniger Wasser in die Badewanne. In $t = 8$ wird der Wasserhahn geschlossen. Es fließt kein Wasser mehr in die Badewanne. Von $t = 8$ bis $t = 12$ wird der Abfluss immer weiter geöffnet, es fließt also immer mehr Wasser ab. Von $t = 12$ bis $t = 16$ wird der Abfluss wieder immer mehr geschlossen, bis der Füllstand der Wanne knapp 80 Liter beträgt. In $t = 16$ wird der Abfluss geschlossen, es fließt also kein weiteres Wasser mehr ab. Anschließend wird der Wasserhahn immer weiter geöffnet, bis zum Zeitpunkt $t = 24$ die Badewanne mit 200 Litern Wasser gefüllt ist.

8. Die Schaubilder der jeweiligen Ableitungsfunktion sind in Abb. 3.10 skizziert.

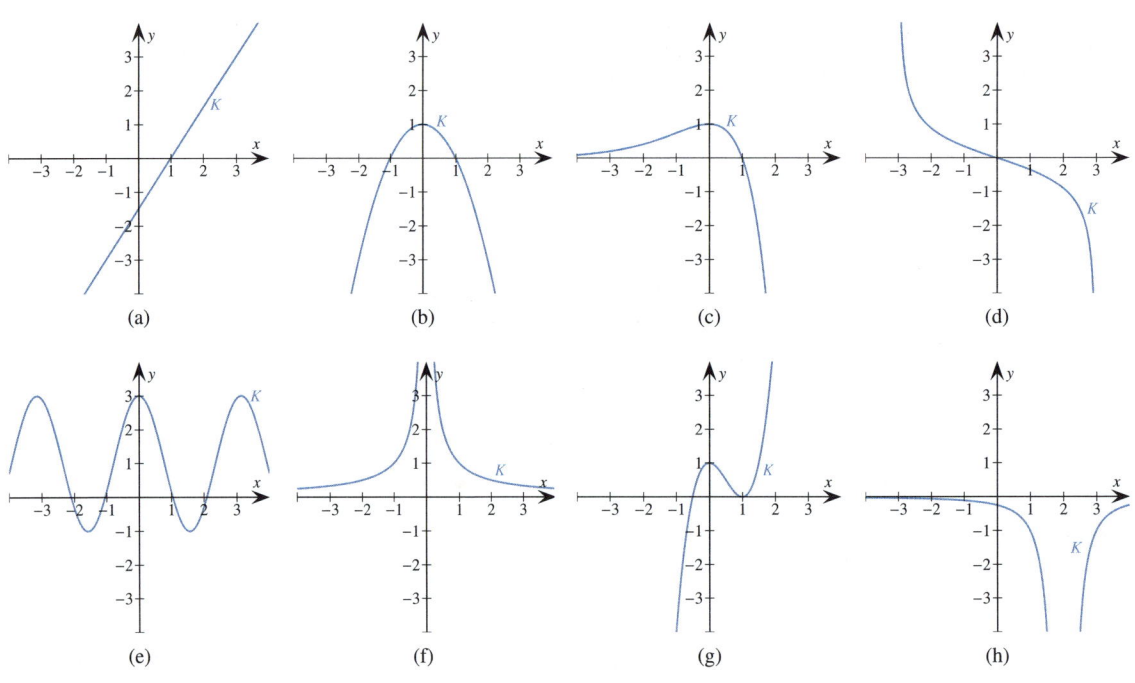

Abb. 3.10.: Lösungsskizzen zu Aufgabe 8

Ableitung der Grundfunktionen

9. (a) $f'(x) = 6x^2 - 10x$ (c) $f'(x) = \frac{1}{2}x^4 + 2x^2 - 3$ (e) $f'(x) = -x^{-2} - \frac{1}{4}x^{-\frac{5}{4}}$

(b) $f'(x) = 2{,}4x^3 - 120$ (d) $f'(x) = \frac{1}{2}x^{-\frac{1}{2}} - \frac{1}{3}x^{-\frac{2}{3}}$ (f) $f'(x) = 6x^{\frac{1}{2}} - 4x^{-\frac{1}{3}}$

In den letzten drei Teilaufgaben schreiben wir alle Terme zunächst in der Form $x^{\cdots}$.

(g) $f(x) = 5x^{\frac{1}{2}}$, $f'(x) = \frac{5}{2}x^{-\frac{1}{2}} + \frac{3}{2}x^{-\frac{3}{4}}$

(h) $f(x) = \frac{1}{6}x^6 - 2x^{-1}$, $f'(x) = x^5 + 2x^{-2}$

(i) $f(x) = x^{-\frac{1}{4}} - 3$, $f'(x) = -\frac{1}{4}x^{-\frac{5}{4}}$

10. (a) $f'(t) = 2e^t - \cos t$ (d) $f'(x) = -2\cos x - \frac{1}{3}\sin x$ (g) $f'(t) = -\sqrt{2}(e^t + 3t^2)$

(b) $f'(x) = 4\cos x + 3\sin x$ (e) $f'(t) = \sqrt{10} - 3{,}5\cos t$ (h) $f'(x) = -\frac{1}{3}\sin x - \frac{2}{5}e^x$

(c) $f'(x) = -5\sin x - 3e^x$ (f) $f'(x) = 2e^x - \frac{2}{7}x^{-3}$ (i) $f'(t) = 0{,}02e^t + 0{,}9t^5$

11. (a) $f(x) = 6x^2 - 19x + 15$, $f'(x) = 12x - 19$

(b) $f(x) = 9x^4 - 24x^2 + 16$, $f'(x) = 36x^3 - 48x$

(c) $f(x) = 3 - \frac{1}{x}$, $f'(x) = \frac{1}{x^2}$

12. (a) $f'(x) = 3ax^2 + 2bx + c$ (c) $f'(x) = ae^x$ (e) $V'(t) = x^{-\frac{1}{4}} - xe^t$

(b) $f'(x) = a\cos x - b\sin x$ (d) $f'(x) = 2ax^{2a-1} - ax^{-a-1}$ (f) $A'(u) = 3au^2 - 3a^2$

13. (a) Die Konstante 3 fällt weg. Richtig: $f'(x) = 2x$.

(b) Die Hochzahl muss um 1 reduziert werden. Richtig: $f'(x) = -2x^{-3}$.

(c) Es muss vorher ausmultipliziert werden, damit die gelernten Regeln angewendet werden können. Richtig: $f'(x) = 9x^2 + 6x$.

(d) Die Konstante b fällt beim Ableiten weg. Richtig: $f'(x) = 2ax$

14. (a) $f'(x) = 6x^2 - 12x$, $f'(2) = 0$

(b) $f'(x) = 3e^x + 1$, $f'(0) = 4$

(c) $f'(x) = \cos x + 2x$, $f'(\frac{\pi}{2}) = \pi$

15. $f'(x) = \frac{1}{2}x + 1$. $f'(x) = -1 \Leftrightarrow x = -4$. $f(-4) = 0$. P($-4 \mid 0$).

16. Es ist festzustellen, dass die Werte umso genauer werden, je näher die x-Werte an $x = 0$ liegen.

	x	−0,8	−0,6	−0,4	−0,2	0	0,2	0,4	0,6	0,8
(a)	$f(x)$	0,4493	0,5488	0,6703	0,8187	1	1,2214	1,4918	1,8221	2,2255
	$t(x)$	0,2	0,4	0,6	0,8	1	1,2	1,4	1,6	1,8
	absoluter Fehler	0,2493	0,1488	0,0703	0,0187	0	0,0214	0,0918	0,2221	0,4255
	relativer Fehler	55,48%	27,12%	10,49%	2,29%	0%	1,75%	6,16%	12,19%	19,12%

	x	$-0,8$	$-0,6$	$-0,4$	$-0,2$	0	$0,2$	$0,4$	$0,6$	$0,8$
	$f(x)$	$-0,7174$	$-0,5646$	$-0,3894$	$-0,1987$	0	$0,1987$	$0,3894$	$0,5646$	$0,7174$
(b)	$t(x)$	$-0,8$	$-0,6$	$-0,4$	$-0,2$	0	$0,2$	$0,4$	$0,6$	$0,8$
	absoluter Fehler	$0,0826$	$0,0354$	$0,0106$	$0,0013$	0	$0,0013$	$0,0106$	$0,0354$	$0,0826$
	relativer Fehler	$11,52\%$	$6,26\%$	$2,72\%$	$0,67\%$	0%	$0,67\%$	$2,72\%$	$6,26\%$	$11,52\%$

17. (a) Die Abweichungen zu den gegebenen Daten sind sehr gering. Wir berechnen $s(12\,000) = 644$, $s(24\,000) = 4\,076$, $s(36\,000) = 7\,796$, $s(48\,000) = 11\,804$. Lediglich für die Jahreseinkommen von $24\,000\,€$ und $36\,000\,€$ liegt die Steuerlast ca. $300€$ höher, für das Jahreseinkommen von $48\,000$ ca. $200€$ niedriger.

(b) $s(x) \geq 0$ für $x \geq 8\,629\,€$

(c) $s(80\,000) = 23\,900\,€$. Prozentsatz: $\frac{23\,900}{80\,000} = 0,2988 \Rightarrow 29,88\,\%$

(d) $s'(x) = 2 \cdot 10^{-6} \cdot x + \frac{1}{4}$. $s'(80\,000) = 0,41 \Rightarrow 41\,\%$.

(e) Die Grenzsteuerfunktion s' ist eine steigende Gerade. Daher würde der Grenzsteuersatz für hohe Einkommen ins Unendliche steigen. Dieser Grenzsteuersatz müsste nach oben begrenzt sein, z.B. auf $45\,\%$. Dann wäre die Einkommensteuerfunktion in diesem Bereich keine Parabel, sondern eine Gerade.

18. Die einfachste Funktion ist $f(x) = 0$. Um eine zweite Funktion zu finden, setzen wir zunächst $f(x) = ax^n$. Dann gilt $f'(x) = anx^{n-1}$ und somit $(f'(x))^2 = a^2n^2x^{2n-2}$. Da $f(x) = (f'(x))^2$, muss für die Hochzahlen gelten: $n = 2n - 2 \Rightarrow n = 2$. Außerdem gilt für die Koeffizienten: $a = 4a^2 \Rightarrow a = \frac{1}{4}$. Eine mögliche Funktion ist also $f(x) = \frac{1}{4}x^2$.

19. (a) $f'(x) = \lim_{h\to 0} \frac{f(x+h)-f(x)}{h} = \lim_{h\to 0} \frac{3(x+h)-3x}{h} = \lim_{h\to 0} \frac{3h}{h} = 3$.

(b) $f'(x) = \lim_{h\to 0} \frac{(x+h)^2-x^2}{h} = \lim_{h\to 0} \frac{2hx+h^2}{h} = 2x$.

(c) $f'(x) = \lim_{h\to 0} \frac{(x+h)^2+3(x+h)-x^2-3x}{h} = \lim_{h\to 0} \frac{2xh+h^2+3h}{h} = 2x + 3$.

(d) $f'(x) = \lim_{h\to 0} \frac{\frac{1}{x+h}-\frac{1}{x}}{h} = \lim_{h\to 0} -\frac{1}{x(x+h)} = -\frac{1}{x^2}$ durch Bildung des Hauptnenners $x(x+h)$ im Zähler des Bruches.

(e) $f'(x) = \lim_{h\to 0} \frac{\sqrt{x+h}-\sqrt{x}}{h} = \lim_{h\to 0} \frac{1}{\sqrt{x+h}+\sqrt{x}} = \frac{1}{2\sqrt{x}}$ durch Erweitern des Bruches mit dem Term $\sqrt{x+h}+\sqrt{x}$ und anschließendes Kürzen.

(f) $f'(x) = \lim_{h\to 0} \frac{\frac{1}{(x+h)^2}-\frac{1}{x^2}}{h} = \lim_{h\to 0} \frac{-2x-h}{x^2(x+h)^2} = -\frac{2}{x^3}$ durch Bildung des Hauptnenners $x^2(x+h)^2$ im Zähler des Bruches.

(g) $f'(x) = \lim_{h\to 0} \frac{\sin(x+h)-\sin x}{h} = \lim_{h\to 0} \frac{2\cos(x+\frac{h}{2})\sin\frac{h}{2}}{h} = \lim_{h\to 0} \cos(x+\frac{h}{2}) \cdot \frac{\sin\frac{h}{2}}{\frac{h}{2}} = \cos x$.

(h) $f'(x) = \lim_{h\to 0} \frac{e^{x+h}-e^x}{h} = \lim_{h\to 0} \frac{e^x(e^h-1)}{h} = e^x$.

Kettenregel

20. (a) *1. Variante*: $f(x) = 9x^2 + 42x + 49$, $f'(x) = 18x + 42$.

2. Variante: $f(x) = 2(3x + 7) \cdot (3x + 7)' = 6(3x + 7) = 18x + 42$.

(b) *1. Variante*: $f(x) = 16x^2 - 8x + 1$, $f'(x) = 32x - 8$.

2. Variante: $f'(x) = \frac{1}{4} \cdot 2(8x - 2) \cdot (8x - 2)' = 4(8x - 2) = 32x - 8$.

21. (a) $g(f(x)) = \sqrt{x^2 + 2}$ (c) $f(h(x)) = (\cos x)^2$ (e) $g(h(x)) = \sqrt{\cos x + 2}$

    (b) $f(g(x)) = (\sqrt{x + 2})^2 = x + 2$ (d) $h(f(x)) = \cos(x^2)$ (f) $h(g(x)) = \cos(\sqrt{x + 2})$

22. $f(x) = g(h(x))$ mit

    (a) $g(x) = e^x,\ h(x) = 2x + 3$ (c) $g(x) = x^4,\ h(x) = 3x - 1$

    (b) $g(x) = \sqrt{x},\ h(x) = 4 - x^2$ (d) $g(x) = \sin x,\ h(x) = x^3$

23. (a) nein   (d) nein   (g) ja   (j) ja

    (b) nein   (e) ja   (h) nein   (k) ja

    (c) ja   (f) nein   (i) ja   (l) ja

24. (a) -4 (b) $\cos(x^2)$ (c) $3x^2$ (d) $3(\cos x)^2$

25. (a) $f'(x) = e^{2x} \cdot (2x)' + e^{-2x} \cdot (-2x)' = 2e^{2x} - 2e^{-2x}$

    (b) $f'(x) = \frac{1}{5}e^{5x} \cdot (5x)' - \frac{1}{3}e^{-2x} \cdot (-2x)' = e^{5x} + \frac{2}{3}e^{-2x}$

    (c) $f'(t) = e^{6t^4 - 3t + 2} \cdot (6t^4 - 3t + 2)' = (24t^3 - 3)e^{6t^4 - 3t + 2}$

    (d) $f'(x) = 0{,}25e^{-x^2} \cdot (-x^2)' = -0{,}5xe^{-x^2}$

    (e) $g'(t) = 2e^{4-t} \cdot (4 - t)' = -2e^{4-t}$

    (f) $A'(u) = \pi e^{2u} \cdot (2u)' = 2\pi e^{2u}$

26. (a) $f'(x) = \cos(x^2 - 3x + 1) \cdot (x^2 - 3x + 1)' = (2x - 3)\cos(x^2 - 3x + 1)$

    (b) $f'(x) = -\frac{1}{3}\sin(x^3 - \frac{3}{2}x) \cdot (x^3 - \frac{3}{2}x)' = (-x^2 + \frac{1}{2})\sin(x^3 - \frac{3}{2}x)$

    (c) $f'(t) = \sin(t\sqrt{3}) \cdot (t\sqrt{3})' + 4t = \sqrt{3} \cdot \sin(t\sqrt{3}) + 4t$

    (d) $f'(x) = e^{\frac{1}{x}} \cdot (\frac{1}{x})' = -\frac{1}{x^2}e^{\frac{1}{x}}$

    (e) $f'(t) = -\frac{6}{t^2} + e^{0{,}5t^2 + 1} \cdot (0{,}5t^2 + 1)' = -\frac{6}{t^2} + te^{0{,}5t^2 + 1}$

    (f) $f'(x) = \cos(0{,}2\pi x + \sqrt{5}) \cdot (0{,}2\pi x + 0{,}5)' = 0{,}2\pi \cos(0{,}2\pi x + \sqrt{5})$

27. (a) $f'(x) = 7(1 - x)^6 \cdot (1 - x)' = -7(1 - x)^6$

    (b) $f'(x) = 2\sin x \cdot (\sin x)' = 2\sin x \cos x$

    (c) $f'(x) = 5(\frac{1}{3} + e^x)^4 \cdot (\frac{1}{3} + e^x)' = 5e^x(\frac{1}{3} + e^x)^4$

    (d) $f'(x) = \frac{1}{2}(x - 1)^{-\frac{1}{2}} \cdot (x - 1)' = \frac{1}{2}(x - 1)^{-\frac{1}{2}}$

    (e) $f'(x) = 2(-\sqrt{2}\cos x + 3) \cdot (-\sqrt{2}\cos x + 3)' = 2\sqrt{2}\sin x(-\sqrt{2}\cos x + 3)$

    (f) $f'(t) = 3(-e^x + \cos x)^2 \cdot (-e^x + \cos x)' = -3(e^x + \sin x)(\cos x - e^x)^2$

28. (a) $f'(x) = a\mathrm{e}^{bx+c} \cdot (bx+c)' = ab\mathrm{e}^{bx+c}$

(b) $f'(x) = -0{,}7\sin(tx) \cdot (tx)' - 0{,}7 = -0{,}7t\sin(tx) - 0{,}7$

(c) $f'(x) = a\cos(bx+c) \cdot (bx+c)' = ab\cos(bx+c)$

(d) $f'(x) = 2(9-tx) \cdot (9-tx)' = -2t(9-tx)$

(e) $f'(t) = \frac{1}{2}(at-4)^{-\frac{1}{2}} \cdot (at-4)' = \frac{1}{2}a(at-4)^{-\frac{1}{2}}$

(f) $f'(x) = 4(\sin x + t)^3 \cdot (\sin x + t)' = 4\cos x(\sin x + t)^3$

29. (a) Die innere Funktion $h(x) = x^2$ wurde nicht nachdifferenziert. Richtig: $f'(x) = 2x\mathrm{e}^{x^2}$.

(b) Die äußere Funktion $g(x) = \sin x$ wurde nicht abgeleitet. Richtig: $f'(x) = 2\cos(2x)$.

30. Nur (c).

31. Tim hat Recht. Hier wird die Kettenregel angewendet: $g(x) = \sin(x)$, $h(x) = 3x$, $h'(x) = 3$. Also gilt: $f'(x) = \cos(3x) \cdot h'(x)$. Die Ableitung müssen wir immer dann nachträglich nur mit einem Faktor multiplizieren, wenn in der Hochzahl bzw. in dem inneren Term die Funktionsgleichung einer Geraden steht (z.B. $3x$, $4x - 1$, $-\frac{1}{2}x + 5$). Dies ist in der Regel bei Funktionen wie $\sin(\ldots)$, $\cos(\ldots)$ und $\mathrm{e}^{\ldots}$ der Fall.

32. Zweimalige Anwendung der Kettenregel.

(a) $f'(x) = 2\sin(3x) \cdot (\sin(3x))' = 2\sin(3x)\cos(3x) \cdot (3x)' = 6\sin(3x)\cos(3x)$

(b) $f'(x) = 3(1+\mathrm{e}^{-x})^2 \cdot (1+\mathrm{e}^{-x})' = 3(1+\mathrm{e}^{-x})^2 \cdot \mathrm{e}^{-x} \cdot (-x)' = -3\mathrm{e}^{-x}(1+\mathrm{e}^{-x})^2$

(c) $f'(t) = \frac{1}{2}(\cos(2\pi t))^{-\frac{1}{2}} \cdot (\cos(2\pi t))' = \frac{1}{2}(\cos(2\pi t))^{-\frac{1}{2}} \cdot (-\sin(2\pi t)) \cdot (2\pi t)' = -\pi\sin(2\pi t)(\cos(2\pi t))^{-\frac{1}{2}}$

(d) $f'(x) = \cos(\sqrt{x}) \cdot (\sqrt{x})' = \cos(\sqrt{x}) \cdot \frac{1}{2}x^{-\frac{1}{2}}$

(e) $f'(x) = \frac{1}{2}(\sin(2x))^{-\frac{1}{2}} \cdot (\sin(2x))' = \frac{1}{2}(\sin(2x))^{-\frac{1}{2}} \cdot \cos(2x) \cdot (2x)' = (\sin(2x))^{-\frac{1}{2}} \cdot \cos(2x)$

(f) $f'(x) = \frac{1}{2}(x+2\sqrt{x})^{-\frac{1}{2}} \cdot (x+2\sqrt{x})' = \frac{1}{2}(x+2\sqrt{x})^{-\frac{1}{2}} \cdot (1+2\cdot\frac{1}{2}x^{-\frac{1}{2}}) = \frac{1}{2}(1+x^{-\frac{1}{2}})(x+2\sqrt{x})^{-\frac{1}{2}}$

33. Es gilt

$$f'(x) = (g(h(x)))' = \lim_{h\to 0}\frac{h(v(x+k)) - g(h(x))}{k} = \lim_{k\to 0}\frac{g(h(x+k)) - g(h(x))}{h(x+k) - h(x)} \cdot \frac{h(x+k) - h(x)}{k}$$

$$= \lim_{k\to 0}\frac{g(h(x+k)) - g(h(x))}{h(x+k) - h(x)} \cdot \lim_{k\to 0}\frac{h(x+k) - h(x)}{k} = g'(h(x)) \cdot h'(x).$$

Produktregel

34. (a) *1. Variante:* $f(x) = x^2 + 5x + 6$, $f'(x) = 2x + 5$.

2. Variante: $f'(x) = (x+2)' \cdot (x+3) + (x+2) \cdot (x+3)' = x+3+x+2 = 2x+5$.

(b) *1. Variante:* $f(x) = x^3 - 6x^2 - \frac{1}{2}x + 3$, $f'(x) = 3x^2 - 12x - \frac{1}{2}$.

2. Variante: $f'(x) = (6-x)' \cdot (\frac{1}{2} - x^2) + (6-x) \cdot (\frac{1}{2} - x^2)' = -(\frac{1}{2} - x^2) + (6-x) \cdot (-2x) = 3x^2 - 12x - \frac{1}{2}$.

(c) *1. Variante:* $f(t) = -8t^4 + 4t^3 + 6t - 3$, $f'(t) = -32t^3 + 12t^2 + 6$.

2. Variante: $f'(t) = (2t-1)' \cdot (3-4t^3) + (2t-1) \cdot (3-4t^3)' = 2(3-4t^3) + (2t-1) \cdot (-12t^2) = -32t^3 + 12t^2 + 6$.

(d) *1. Variante*: $A(u) = -2u^4 - u^2 + 3$, $A'(u) = -8u^3 - 2u$.

    2. Variante: $A'(u) = (2u^2 + 3)' \cdot (1 - u^2) + (2u^2 + 3) \cdot (1 - u^2)' = 4u(1 - u^2) + (2u^2 + 3) \cdot (-2u) = -8u^3 - 2u$.

(e) *1. Variante*: $V(t) = -t + \sqrt{t} + 2$, $V'(t) = -1 + \frac{1}{2}t^{-\frac{1}{2}}$.

    2. Variante: $V'(t) = (\sqrt{t}+1)' \cdot (2 - \sqrt{t}) + (\sqrt{t}+1) \cdot (2 - \sqrt{t})' = \frac{1}{2}t^{-\frac{1}{2}} \cdot (2 - \sqrt{t}) + (\sqrt{t}+1) \cdot (-\frac{1}{2}t^{-\frac{1}{2}}) = -1 + \frac{1}{2}t^{-\frac{1}{2}}$.

(f) *1. Variante*: $g(a) = 2a - \frac{1}{2} - \frac{1}{4a}$, $g'(a) = 2 + \frac{1}{4a^2}$.

    2. Variante: $g'(a) = (\frac{1}{4} + a)' \cdot (2 - \frac{1}{a}) + (\frac{1}{4} + a) \cdot (2 - \frac{1}{a})' = 2 - \frac{1}{a} + (\frac{1}{4} + a) \cdot \frac{1}{a^2} = 2 + \frac{1}{4a^2}$.

35. (a) $f'(x) = 3x^2 \cdot \sin x + x^3 \cdot \cos x$

(b) $f'(x) = 4 \cdot e^x + 4x \cdot e^x$

(c) $f'(x) = 2x \cdot e^x + x^2 \cdot e^x$

36. (a) $f'(x) = x' \cdot \sin x + x \cdot (\sin x)' = \sin x + x \cos x$

(b) $f'(x) = (\frac{1}{2}x^3)' \cdot e^x + \frac{1}{2}x^3 \cdot (e^x)' = \frac{3}{2}x^2 e^x + \frac{1}{2}x^3 e^x = \frac{1}{2}x^2(3 + x)e^x$

(c) $f'(x) = (x^2 + 1)' \cdot \cos x + (x^2 + 1) \cdot (\cos x)' = 2x \cos x - (x^2 + 1) \sin x$

(d) $A'(u) = (2u^3 + u)' \cdot e^u + (2u^3 + u) \cdot (e^u)' = (6u^2 + 1)e^u + (2u^3 + u)e^u = (2u^3 + 6u^2 + u + 1)e^u$

(e) $L'(t) = (\sin t)' \cdot \cos t + \sin t \cdot (\cos t)' = (\cos t)^2 - (\sin t)^2 = (\cos t)^2 - (\sin t)^2$

(f) $V'(t) = (\frac{4}{t})' \cdot e^t + \frac{4}{t} \cdot (e^t)' = -\frac{4}{t^2}e^t + \frac{4}{t}e^t = (-\frac{4}{t^2} + \frac{4}{t})e^t$

37. (a) $f'(x) = (2tx)' \cdot e^x + 2tx \cdot (e^x)' = 2te^x + 2txe^x = 2t(1 + x)e^x$

(b) $f'(x) = (x - t)' \cdot \sin x + (x - t) \cdot (\sin x)' = \sin x + (x - t) \cdot \cos x$

(c) $f'(x) = (x + a)' \cdot e^x + (x + a) \cdot (e^x)' = 1 \cdot e^x + (x + a)e^x = (1 + x + a)e^x$

(d) $f'(t) = (at - 1)' \cdot \sin t + (at - 1) \cdot (\sin t)' = a \sin t + (at - 1) \cos t$

(e) $A'(u) = (b + u^2)' \cdot (4u^3 - b) + (b + u^2) \cdot (4u^3 - b)' = 2u(4u^3 - b) + (b + u^2) \cdot 12u^2 = 20u^4 + 12bu^2 - 2bu$

(f) $g'(x) = (ax^2)' \cdot e^x + ax^2 \cdot (ee^x)' = 2axe^x + ax^2 e^x = ax(2 + x)e^x$

38. (a) Produktregel wurde nicht angewendet. Richtig: $f'(x) = 6x \cos x - 3x^2 \sin x$.

(b) In der Ableitung von $(x + a)$ wurde vergessen, den konstanten Summanden a wegzustreichen. Richtig:
$f'(x) = \sin x + (x + a) \cos x$

39. (a) nein   (d) ja   (g) nein   (j) nein

(b) ja   (e) nein   (h) nein   (k) nein

(c) nein   (f) nein   (i) ja   (l) ja

40. Es gilt

$$
\begin{aligned}
f'(x) = (u(x)v(x))' &= \lim_{h \to 0} \frac{u(x + h)v(x + h) - u(x)v(x)}{h} \\
&= \lim_{h \to 0} \frac{u(x + h)v(x + h) - u(x)v(x + h) + u(x)v(x + h) - u(x)v(x)}{h} \\
&= \lim_{h \to 0} \frac{(u(x + h) - u(x))v(x + h)}{h} + \lim_{h \to 0} \frac{u(x)(v(x + h) - v(x))}{h} = u'(x)v(x) + u(x)v'(x)
\end{aligned}
$$

Gemischte Aufgaben

41. Alle Funktionen sind *Produkte* zweier Teilfunktionen.

(a) $f'(x) = (e^{2x})' \cdot \sin x + e^{2x} \cdot (\sin x)' = e^{2x} \cdot (2x)' \cdot \sin x + e^{2x} \cdot \cos x = 2\sin x e^{2x} + \cos x e^{2x} = (2\sin x + \cos x)e^{2x}$

(b) $f'(x) = (x^2+1)' \cdot \cos(\pi x) + (x^2+1) \cdot (\cos(\pi x))' = 2x\cos(\pi x) + (x^2+1) \cdot (-\sin(\pi x)) \cdot (\pi x)' = 2x\cos(\pi x) - \pi(x^2+1) \cdot \sin(\pi x)$

(c) $f'(x) = (\sqrt{2x+1})' e^{\frac{x}{2}} + \sqrt{2x+1} \cdot (e^{\frac{x}{2}})' = \frac{1}{2}(2x+1)^{-\frac{1}{2}} \cdot (2x+1)' \cdot e^{\frac{x}{2}} + \sqrt{2x+1} \cdot e^{\frac{x}{2}} \cdot (\frac{x}{2})' = \frac{1}{2}(2x+1)^{-\frac{1}{2}} \cdot 2 \cdot e^{\frac{x}{2}} + \sqrt{2x+1} \cdot e^{\frac{x}{2}} \cdot \frac{1}{2} = [(2x+1)^{-\frac{1}{2}} + \frac{1}{2}\sqrt{2x+1}]e^{\frac{x}{2}}$

(d) $f'(t) = (\sin(2t))' \cdot \cos(3t) + \sin(2t) \cdot (\cos(3t))' = (\cos(2t)) \cdot (2t)' \cdot \cos(3t) + \sin(2t) \cdot (-\sin(3t)) \cdot (3t)' = 2\cos(2t) \cdot \cos(3t) - 3\sin(2t)\sin(3t)$

(e) $g'(a) = (e^{-a})' \cdot \cos(a^2) + e^{-a} \cdot (\cos(a^2))' = e^{-a} \cdot (-a)' \cdot (-a)' \cdot \cos(a^2) + e^{-a} \cdot (-\sin(a^2)) \cdot (a^2)' = -e^{-a} \cdot \cos(a^2) - e^{-a} \cdot \sin(a^2) \cdot 2a = [-\cos(a^2) - 2a\sin(a^2)]e^{-a}$

(f) $A'(u) = (u^3)' \cdot e^{-5u} + u^3 \cdot (e^{-5u})' = 3u^2 e^{-5u} + u^3 e^{-5u} \cdot (-5u)' = 3u^2 e^{-5u} - 5u^3 e^{-5u} = u^2(3-5u)e^{-5u}$

42. Alle Funktionen sind *Verkettungen* zweier Teilfunktionen.

(a) $f'(x) = 2(x\sin x) \cdot (x\sin x)' = 2x\sin x \cdot [x'\sin x + x \cdot (\sin x)'] = 2x\sin x(\sin x + x\cos x)$

(b) $f'(x) = \cos(xe^x) \cdot (xe^x)' = \cos(xe^x) \cdot [x' \cdot e^x + x \cdot (e^x)'] = \cos(xe^x) \cdot [e^x + xe^x] = (1+x)\cos(xe^x)e^x$

(c) $f'(x) = e^{-x\cos x} \cdot (-x\cos x)' = e^{-x\cos x} \cdot [(-x)' \cdot \cos x - x \cdot (\cos x)'] = e^{-x\cos x} \cdot (-\cos x + x\sin x)$

(d) $f'(t) = \frac{1}{2}(2t\cos t)^{-\frac{1}{2}} \cdot (2t\cos t)' = \frac{1}{2}(2t\cos t)^{-\frac{1}{2}} \cdot [(2t)' \cdot \cos t + 2t \cdot (\cos t)'] = \frac{1}{2}(\cos t - t\sin t)(2t\cos t)^{-\frac{1}{2}}$

(e) $A'(u) = -2(u^2 e^u + 1)^{-3} \cdot (u^2 e^u + 1)' = -2(u^2 e^u + 1)^{-3} \cdot [(u^2)' \cdot e^u + u^2 \cdot (e^u)'] = -2(u^2 e^u + 1)^{-3} \cdot [2ue^u + u^2 e^u] = -2u(2+u)(u^2 e^u + 1)^{-3}e^u$

(f) $V'(t) = -\sin((t+1)e^t) \cdot [(t+1)' \cdot e^t + (t+1) \cdot (e^t)'] = -\sin((t+1)e^t) \cdot [e^t + (t+1)e^t] = -(t+2)\sin((t+1)e^t)e^t$

43. (a) Produktregel. $f'(x) = (x^3)' \cdot \sin(\pi x) + x^3 \cdot (\sin(\pi x))' = 3x^2\sin(\pi x) + x^3\cos(\pi x) \cdot (\pi x)' = 3x^2\sin(\pi x) + \pi x^3\cos(\pi x)$

(b) Kettenregel. $f'(x) = \frac{1}{2}(x^2 e^x + 1)^{-\frac{1}{2}} \cdot (x^2 e^x + 1)' = \frac{1}{2}(x^2 e^x + 1)^{-\frac{1}{2}} \cdot [(x^2)' \cdot e^x + x^2 \cdot (e^x)'] = \frac{1}{2}(x^2 e^x + 1)^{-\frac{1}{2}} \cdot [2xe^x + x^2 e^x] = \frac{1}{2}x(2+x)(x^2 e^x + 1)^{-\frac{1}{2}}e^x$

(c) Produktregel. $f'(t) = (t^2+1)' \cdot e^{-t} + (t^2+1) \cdot (e^{-t})' = 2te^{-t} + (t^2+1)e^{-t} \cdot (-t)' = 2te^{-t} - (t^2+1)e^{-t} = (-t^2+2t-1)e^{-t}$

(d) Kettenregel. $g'(t) = e^{t\sin t} \cdot (t\sin t)' = e^{t\sin t} \cdot [t' \cdot \sin t + t \cdot (\sin t)'] = (\sin t + t\cos t)e^{t\sin t}$

(e) Kettenregel. $s'(a) = \sin(a^2\sqrt{a+1}) \cdot (a^2\sqrt{a+1})' = \sin(a^2\sqrt{a+1}) \cdot [(a^2)' \cdot \sqrt{a+1} + a^2 \cdot (\sqrt{a+1})'] = \sin(a^2\sqrt{a+1}) \cdot [2a\sqrt{a+1} + a^2 \cdot \frac{1}{2}(a+1)^{-\frac{1}{2}} \cdot (a+1)'] = \sin(a^2\sqrt{a+1}) \cdot [2a\sqrt{a+1} + \frac{1}{2}a^2(a+1)^{-\frac{1}{2}}]$

(f) Produktregel. $L'(u) = (\sin u)' \cdot \cos(2u) + \sin u \cdot (\cos(2u))' = \cos u \cdot \cos(2u) + \sin u \cdot (-\sin(2u)) \cdot (2u)' = \cos u \cdot \cos(2u) - 2\sin u \cdot \sin(2u).$

Höhere Ableitungen

44. (a) $f'(x) = -21x^2 + 8x + 2$, $f''(x) = -42x + 8$, $f'''(x) = -42$

(b) $f'(x) = \frac{1}{12}x^3 + \frac{9}{32}x^2 - \frac{7}{3}x + \frac{3}{4}$, $f''(x) = \frac{1}{4}x^2 + \frac{9}{16}x - \frac{7}{3}$, $f'''(x) = \frac{1}{2}x + \frac{9}{16}$

(c) $f'(x) = 3ax^2 + 2bx + c$, $f''(x) = 6ax + 2b$, $f'''(x) = 6a$

(d) $f'(x) = 4ax^3 + 2bx$, $f''(x) = 12ax^2 + 2b$, $f'''(x) = 24ax$

45. (a) $f'(x) = 5e^{5x}$, $f''(x) = 25e^{5x}$, $f'''(x) = 125e^{5x}$

(b) $f'(x) = 6\cos(2x)$, $f''(x) = -12\sin(2x)$, $f'''(x) = -24\cos(2x)$

(c) $f'(x) = \frac{\sqrt{5}}{2}tx^{-\frac{1}{2}}$, $f''(x) = -\frac{\sqrt{5}}{4}tx^{-\frac{3}{2}}$, $f'''(x) = \frac{3\sqrt{5}}{8}tx^{-\frac{5}{2}}$

(d) $f'(x) = -4\sin(4x + 7)$, $f''(x) = -16\cos(4x + 7)$, $f'''(x) = 64\sin(4x + 7)$

(e) $g'(u) = -(1 - 2u)^{-\frac{1}{2}}$, $g''(u) = -(1 - 2u)^{-\frac{3}{2}}$, $g'''(u) = -3(1 - 2u)^{-\frac{5}{2}}$

(f) $f'(x) = abe^{bx}$, $f''(x) = ab^2e^{bx}$, $f'''(x) = ab^3e^{bx}$

46. (a) $f'(x) = (1 + 2x)e^{2x}$, $f''(x) = 4(1 + x)e^{2x}$, $f'''(x) = 4(3 + 2x)e^{2x}$

(b) $f'(x) = \sin(3x) + 3(x + 1)\cos(3x)$, $f''(x) = 6\cos(3x) - 9(x + 1)\sin(3x)$,
$f'''(x) = -27\sin(3x) - 27(x + 1)\cos(3x)$

(c) $f'(t) = (t^2 + 2t + 1)e^{t-2}$, $f''(t) = (t^2 + 4t + 3)e^{t-2}$, $f'''(t) = (t^2 + 6t + 7)e^{t-2}$

(d) $g'(u) = 1 + u + ue^u$, $g''(u) = (2 + u)e^u$, $g'''(u) = (3 + u)e^u$

(e) $L'(a) = -\sin a \sin(2a) + 2\cos a \cos(2a)$, $L''(a) = -5\cos a \sin(2a) - 4\sin a \cos(2a)$,
$L'''(a) = 13\sin a \sin(2a) - 14\cos a \cos(2a)$

(f) $f'(x) = (1 + ab + bx)e^{bx}$, $f''(x) = b(2 + ab + bx)e^{bx}$, $f'''(x) = b^2(3 + ab + bx)e^{bx}$

(g) $f'(x) = 2\sin x \cos x$, $f''(x) = 4(\cos x)^2 - 2$, $f'''(x) = -8\sin x \cos x$

(h) $f'(x) = \sin x + x\cos x$, $f''(x) = 2\cos x - x\sin x$, $f'''(x) = -3\sin x - x\cos x$

(i) $f'(x) = -e^{-x}(\sin x + \cos x)$, $f''(x) = 2e^{-x}\sin x$, $f'''(x) = 2e^{-x}(\cos x - \sin x)$

47. (a) $f'(x) = 6\cos 3x$, $f''(x) = -18\sin 3x = -9f(x)$

(b) $f'(x) = -\frac{1}{6}\sin(\frac{1}{3}x)$, $f''(x) = -\frac{1}{18}\cos(\frac{1}{3}x) = -\frac{1}{9}f(x)$

48. (a) $f(x) = \sin 2x$, denn $f'(x) = 2\cos 2x$, $f''(x) = -4\sin 2x = -4f(x)$

(b) $f(x) = \sin\frac{1}{4}x$, denn $f'(x) = \frac{1}{4}\cos\frac{1}{4}x$, $f''(x) = -\frac{1}{16}\sin\frac{1}{4}x = -\frac{1}{16}f(x)$

(c) $f(x) = \sin\frac{1}{6}x$, denn $f'(x) = \frac{1}{6}\cos\frac{1}{6}x$, $f''(x) = -\frac{1}{36}\cos\frac{1}{6}x$

(d) $f(x) = \sin\frac{5}{2}x$, denn $f'(x) = \frac{5}{2}\cos\frac{5}{2}x$, $f''(x) = -\frac{25}{4}\sin\frac{5}{2}x = -\frac{25}{4}f(x)$

49. (a) $f^{(n)}(x) = n(n-1)(n-2)\cdot\ldots\cdot 1 =: n!$ *(Fakultät)*

(b) $f^{(n)}(x) = (-\frac{1}{a})^n e^{-\frac{x}{a}}$

(c) $f^{(n)}(x) = \sin(x + \frac{n\pi}{2})$

Gegenseitige Lage zweier Kurven

50. (a) x-Achse: $f(x) = 0$ für $x_1 = -1$ und $x_2 = 1$. $f'(-1) = 2 \Rightarrow \alpha = \tan^{-1}(2) \approx 63{,}43°$. $f'(1) = -2 \Rightarrow \alpha = \tan^{-1}(-2) \approx -63{,}43°$. y-Achse: $f'(0) = 0 \Rightarrow \beta = 90° - \tan^{-1}(0) = 90°$

(b) x-Achse: $f(x) = 0$ für $x_1 = -1$ und $x_2 = 3$. $f'(-1) = -1 \Rightarrow \alpha = \tan^{-1}(-1) = -45°$. $f'(3) = 1 \Rightarrow \alpha = \tan^{-1}(1) = 45°$. y-Achse: $f'(0) = -\frac{1}{2} \Rightarrow \beta = 116{,}57°$ bzw. $\beta = 63{,}43°$.

(c) x-Achse: $f(x) = 0$ für $x_1 = 0$ und $x_2 = 1$. $f'(0) = 1 \Rightarrow \alpha = \tan^{-1}(1) = 45°$. $f'(1) = 0 \Rightarrow \alpha = 0°$. y-Achse: $f'(0) = 1 \Rightarrow \beta = 45°$

51. Schaubild siehe Abb. 3.11a. Wir berechnen $f'(x) = -\frac{4}{3}x^3 + \frac{8}{3}x^2$ und $g'(x) = \frac{4}{27}x^3 - \frac{2}{3}x^2$. Es gilt $f'(0) = g'(0) = 0$ und $f(0) = g(0) = 0 \Rightarrow$ Berührpunkt B(0 | 0). Außerdem berechnen wir $f(3) = g(3) = -3$ und $f'(3) = -12 \neq -2 = g'(3) \Rightarrow$ Schnittpunkt S(3 | −3).

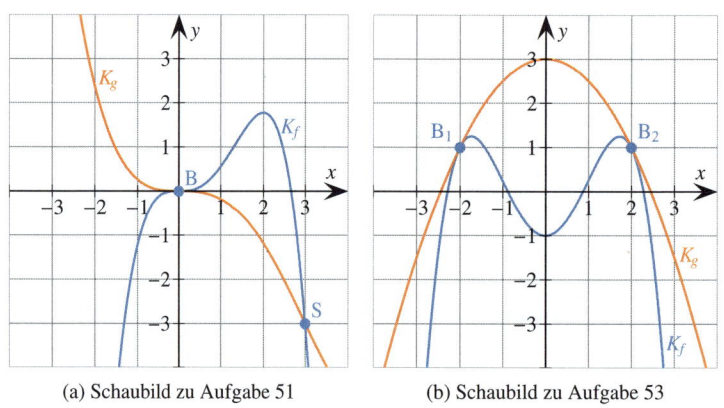

(a) Schaubild zu Aufgabe 51   (b) Schaubild zu Aufgabe 53

Abb. 3.11.: Schaubilder

52. Wir setzen $f(x) = g(x)$ und lösen die Gleichung nach x auf.

(a) $f(x) = g(x) \Rightarrow x = 1$. $f'(1) = g'(1) = 2$. $f(1) = 3$. Berührpunkt B(1 | 3)

(b) $f(x) = g(x) \Rightarrow x_1 = 0$, $x_2 = 3$. $f'(0) = g'(0) = 2$. $f(0) = 0$. Berührpunkt B$(0 \mid 0)$. $f'(3) = -\frac{5}{2}$. $g'(3) = -1$. Lediglich Schnittpunkt an der Stelle $x_2 = 3$.

(c) $f(x) = g(x) \Rightarrow x_1 = -\frac{3}{2}$, $x_2 = \frac{3}{2}$. $f'(-\frac{3}{2}) = g'(-\frac{3}{2}) = -4$. $f(-\frac{3}{2}) = 2$. Berührpunkt B$_1(-\frac{3}{2} \mid 2)$. $f'(\frac{3}{2}) = g'(\frac{3}{2}) = 4$. $f(\frac{3}{2}) = 2$. Berührpunkt B$_2(\frac{3}{2} \mid 2)$.

(d) $f(x) = g(x) \Rightarrow x_1 = -1$, $x_2 = 0$. $f'(-1) = g'(-1) = \frac{9}{2}$. $f(-1) = -2$. Berührpunkt B$(-1 \mid -2)$. $f'(0) = 0$. $g'(0) = \frac{3}{4}$. Lediglich Schnittpunkt an der Stelle $x_2 = 0$.

53. Schaubild siehe Abb. 3.11b. Wir setzen $f(x) = g(x)$ und erhalten $x_1 = -2$ bzw. $x_2 = 2$. Es gilt $f(-2) = f(2) = 1$. Wir berechnen $f'(x) = -x^3 + 3x$ und $g'(x) = -x$. Nun stellen wir fest: $f'(-2) = g'(-2) = 2$, sowie $f'(2) = g'(2) = -2 \Rightarrow$ Berührpunkte B$_1(-2 \mid 1)$ und B$_2(2 \mid 1)$.

54. (a) Wir berechnen $f'(x) = 2x - 5$ und $g'(x) = -x + 3$. Damit berechnen wir den Schnittwinkel: $\tan \alpha = \left| \frac{f'(1)-g'(1)}{1+f'(1)g'(1)} \right| = \left| \frac{-3-2}{1+(-3)\cdot 2} \right| = 1 \Rightarrow \alpha = 45°$.

(b) Wir berechnen $f'(x) = \frac{2}{5}\cos x$ und $g'(x) = 6\sin(2x)$. Mit $f'(\frac{1}{6}\pi) = \frac{1}{5}\sqrt{3}$ und $g'(\frac{1}{6}\pi) = 3\sqrt{3}$ gilt: $\tan \alpha = \left| \frac{f'(\frac{1}{6}\pi)-g'(\frac{1}{6}\pi)}{1+f'(\frac{1}{6}\pi)g'(\frac{1}{6}\pi)} \right| = \left| \frac{-\frac{14}{5}\sqrt{3}}{\frac{14}{5}} \right| = \sqrt{3} \Rightarrow \alpha = 60°$.

55. Durch Gleichsetzen der Ableitungen erhält Tim lediglich diejenigen x-Werte, an denen die Funktionen die gleiche Steigung haben: $x_1 = -1$ und $x_2 = 1$. Da an der Stelle $x = -1$ auch die Funktionswerte gleich sind, handelt es sich hier um einen Berührpunkt. An der Stelle $x = 1$ liegt weder ein Schnitt- noch Berührpunkt vor, da die y-Werte unterschiedlich sind. Tim hat jedoch das Gleichsetzen von $f(x)$ und $g(x)$ vergessen. Hier hätte er den Schnittpunkt S$(2 \mid -4)$ erhalten, denn dort sind nur die Funktionswerte gleich, aber die Steigungen unterschiedlich.

56. (a) Wir berechnen $f'(x) = -e^{-x}$ und $g_a'(x) = -\frac{1}{2}ae^{ax}$, sowie $f'(0) = -1$ und $g_a'(0) = -\frac{1}{2}a$. Es muss also gelten $-\frac{1}{2}a = -1 \Rightarrow a = 2$. Außerdem gilt $f(0) = g_a(0) = 1$. Somit liegt für $a = 2$ der Berührpunkt B$(0 \mid 1)$ vor.

(b) Wir berechnen $f'(x) = 4x^3$ und $g_a'(x) = -x$. Es muss gelten: $f'(x) \cdot g'(x) = -1 \Leftrightarrow 4x^3 \cdot (-x) = -1 \Leftrightarrow x = \pm\frac{1}{2}\sqrt{2}$. Damit sich die Funktionen auch schneiden, muss gelten $f(\pm\frac{1}{2}\sqrt{2}) = g(\pm\frac{1}{2}\sqrt{2}) \Leftrightarrow \frac{1}{4} = a - \frac{1}{4} \Leftrightarrow a = \frac{1}{2}$. Wir erhalten $g(x) = \frac{1}{2} - \frac{1}{2}x^2$.

(c) Wir berechnen $f'(x) = 1$ und $g_a'(x) = 2ae^{2x}$. Damit ein Berührpunkt vorliegt, muss gleichzeitig $f(x) = g_a(x)$ und $f'(x) = g_a'(x)$ gelten. Wir erhalten ein Gleichungssystem bestehend aus I: $ae^{2x} = x$ und II: $2ae^{2x} = 1$. Wir berechnen II $- 2$I: $0 = 1 - 2x \Rightarrow x = \frac{1}{2}$. Wir setzen $x = \frac{1}{2}$ in I ein und erhalten $a \cdot e^1 = \frac{1}{2} \Rightarrow a = \frac{1}{2}e^{-1}$. Um den Berührpunkt zu erhalten, berechnen wir $f(\frac{1}{2}) = \frac{1}{2}$ und erhalten B$(\frac{1}{2} \mid \frac{1}{2})$.

57. *1. Lösungsweg:* Zeichnen wir die Schaubilder von f mit $f(x) = 3 - x$ und g mit $g(x) = x^3$, so entspricht der x-Wert des Schnittpunktes der Lösung dieser Gleichung. *2. Lösungsweg:* Wir bestimmen die Nullstelle der Funktion f mit $f(x) = x^3 - (3 - x)$ zum Beispiel mit Hilfe einer Intervallschachtelung. Wegen $f(1) < 0$ und $f(2) > 0$ gilt: $x \in (1; 2)$. Wegen $f(1) < 0$ und $f(1{,}5) > 0$ gilt: $x \in (1; 1{,}5)$. Wegen $f(1{,}25) > 0$ und $f(1{,}5) > 0$ gilt: $x \in (1; 1{,}25)$ und so weiter. Die Lösung liegt ungefähr bei $x = 1{,}2134$.

58. Mit den Bedingungen $f(2) = 2$ und $f'(2) = 1$ erhalten wir ein LGS bestehend aus I: $2b + c = -2$ und II: $b = -3$. Dann gilt: $f(x) = x^2 - 3x + 4$.

59. Aus der Bedingung $f'(2) = \frac{1}{2}$ erhalten wir die Gleichung $4 + p = \frac{1}{2}$ mit der Lösung $p = -\frac{7}{2}$. Aus $f(2) = 1$ erhalten wir die Gleichung $4 - 7 + q = 1$ mit der Lösung $q = 4$.

60. (a) Wir berechnen $f'(x) = -\frac{2}{3}x + \frac{4}{3}$ und $g'(x) = 2ax + b$. Aus der Bedingung $f'(-1) = g'(-1)$ erhalten wir die Gleichung I: $2 = -2a + b$. Aus der Bedingung $f(-1) = g(-1)$ erhalten wir die Gleichung II: $\frac{4}{3} = a - b + \frac{11}{3}$. Wir erhalten $a = \frac{1}{3}$ und $b = \frac{8}{3}$ als Lösung des linearen Gleichungssystems.

(b) Wir berechnen $f'(x) = -x + 2$ und $g'(x) = ae^{1+x}$. Aus der Bedingung $f'(-1) = g'(-1)$ erhalten wir die Gleichung I: $3 = a$. Aus der Bedingung $f(-1) = g(-1)$ erhalten wir die Gleichung $4 = a + b$. Wir erhalten $a = 3$ und $b = 1$ als Lösung des linearen Gleichungssystems.

61. (a) Wir berechnen $f'(x) = e^{1-x}$ und $g'(x) = 1$. Nun setzen wir $f'(x) = g'(x)$ und erhalten $x = 1$ (*Achtung*: Die Lösungsmenge der Gleichung $f(x) = g(x)$ kann manuell nicht bestimmt werden). Wir berechnen $f(1) = g(1) = 1$ und erhalten den Berührpunkt $B(1 \mid 1)$.

(b) Wir berechnen $f'(x) = -1$, $g'(x) = -\sin x$. Nun setzen wir $f'(x) = g'(x)$ und erhalten die Lösungen $x = \frac{4k+1}{2}\pi$, $k \in \mathbb{Z}$. Diese allgemeine Lösung setzen wir in die Gleichung $f(x) = g(x)$ ein und erhalten $\frac{\pi}{2} - \frac{4k+1}{2}\pi = \cos(\frac{4k+1}{2}\pi)$. Da $\cos(\ldots) \in [-1; 1]$, macht diese Gleichung nur für den Wert $k = 0$ Sinn. In diesem Fall gilt $\frac{\pi}{2} - \frac{\pi}{2} = \cos\frac{\pi}{2} = 0$. Wir erhalten den Berührpunkt $B(\frac{\pi}{2} \mid 0)$.

62. Mit der allgemeinen Form $f(x) = ax^3 + bx$ und den Bedingungen $f(-2) = 0$ sowie $f'(-2) = \tan 60° = \sqrt{3}$ erhalten wir ein LGS bestehend aus I: $-8a - 2b = 0$ und II: $12a + b = \sqrt{3}$ und erhalten $f(x) = \frac{\sqrt{3}}{8}x^3 - \frac{\sqrt{3}}{2}x$.

63. (a) Schaubild siehe Abb. 3.12. Mit dem allgemeinen Ansatz $f(x) = ax^4 + bx^2 + 5{,}2118$ und den Bedingungen $f(1{,}6) = 4{,}4$ und $f'(3) = \tan 100° \approx -5{,}67$ erhalten wir die Lösung $f(x) = -0{,}0407x^4 - 0{,}2130x^2 + 5{,}2118$.

(b) Die Höhe entspricht dem y-Achsenabschnitt: ca. 5,21 m

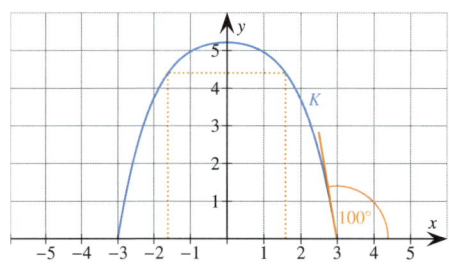

Abb. 3.12.: Schaubild zu Aufgabe 63

64. Wir setzen beide Funktionen gleich und berechnen die Lösungen dieser Gleichung. Kommt eine Lösung nur einmal vor, handelt es sich um den x-Wert eines Schnittpunktes. Eine doppelte/dreifache/... Lösung entspricht dem x-Wert des Berührpunktes.

65. (a) Der Winkel α entspricht dem Schnittwinkel der Tangente an K_f an der Stelle u mit der x-Achse. Indem wir ein Steigungsdreieck einzeichnen ($\rightarrow$ Abb. 3.13a), gilt mit der Steigung m der Tangente: $\tan \alpha = \frac{m}{1}$. Da $m = f'(u)$ gilt, erhalten wir $\tan \alpha = f'(u)$.

(b) Wir legen die Tangente T an der Stelle 0 an K_f. Der Schnittwinkel von T mit der zur x-Achse parallel und durch den y-Achsenabschnitt von K_f verlaufenden Gerade hat den Wert α. Dann gilt $\alpha + \beta - 90°$ ($\to$ Abb. 3.13b) und somit $\beta = 90° - \alpha = 90° - \tan^{-1}(f'(0))$.

(c) Wir merken an, dass der Winkel α der Schnittwinkel der Tangenten an K_f und K_g an der Stelle u ist. Wir bezeichnen den Schnittwinkel der Tangente an K_f in u mit der x-Achse mit α_1 und den Schnittwinkel der Tangente an K_g in u mit der x-Achse mit α_2. *1. Fall:* Sei $\alpha_1 \geq \alpha_2$. Dann gilt $\alpha = \alpha_1 - \alpha_2$ ($\to$ Abb. 3.13c) und mit Hilfe des Additionstheorems und Teilaufgabe (a):

$$\tan \alpha = \tan(\alpha_1 - \alpha_2) = \frac{\tan \alpha_1 - \tan \alpha_2}{1 + \tan \alpha_1 \tan \alpha_2} = \frac{f'(u) - g'(u)}{1 + f'(u)g'(u)}.$$

2. Fall: Sei $\alpha_2 > \alpha_1$. Dann gilt analog $\alpha = \alpha_2 - \alpha_1$ und mit Hilfe des Additionstheorems und Teilaufgabe (a):

$$\tan \alpha = \tan(\alpha_2 - \alpha_1) = \frac{\tan \alpha_2 - \tan \alpha_1}{1 + \tan \alpha_1 \tan \alpha_2} = \frac{g'(u) - f'(u)}{1 + f'(u)g'(u)}.$$

Fassen wir beide Fälle zusammen, so erhalten wir die Behauptung.

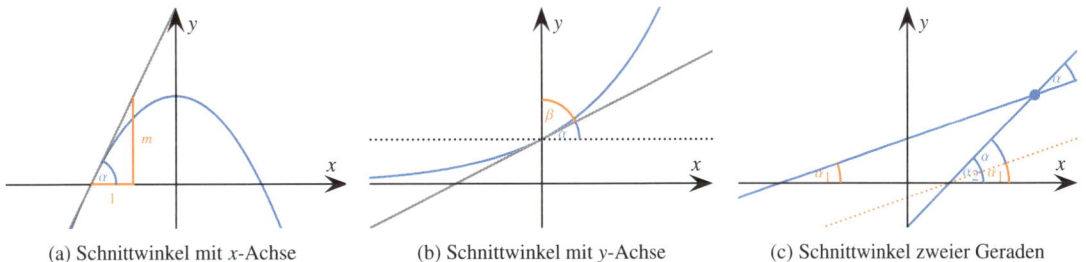

(a) Schnittwinkel mit x-Achse   (b) Schnittwinkel mit y-Achse   (c) Schnittwinkel zweier Geraden

Abb. 3.13.: Berechnung von Schnittwinkeln

Tangenten und Normalen

66. Schaubilder siehe Abb. 3.14.

(a) $f'(x) = -2x$, $f'(-1) = 2$, $f(-1) = 0$, $T : y = 2x + 2$, $N : y = -\frac{1}{2}x - \frac{1}{2}$

(b) $f'(x) = \frac{1}{2}x - \frac{1}{2}$, $f'(0) = -\frac{1}{2}$, $f(0) = -\frac{3}{4}$, $T : y = -\frac{1}{2}x - \frac{3}{4}$, $N : y = 2x - \frac{3}{4}$

(c) $f'(x) = 3x^2 - 4x + 1$, $f'(-1) = 8$, $f(-1) = -4$, $T : y = 8x + 4$, $N : y = -\frac{1}{8}x - \frac{33}{8}$

(d) $f'(x) = -2xe^{1-x^2}$, $f'(-1) = 2$, $f(-1) = 1$, $T : y = 2x + 3$, $N : y = -\frac{1}{2}x + \frac{1}{2}$

(e) $f'(x) = 2e^{2x}$, $f'(0) = 2$, $f(0) = 1$, $T : y = 2x + 1$, $N : y = -\frac{1}{2}x + 1$

(f) $f'(x) = \cos x$, $f'(\pi) = -1$, $f(\pi) = 0$, $T : y = -x + \pi$, $N : y = x - \pi$

(g) $f'(x) = -3\sin 3x$, $f'(\frac{\pi}{2}) = 3$, $f(\frac{\pi}{2}) = 0$, $T : y = 3x - \frac{3}{2}\pi$, $N : y = -\frac{1}{3}x + \frac{\pi}{6}$

(h) $f'(x) = \cos 2x$, $f'(\frac{\pi}{2}) = -1$, $f(\frac{\pi}{2}) = 0$, $T : y = -x + \frac{1}{2}\pi$, $N : y = x - \frac{\pi}{2}$

135

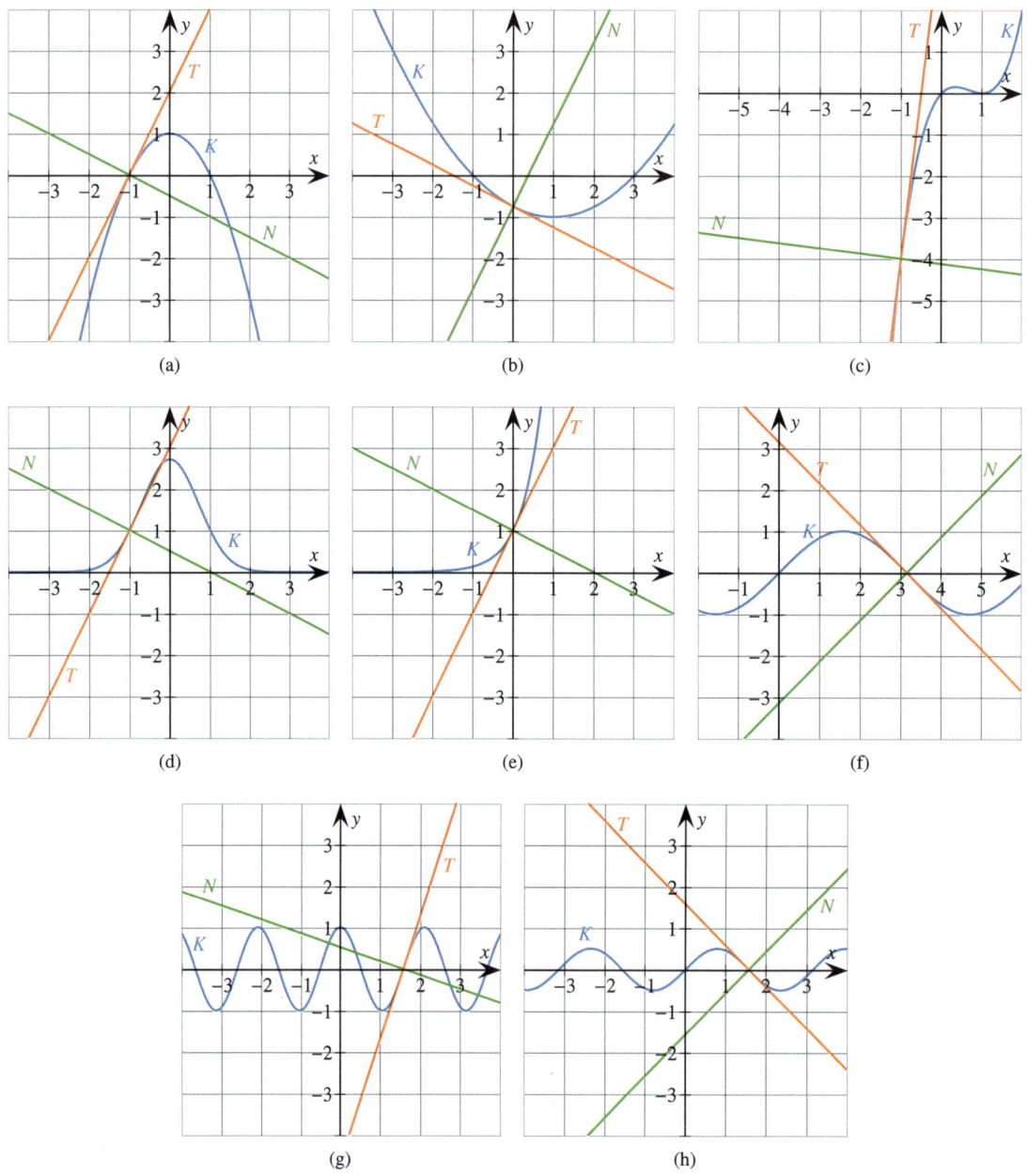

Abb. 3.14.: Schaubilder zu Aufgabe 66

67. (a) $f'(x) = x^2 + x - 2$. $f'(x) = 0 \Leftrightarrow x_1 = -2$ bzw. $x_2 = 1$

(b) $f'(x) = x^3 - \frac{2}{3}x^2 - \frac{5}{3}x$. $f'(x) = 0 \Leftrightarrow x_1 = -1$, $x_2 = 0$ bzw. $x_3 = \frac{5}{3}$

(c) $f'(x) = \frac{1}{2}x^4 - 2x^2 + \frac{3}{2}$. $f'(x) = 0 \Leftrightarrow x_1 = -\sqrt{3}$, $x_2 = -1$, $x_3 = 1$ bzw. $x_4 = \sqrt{3}$

(d) $f'(x) = 4 - 2e^{2x}$. $f'(x) = 0 \Leftrightarrow x = \frac{1}{2}\ln 2 = \ln \sqrt{2}$

(e) $f'(x) = 2\sin x \cos x$. $f'(x) = 0 \Leftrightarrow x_1 = -\frac{\pi}{2}$, $x_2 = 0$ bzw. $x_3 = \frac{\pi}{2}$

(f) $f'(x) = -2x\sin(x^2 + 1)$. $f'(x) = 0 \Leftrightarrow x_1 = -\sqrt{\pi - 1}$, $x_2 = 0$ bzw. $x_3 = \sqrt{\pi - 1}$

68. Wir berechnen $f'(x) = 2x^2 - 4x - 6$ und setzen $f'(x) = -6 \Leftrightarrow x_1 = 0$ bzw. $x_2 = 2$. Es gilt $f(0) = \frac{8}{3} \Rightarrow P_1(0 \mid \frac{8}{3})$ sowie $f(2) = -12 \Rightarrow P_2(2 \mid -12)$.

69. Wir wählen einen beliebigen Punkt $(u \mid f(u))$ auf K_f und berechnen $f'(u) = u^2 - 2u + 2$. Es gilt $f'(u) = 1 \Leftrightarrow u = 1$. Wir berechnen $f(1) = \frac{1}{3}$. Setzen wir 1, $f(1)$ und $f'(1)$ in die Punktsteigungsform der Tangente ein, so erhalten wir $y - \frac{1}{3} = 1 \cdot (x - 1) \Rightarrow y = x - \frac{2}{3}$.

70. Wenn die Normale an K_f in einem Punkt $P(u \mid f(u))$ parallel zu $y = -\frac{1}{9}x + 4$ ist, dann hat die Tangente an K_f im selben Punkt die Steigung $m = 9$. Die Steigung der Tangente in $P(u \mid f(u))$ beträgt $f'(u) = 3u^2 - 3$. Es gilt $9 = 3u^2 - 3 \Rightarrow u = \pm 2$. Die Eigenschaft ist also an den Stellen $u_1 = -2$ und $u_2 = 2$ erfüllt.

71. Die Steigung der Tangente an der Stelle $x = u$ beträgt $f'(u) = -\sin u$. Damit die Tangente zur ersten Winkelhalbierenden (Steigung: 1) senkrecht steht, muss gelten: $(-\sin u) \cdot 1 = -1 \Rightarrow \sin u = 1 \Rightarrow u = \frac{\pi}{2}$. Die Tangente muss im Punkt $P(\frac{\pi}{2} \mid 0)$ gelegt werden.

72. Die erste Bedingung ist falsch. Sie müsste lauten: $f(3) = 5$. Die zweite und dritte Bedingung ist jeweils richtig. Die vierte Bedingung ist falsch. Sie muss $f'(4) = 1$ lauten, da die Funktion auf die Gerade $y = -x + 3$ senkrecht stehen muss.

73. Lösungsskizzen siehe Abb. 3.15.

(a) $f(-3) = 0$, $f(0) = -\frac{3}{2}$, $f'(-3) = -2$, $f'(0) = 1$. Mögliche Lösung: $f(x) = \frac{1}{2}x^2 + x - \frac{3}{2}$

(b) $f(-3) = 0$, $f(-1) = -2$, $f(1) = 0$, $f'(-3) = -6$, $f'(-1) = 2$, $f'(1) = -2$. Mögliche Lösung: $f(x) = -\frac{1}{2}x^3 - x^2 + \frac{3}{2}x$.

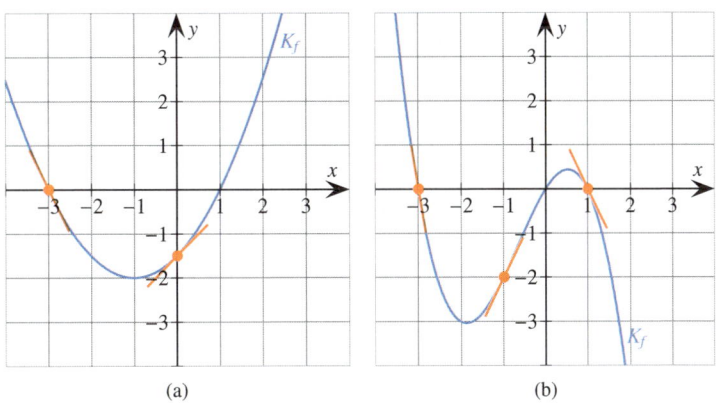

Abb. 3.15.: Lösungsskizzen zu Aufgabe 73

137

74. (a) Schaubild siehe Abb. 3.16.

(b) Wir zeichnen parallele Geraden mit der Steigung $m = -0,05$ in das Schaubild, sodass sie K berühren. An den schwarz markierten Stellen liegt der Berg im Schatten.

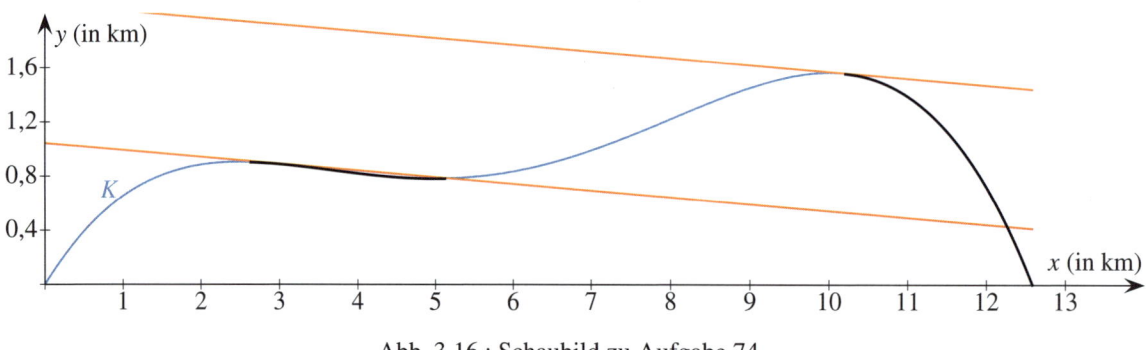

Abb. 3.16.: Schaubild zu Aufgabe 74

75. Da f symmetrisch zur y-Achse ist (ganzrationale Funktion mit geraden Hochzahlen), müssen wir nur die Tangente $y = x + \frac{5}{2}$ an der y-Achse spiegeln. Wir erhalten $y = -x + \frac{5}{2}$.

76. Zunächst berechnen wir $f'(x) = 2ax - x^3$ und setzen 1, $f(1) = a - \frac{1}{4}$ und $f'(1) = 2a - 1$ in die Punktsteigungsform der Tangente ein. Somit erhalten wir die Tangente mit der Gleichung:

$$y - (a - \frac{1}{4}) = (2a-1)(x-1) \Leftrightarrow y = (2a-1)x - a + \frac{3}{4}$$

Setzen wir den Punkt P(6 | 3) in die Tangente ein, so erhalten wir.

$$3 = (2a-1) \cdot 6 - a + \frac{3}{4} \Rightarrow 11a = \frac{33}{4} \Rightarrow a = \frac{3}{4}$$

77. (a) Die Steigung im allgemeinen Kurvenpunkt $(u \mid u^2)$ beträgt $f'(u) = 2u$. Die Gleichung der allgemeinen Gerade durch P mit der gegebenen Steigung lautet g: $y = 2ux - u^2$. Einsetzen des Punktes P($-0,5$ | $-0,75$) in die Gleichung und Auflösen nach u ergibt die Lösungen $u_1 = -\frac{3}{2}$ und $u_2 = \frac{1}{2}$. Die zugehörigen Geradengleichungen lauten g_1: $y = -3x - \frac{9}{4}$ sowie g_2: $y = x - \frac{1}{4}$.

(b) Die Steigung im allgemeinen Kurvenpunkt $(u \mid \frac{1}{2}e^u)$ beträgt $f'(u) = \frac{1}{2}e^u$. Die Gleichung der allgemeinen Gerade durch P mit der gegebenen Steigung lautet g: $y = \frac{1}{2}e^u(x - u) + \frac{1}{2}e^u$. Einsetzen des Punktes P(1 | 0) in die Gleichung und Auflösen nach u ergibt die Lösung $u = 2$. Die zugehörige Geradengleichung lautet g: $y = \frac{1}{2}e^2 x - \frac{1}{2}e^2$.

78. Ansatz: $y = mx + b$.

(a) $\tan 60° = \sqrt{3}$. Daher muss gelten: $m = \sqrt{3}$. Somit z.B. $y = \sqrt{3} \cdot x$, $y = \sqrt{3} \cdot x + 1$, $y = \sqrt{3} \cdot x + 2$.

(b) Normalparabel: $f(x) = x^2$, $f'(x) = 2x$, $f'(1) = 2$. Daher muss gelten: $m = 2$. Somit z.B. $y = 2x$, $y = 2x + 1$, $y = 2x + 2, \ldots$

138

79. Mit der allgemeinen Form $f(x) = ax^3 + bx$ und den Bedingungen $f(6) = 4$, $f'(6) = 3$ erhalten wir ein LGS bestehend aus

$$\text{I}: \quad 216a + 6b = 4$$
$$\text{II}: \quad 108a + b = 3$$

Dann gilt: $f(x) = \frac{7}{216}x^3 - \frac{1}{2}x$.

80. Die Steigung der Tangente im Punkt P($u \mid f(u)$) beträgt $f'(u) = -\frac{9}{4}u^2$. Durch Einsetzen von u, $f(u)$ und $f'(u)$ in die Punktsteigungsform der Tangente erhalten wir die Gleichung g_u: $y = \frac{9}{4}u^2(x - u) - \frac{3}{4}u^3 \Rightarrow g_u$: $y = -\frac{9}{4}u^2x + \frac{3}{2}u^3$. Die Schnittpunkte der Tangente mit den Koordinatenachsen sind N$_x(\frac{2}{3}u \mid 0)$ und N$_y(0 \mid \frac{3}{2}u^3)$. Für den Flächeninhalt des gesuchten Dreiecks gilt somit $A = \frac{1}{2} \cdot \frac{2}{3}u \cdot (-\frac{3}{2}u^3) = \frac{1}{2}u^4 = 8 \Rightarrow u = 2$. Die Tangente muss also im Kurvenpunkt P($2 \mid -6$) gelegt werden.

81. Schaubild siehe Abb. 3.17. Zunächst wählen wir einen beliebigen Kurvenpunkt Q$_1(u \mid 2 - \frac{1}{4}u^2)$ und bestimmen die Steigung der Tangente: $f'(u) = -\frac{1}{2}u$. Die Tangente an K_f durch Q$_1$ hat die Gleichung ($\star$) $y = -\frac{1}{2}ux + \frac{1}{4}u^2 + 2$. Die Tangente an K_f durch den Punkt Q$_2(-u \mid 2 - \frac{1}{4}u^2)$ hat die Gleichung $y = \frac{1}{2}ux + \frac{1}{4}u^2 + 2$. Damit beide Tangenten aufeinander senkrecht stehen, muss für die Steigungen gelten: $-\frac{1}{2}u \cdot \frac{1}{2}u = -1 \Rightarrow u = \pm 2$. Setzen wir den Punkt P($0 \mid c$) in ($\star$) ein, so erhalten wir die Beziehung $c = \frac{1}{4}u^2 + 2$. Setzen wir $u = \pm 2$ in die Beziehung ein, so gilt $c = 3$. Der Punkt lautet P($0 \mid 3$).

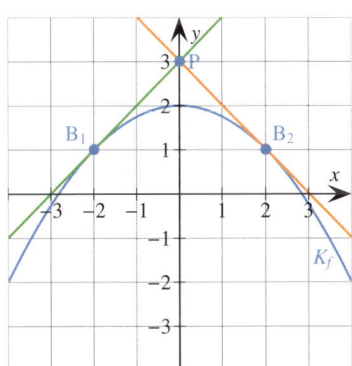

Abb. 3.17.: Schaubild zu Aufgabe 81

82. (a) Wir setzen $x = 1$ in die Tangente ein: $y = 3 \cdot 1 - 4 = -1$. Das Schaubild der Funktion muss somit durch den Punkt P($1 \mid -1$) verlaufen und die Gerade dort berühren. Also müssen zwei Bedingungen gelten: $f(1) = -1$ und $f'(1) = 3$. Mögliche Funktionen f sind durch $f(x) = \frac{3}{2}x^2 - \frac{5}{2}$, $f(x) = x^2 + x - 3$, $f(x) = 2x^2 - x - 2, \ldots$ gegeben.

(b) Wir setzen $x = 4$ in die Normale ein: $y = 2 \cdot 4 - 1 = 7$. Das Schaubild der Funktion muss somit durch den Punkt P($4 \mid 7$) verlaufen und auf der Gerade dort senkrecht stehen. Also müssen zwei Bedingungen gelten: $f(4) = 7$ und $f'(4) = -\frac{1}{2}$. Mögliche Funktionen f sind gegeben durch $f(x) = -\frac{1}{16}x^2 + 8$, $f(x) = -\frac{1}{8}x^2 + \frac{1}{2}x + 7$, $f(x) = -\frac{1}{4}x^2 + \frac{3}{2}x + 5, \ldots$

83. (a) Zunächst bestimmen wir die Gleichung der Tangente an K_f durch $P(u \mid f(u))$. Es gilt $f'(u) = -\frac{1}{u^2}$. Wir setzen u, $f(u)$ und $f'(u)$ in die Punktsteigungsform der Tangente ein: $y - \frac{1}{u} = -\frac{1}{u^2}(x - u) \Leftrightarrow y = -\frac{1}{u^2}x + \frac{2}{u}$. Die Schnittpunkte der Tangente mit den Koordinatenachsen sind $Q(0 \mid \frac{2}{u})$ und $R(2u \mid 0)$. Damit berechnen wir:

$$\overline{PQ} = \sqrt{(u - 0)^2 + \left(\frac{1}{u} - \frac{2}{u}\right)^2} = \sqrt{u^2 + \frac{1}{u^2}}, \quad \overline{PR} = \sqrt{(u - 2u)^2 + \left(\frac{1}{u} - 0\right)^2} = \sqrt{u^2 + \frac{1}{u^2}}$$

Also gilt $\overline{PQ} = \overline{PR}$.

(b) Es gilt

$$
\begin{aligned}
2\sqrt{u^2 + \tfrac{1}{u^2}} &= \sqrt{17} && |:2 \\
\sqrt{u^2 + \tfrac{1}{u^2}} &= \tfrac{1}{2}\sqrt{17} && |\,()^2 \\
u^2 + \tfrac{1}{u^2} &= \tfrac{17}{4} && |\cdot u^2 \\
u^4 + 1 &= \tfrac{17}{4}u^2 && |\text{ Subst: } v = u^2 \\
v^2 - \tfrac{17}{4}v + 1 &= 0
\end{aligned}
$$

Wir erhalten $v_1 = 4$ und $v_2 = \frac{1}{4}$. Durch Rücksubstitution ergibt sich $u_1 = 2$ ($\Rightarrow P(2 \mid \frac{1}{2})$) und $u_2 = \frac{1}{2}$ ($\Rightarrow P(\frac{1}{2} \mid 2)$).

(c) Es gilt $A = \frac{1}{2} \cdot \frac{2}{u} \cdot 2u = 2$.

84. (a) Wir berechnen die Steigung der Tangente in $P(u \mid f(u))$: $f'(u) = e^u$. Setzen wir die Größen in die Punktsteigungsform der Tangente ein, so erhalten wir g: $y - e^u = e^u(x - u) \Leftrightarrow y = e^u x + e^u - ue^u$. Für den Schnittpunkt $N(x \mid 0)$ der Tangente mit der x-Achse gilt: $0 = e^u(x - u + 1) \Leftrightarrow x = u - 1$. Somit beträgt die Differenz der x-Werte von P und N genau $u - (u - 1) = 1$.

(b) Wir wählen u und markieren die Punkte $P(u \mid e^u)$ sowie $N(u - 1 \mid 0)$. Die Tangente entspricht der Verlängerung der Strecke PN.

85. (a) Wir berechnen $f'(x) = -\frac{1}{160}x$ und setzen $f'(x) = 0{,}04 \Leftrightarrow x = -6{,}4$. $f(-6{,}4) = 19{,}872$. Möglichst fließender Übergang in $P(-6{,}4 \mid 19{,}872)$.

(b) Gleichung der Tangente: $y = 0{,}04x + 20{,}128$. Nullstelle der Tangente: $x = -503{,}2$. Horizontaler Abstand zu P: $496{,}8$ Meter.

86. Wir wählen einen Punkt P($u \mid u^2$) auf der Normalparabel. Den gesuchten Punkt bezeichnen wir mit B($0 \mid b$). Durch das physikalische Gesetz *Einfallswinkel = Ausfallswinkel*, sowie die Parallelität von Strahl und y-Achse sind die in Abb. 3.18 eingezeichneten Winkel gleich. Die Tangente an die Normalparabel in P hat die Steigung $2u$ und daher die Gleichung $y = 2ux - u^2$. Somit verläuft sie durch den Punkt Q($0 \mid -u^2$). Da das Dreieck PQB zwei gleiche Winkel in P und Q hat, gilt $\overline{PB} = \overline{QB}$. Somit erhalten wir $\sqrt{(u-0)^2 + (u^2-q)^2} = q + u^2 \Leftrightarrow$ $u^2 + u^4 - 2u^2q + q^2 = q^2 + 2u^2q + u^4 \Leftrightarrow u^2(1 - 4q) = 0$, also $q = \frac{1}{4}$.

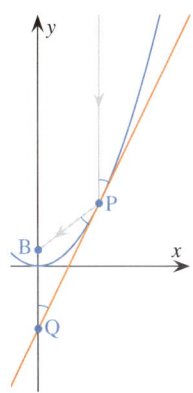

Abb. 3.18.

Monotonie und Extremstellen

87. (a) Streng monoton steigend für $x \in (\frac{3}{2}; \infty)$. Streng monoton fallend für $x \in (-\infty; \frac{3}{2})$. Lokale Extremstelle in $x = \frac{3}{2}$.

(b) Streng monoton steigend für $x \in (-\infty; -\frac{1}{2})$ und $x \in (\frac{3}{2}; \infty)$. Streng monoton fallend für $x \in (-\frac{1}{2}; \frac{3}{2})$. Lokale Extremstellen in $x_1 = -\frac{1}{2}$ und $x_2 = \frac{3}{2}$.

(c) Streng monoton steigend für $x \in (-\infty; -2)$ und $x \in (0; 2)$. Streng monoton fallend für $x \in (-2; 0)$ und $x \in (2; \infty)$. Lokale Extremstellen in $x_1 = -2$, $x_2 = 0$ und $x_3 = 2$.

88. lokale Hochpunkte H$_1$($-1 \mid 3$), H$_2$($1 \mid 3$), H$_3$($3 \mid 1$), H$_4$($5 \mid 1$), lokale Tiefpunkte T$_1$($0 \mid 1$), T$_2$($2 \mid -1$), T$_3$($4 \mid -3$), globale Hochpunkte H$_1$, H$_2$, globaler Tiefpunkt T$_3$

89. Schaubilder siehe Abb. 3.19.

(a) $f'(x) = 2x - 2$, $f''(x) = 2$. $f'(x) = 0 \Leftrightarrow x = 1$. Es gilt $f''(1) = 2 > 0$ und $f(1) = -3$.

	$x \in (-\infty; 1)$	$x = 1$	$x \in (1; \infty)$
f'	$-$	0	$+$
f	↘	T($1 \mid -3$)	↗

(b) $f'(x) = 2 - \frac{1}{2}x^2$, $f''(x) = -x$. $f'(x) = 0 \Leftrightarrow x_1 = -2$ bzw. $x_2 = 2$. Es gilt $f''(-2) = 2 > 0$, $f(-2) = -\frac{8}{3}$, $f''(2) = -2 < 0$ und $f(2) = \frac{8}{3}$.

	$x \in (-\infty; -2)$	$x = -2$	$x \in (-2; 2)$	$x = 2$	$x \in (2; \infty)$
f'	$-$	0	$+$	0	$-$
f	↘	T($-2 \mid -\frac{8}{3}$)	↗	H($2 \mid \frac{8}{3}$)	↘

(c) $f'(x) = \frac{1}{3}x^2 - \frac{2}{3}x - 1$, $f''(x) = \frac{2}{3}x - \frac{2}{3}$. $f'(x) = 0 \Leftrightarrow x_1 = -1$ bzw. $x_2 = 3$. Es gilt $f''(-1) = -\frac{4}{3} < 0$, $f(-1) = \frac{5}{9}$, $f''(3) = \frac{4}{3} > 0$ und $f(3) = -3$.

	$x \in (-\infty; -1)$	$x = -1$	$x \in (-1; 3)$	$x = 3$	$x \in (3; \infty)$
f'	$+$	0	$-$	0	$+$
f	↗	H($-1 \mid \frac{5}{9}$)	↘	T($3 \mid -3$)	↗

141

(d) $f'(x) = -x^3 + 4x$, $f''(x) = -3x^2 + 4$. $f'(x) = 0 \Leftrightarrow x_1 = -2$, $x_2 = 0$ bzw. $x_3 = 2$. Es gilt $f''(-2) = -8 < 0$, $f(-2) = 3$, $f''(0) = 4 > 0$, $f(0) = -1$, $f''(2) = -8 < 0$ und $f(2) = 3$.

	$x \in (-\infty; -2)$	$x = -2$	$x \in (-2; 0)$	$x = 0$	$x \in (0; 2)$	$x = 2$	$x \in (2; \infty)$
f'	+	0	−	0	+	0	−
f	↗	$H_1(-2 \mid 3)$	↘	$T(0 \mid -1)$	↗	$H_2(2 \mid 3)$	↘

(e) $f'(x) = \frac{3}{32}x^2 - \frac{3}{8}$, $f''(x) = \frac{3}{16}x$. $f'(x) = 0 \Leftrightarrow x_1 = -2$ bzw. $x_2 = 2$. Es gilt $f''(-2) = -\frac{3}{8} < 0$, $f(-2) = 2$, $f''(2) = \frac{3}{8} > 0$ und $f(2) = 1$.

	$x \in (-\infty; -2)$	$x = -2$	$x \in (-2; 2)$	$x = 2$	$x \in (2; \infty)$
f'	+	0	−	0	+
f	↗	$H(-2 \mid 2)$	↘	$T(2 \mid 1)$	↗

(f) $f'(x) = \frac{1}{2}x^3 - 2x$, $f''(x) = \frac{3}{2}x^2 - 2$. $f'(x) = 0 \Leftrightarrow x_1 = -2$, $x_2 = 0$ bzw. $x_3 = 2$. Es gilt $f''(-2) = 4 > 0$, $f(-2) = -3$, $f''(0) = -2 < 0$, $f(0) = -1$, $f''(2) = 4 > 0$ und $f(2) = -3$.

	$x \in (-\infty; -2)$	$x = -2$	$x \in (-2; 0)$	$x = 0$	$x \in (0; 2)$	$x = 2$	$x \in (2; \infty)$
f'	−	0	+	0	−	0	+
f	↘	$T_1(-2 \mid -3)$	↗	$H(0 \mid -1)$	↘	$T_2(2 \mid -3)$	↗

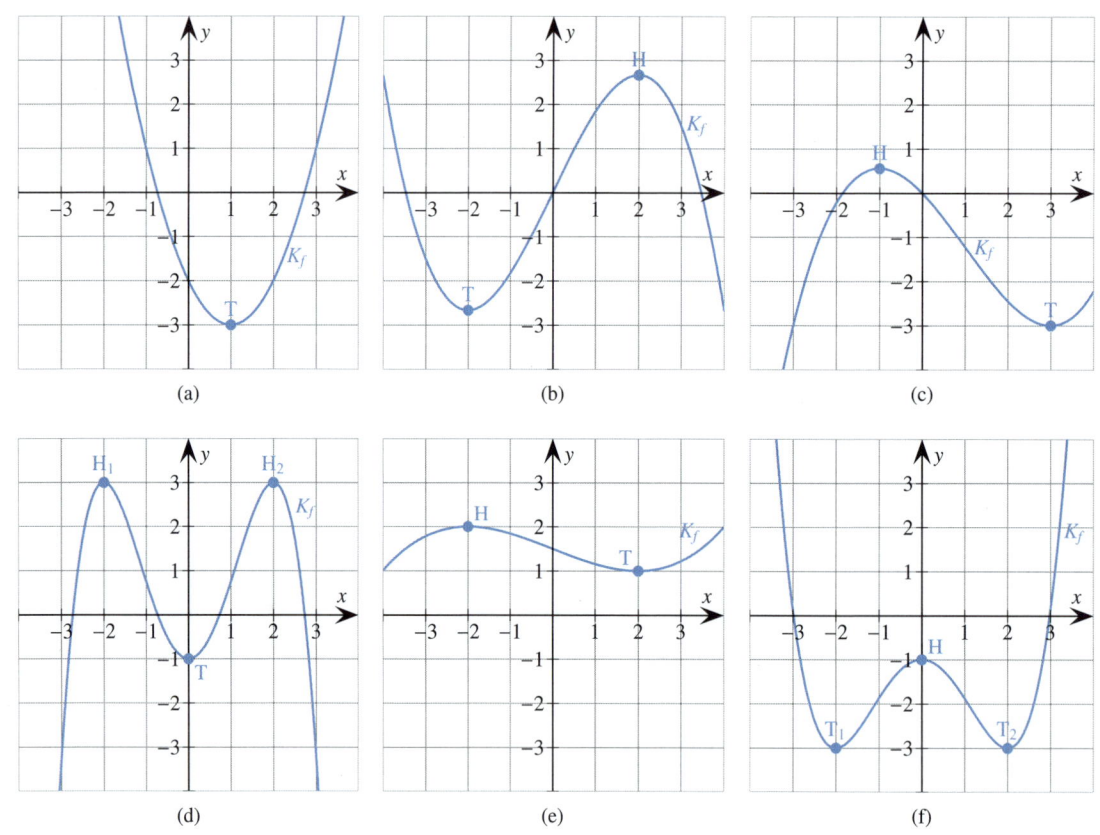

Abb. 3.19.: Schaubilder zu Aufgabe 89

90. Schaubilder siehe Abb. 3.20.

(a) $f'(x) = (3 - \frac{3}{2}x)e^{-\frac{x}{2}}$, $f''(x) = (\frac{3}{4}x - 3)e^{-\frac{x}{2}}$. $f'(x) = 0 \Leftrightarrow x = 2$. Es gilt $f''(2) = -\frac{3}{2}e^{-1} < 0$ und $f(2) = 6e^{-1} \approx 2{,}21$.

	$x \in (-\infty; 2)$	$x = 2$	$x \in (2; \infty)$
f'	+	0	−
f	↗	H(2 | 2,21)	↘

(b) $f'(x) = -6xe^{-x^2}$, $f''(x) = (12x^2 - 6)e^{-x^2}$. $f'(x) = 0 \Leftrightarrow x = 0$. Es gilt $f''(0) = -6 < 0$ und $f(0) = 3$.

	$x \in (-\infty; 0)$	$x = 0$	$x \in (0; \infty)$
f'	+	0	−
f	↗	H(0 | 3)	↘

(c) $f'(x) = (2x - x^2)e^{-x}$, $f''(x) = (x^2 - 4x + 2)e^{-x}$. $f'(x) = 0 \Leftrightarrow x_1 = 0$ bzw. $x_2 = 2$. Es gilt $f''(0) = 2 > 0$, $f(0) = 0$, $f''(2) = -2e^{-2} < 0$ und $f(2) = 4e^{-2} \approx 0{,}54$.

	$x \in (-\infty; 0)$	$x = 0$	$x \in (0; 2)$	$x = 2$	$x \in (2; \infty)$
f'	−	0	+	0	−
f	↘	T(0 | 0)	↗	H(2 | 0,54)	↘

(d) $f'(x) = (\frac{1}{2}x^2 - \frac{1}{2}x - 1)e^x$, $f''(x) = (\frac{1}{2}x^2 + \frac{1}{2}x - \frac{3}{2})e^x$. $f'(x) = 0 \Leftrightarrow x_1 = -1$ bzw. $x_2 = 2$. Es gilt $f''(-1) = -\frac{3}{2}e^{-1} < 0$, $f(-1) = \frac{5}{2}e^{-1} \approx 0{,}92$, $f''(2) = \frac{3}{2}e^2 > 0$ und $f(2) = -\frac{1}{2}e^2 \approx -3{,}69$.

	$x \in (-\infty; -1)$	$x = -1$	$x \in (-1; 2)$	$x = 2$	$x \in (2; \infty)$
f'	+	0	−	0	+
f	↗	H(−1 | 0,92)	↘	T(2 | −3,69)	↗

(e) $f'(x) = (1 - 6x)e^{-2x}$, $f''(x) = (12x - 8)e^{-2x}$. $f'(x) = 0 \Leftrightarrow x = \frac{1}{6}$. Es gilt $f''(\frac{1}{6}) = -6e^{-\frac{1}{3}} < 0$ und $f(\frac{1}{6}) = \frac{3}{2}e^{-\frac{1}{3}} \approx 1{,}07$.

	$x \in (-\infty; \frac{1}{6})$	$x = \frac{1}{6}$	$x \in (\frac{1}{6}; \infty)$
f'	+	0	−
f	↗	H($\frac{1}{6}$ | 1,07)	↘

(f) $f'(x) = (x^2 - x - 2)e^{-x}$, $f''(x) = (-x^2 + 3x + 1)e^{-x}$. $f'(x) = 0 \Leftrightarrow x_1 = -1$ bzw. $x_2 = 2$. Es gilt $f''(-1) = -3e < 0$, $f(-1) = e \approx 2{,}72$, $f''(2) = 3e^{-2} > 0$ und $f(2) = -5e^{-2} \approx -0{,}68$.

	$x \in (-\infty; -1)$	$x = -1$	$x \in (-1; 2)$	$x = 2$	$x \in (2; \infty)$
f'	+	0	−	0	+
f	↗	H(−1 | 2,72)	↘	T(2 | −0,68)	↗

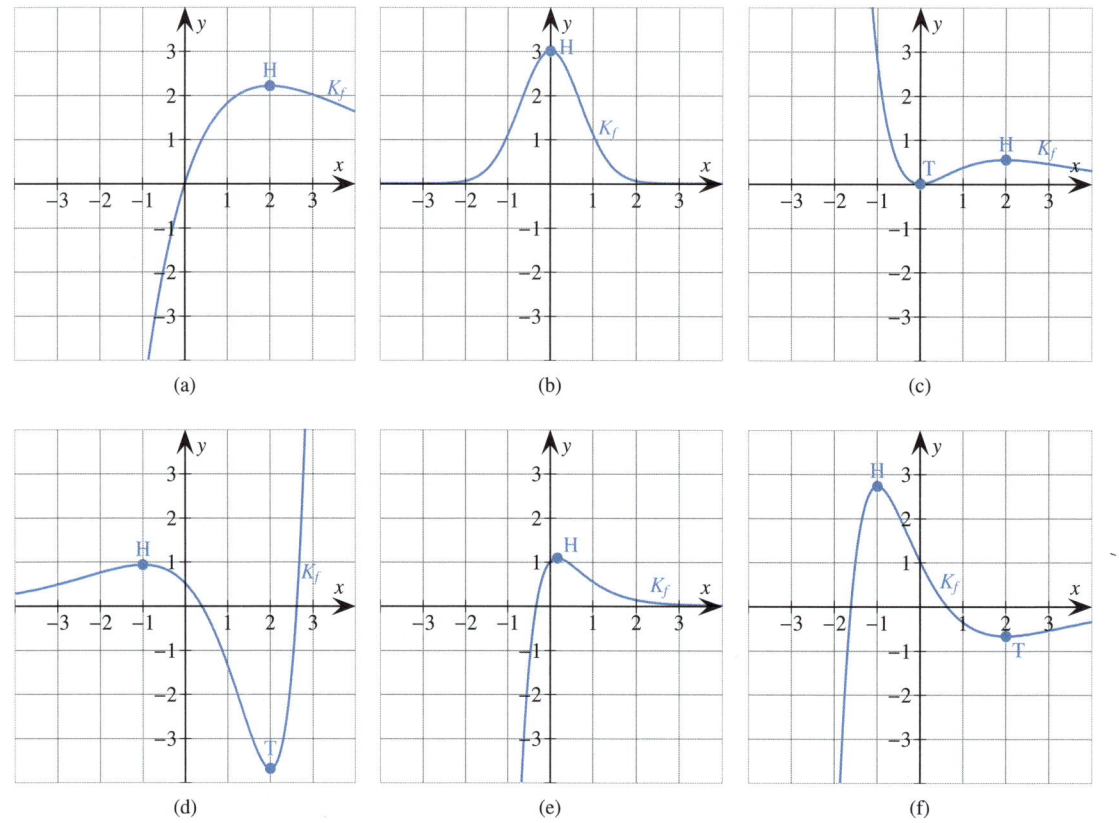

(a)   (b)   (c)

(d)   (e)   (f)

Abb. 3.20.: Schaubilder zu Aufgabe 90

91. Schaubilder siehe Abb. 3.21.

(a) $f'(x) = 1 - 2\sin(2x)$, $f''(x) = -4\cos(2x)$. $f'(x) = 0 \Leftrightarrow x_1 = \frac{1}{12}\pi$ bzw. $x_2 = \frac{5}{12}\pi$. Es gilt $f''(\frac{1}{12}\pi) = -2\sqrt{3} < 0$, $f(\frac{1}{12}\pi) \approx 1{,}13$, $f''(\frac{5}{12}\pi) = 2\sqrt{3} > 0$ und $f(\frac{5}{12}\pi) \approx 0{,}44$.

	$x \in (0;\ \frac{1}{12}\pi)$	$x = \frac{1}{12}\pi$	$x \in (\frac{1}{12}\pi;\ \frac{5}{12}\pi)$	$x = \frac{5}{12}\pi$	$x \in (\frac{5}{12}\pi;\ \pi)$
f'	$+$	0	$-$	0	$+$
f	↗	H$(\frac{1}{12}\pi \mid 1{,}13)$	↘	T$(\frac{5}{12}\pi \mid 0{,}44)$	↗

(b) $f'(x) = 2\cos(2x) - 1$, $f''(x) = -4\sin(2x)$. $f'(x) = 0 \Leftrightarrow x_1 = -\frac{1}{6}\pi$ bzw. $x_2 = \frac{1}{6}\pi$. Es gilt $f''(-\frac{1}{6}\pi) = 2\sqrt{3} > 0$, $f(-\frac{1}{6}\pi) = -0{,}34$, $f''(\frac{1}{6}\pi) = -2\sqrt{3} < 0$ und $f(\frac{1}{6}\pi) = 0{,}34$.

	$x \in (-\frac{1}{2}\pi;\ -\frac{1}{6}\pi)$	$x = -\frac{1}{6}\pi$	$x \in (-\frac{1}{6}\pi;\ \frac{1}{6}\pi)$	$x = \frac{1}{6}\pi$	$x \in (\frac{1}{6}\pi;\ \frac{1}{2}\pi)$
f'	$-$	0	$+$	0	$-$
f	↘	T$(-\frac{1}{6}\pi \mid -0{,}34)$	↗	H$(\frac{1}{6}\pi \mid 0{,}34)$	↘

(c) $f'(x) = \sin(2x) - \frac{1}{2}$, $f''(x) = 2\cos(2x)$. $f'(x) = 0 \Leftrightarrow x_1 = \frac{1}{12}\pi$ bzw. $x_2 = \frac{5}{12}\pi$. Es gilt $f''(\frac{1}{12}\pi) = \sqrt{3} > 0$, $f(\frac{1}{12}\pi) = -0{,}56$, $f''(\frac{5}{12}\pi) = -\sqrt{3} < 0$ und $f(\frac{5}{12}\pi) = -0{,}22$.

	$x \in (0;\ \frac{1}{12}\pi)$	$x = \frac{1}{12}\pi$	$x \in (\frac{1}{12}\pi;\ \frac{5}{12}\pi)$	$x = \frac{5}{12}\pi$	$x \in (\frac{5}{12}\pi;\ \pi)$
f'	$-$	0	$+$	0	$-$
f	↘	T$(\frac{1}{12}\pi \mid -0{,}56)$	↗	H$(\frac{5}{12}\pi \mid -0{,}22)$	↘

(d) $f'(x) = -4(\sin x)^2 + 4(\cos x)^2$, $f''(x) = -16 \sin x \cos x$. $f'(x) = 0 \Leftrightarrow x_1 = -\frac{1}{4}\pi$ bzw. $x_2 = \frac{1}{4}\pi$. Es gilt $f''(-\frac{1}{4}\pi) = 8 > 0$, $f(-\frac{1}{4}\pi) = -2$, $f''(\frac{1}{4}\pi) = -8 < 0$ und $f(\frac{1}{4}\pi) = 2$.

	$x \in (-\frac{1}{2}\pi; -\frac{1}{4}\pi)$	$x = -\frac{1}{4}\pi$	$x \in (-\frac{1}{4}\pi; \frac{1}{4}\pi)$	$x = \frac{1}{4}\pi$	$x \in (\frac{1}{4}\pi; \frac{1}{2}\pi)$
f'	$-$	0	$+$	0	$-$
f	$\searrow$	T$(-\frac{1}{4}\pi \mid -2)$	$\nearrow$	H$(\frac{1}{4}\pi \mid 2)$	$\searrow$

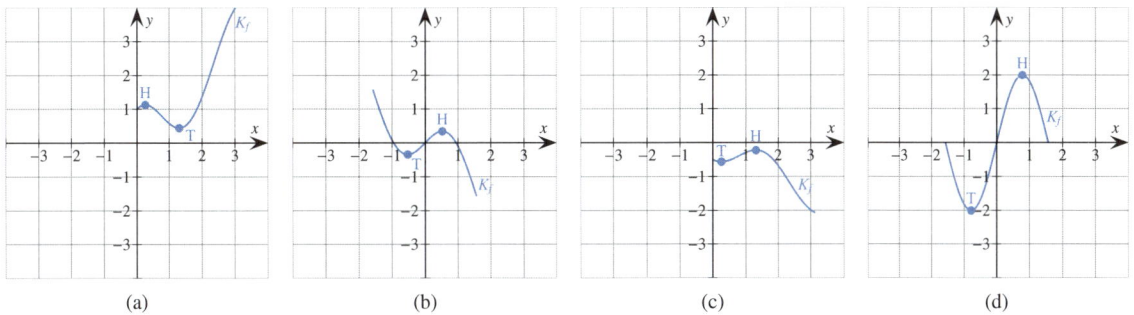

(a)   (b)   (c)   (d)

Abb. 3.21.: Schaubilder zu Aufgabe 91

92. (a) Periodenlänge: $\frac{2\pi}{b} = \frac{2\pi}{2} = \pi$.

(b) $\sin(2x) \in [-1; 1] \Rightarrow f(x) \in [-2; 0]$.

(c) $f'(x) = 2\cos(2x)$, $f''(x) = -4\sin(2x)$. $f'(x) = 0$ für $x = \frac{\pi}{4}$ bzw. $x = -\frac{\pi}{4}$. $f''(\frac{\pi}{4}) = -4 < 0$. $f(\frac{\pi}{4}) = 0 \Rightarrow$ H$(\frac{\pi}{4} \mid 0)$. Mit der Periodenlänge π wären zu ihm benachbarte Hochpunkte durch H$(-\frac{3\pi}{4} \mid 0)$ bzw. H$(\frac{5\pi}{4} \mid 0)$ gegeben.

(d) $f'(x) = 2\cos(2x)$, $f''(x) = -4\sin(2x)$. $f'(x) = 0$ für $x = \frac{\pi}{4}$ bzw. $x = -\frac{\pi}{4}$. $f''(-\frac{\pi}{4}) = 4 > 0$. $f(-\frac{\pi}{4}) = -2 \Rightarrow$ T$(-\frac{\pi}{4} \mid -2)$. Mit der Periodenlänge π wären zu ihm benachbarte Tiefpunkte durch T$(-\frac{5\pi}{4} \mid -2)$ bzw. T$(\frac{3\pi}{4} \mid -2)$ gegeben.

93. (a) falsch, da waagrechte Tangente in $x = 2$

(b) richtig, da fallend in $x = 1$

(c) falsch, da es nur 3 Extremstellen sind

(d) richtig, da K für Werte $x < 0$ steigt und für Werte $x > 0$ fällt

(e) falsch, da Tiefpunkt in $x = 2$

(f) richtig, da negativer y-Wert in $x = 2$

94. Schaubilder siehe Abb. 3.22. Mögliche Lösungen:

(a) $f(x) = x^2 - 2x - 1$ (b) $f(x) = x^3 - x^2 - 2x$ (c) $f(x) = x^4 - 4x^2$

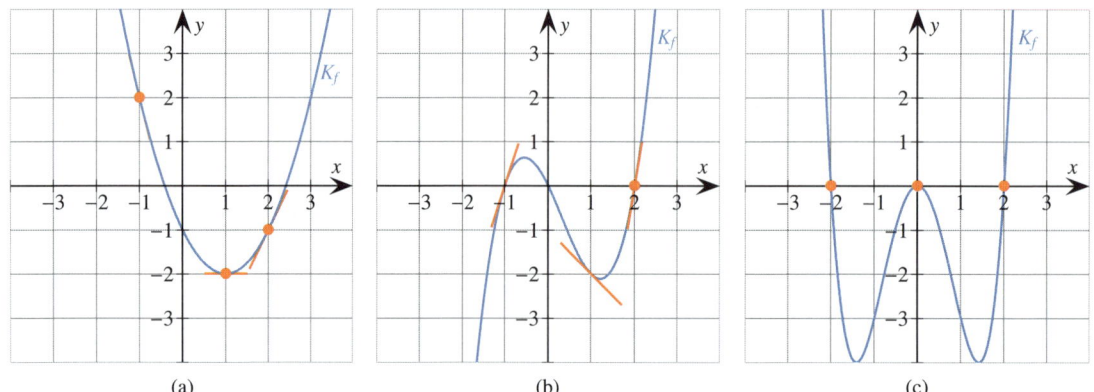

Abb. 3.22.: Schaubilder zu Aufgabe 94

95.   (a) $f'(x) = 6x^4 - 12x^2 + 6 = 6(x^2 - 1)^2 \geq 0$

(b) $f'(x) = \cos x + 1 \geq 0$, da $\cos x \in [-1; 1]$ für alle $x \in \mathbb{R}$

(c) $f'(x) = e^{2x} - 2e^x + 1 = (e^x)^2 - 2e^x + 1 = (e^x - 1)^2 \geq 0$

96.   (a) Die Funktion verläuft durch den Punkt P(4 | 2) und hat dort die Steigung -1.

(b) Die Funktion hat den lokalen Tiefpunkt T(-1 | 3).

(c) Die Funktion hat den lokalen Hochpunkt H(2 | -1).

(d) Die Funktion hat im Punkt P(3 | 2) eine Extremstelle. Nähere Aussagen sind nicht möglich.

97. Der Punkt P(-1 | $\frac{1}{2}$) ist richtig berechnet. Doch die Bedingung $f'(-1) = 0$ ist nur eine hinreichende Bedingung für einen Hoch- oder Tiefpunkt. Wir stellen fest, dass $f''(x) = -3x - 3$ und $f''(-1) = 0$. Somit wechselt f' an der Stelle $x = -1$ nicht das Vorzeichen und der Punkt P(-1 | $\frac{1}{2}$) ist weder Hochpunkt noch Tiefpunkt, sondern Terrassenpunkt (siehe Abschnitt 1.6).

98. Die erste Bedingung ist falsch, da x- und y-Wert des Punktes verwechselt wurden. Die zweite und dritte Bedingung sind richtig. Es fehlt noch die vierte Bedingung $f'(2) = 0$, da auch die Steigung im lokalen Tiefpunkt gleich Null sein muss.

99. Es gilt $f'(x) = 3x^2 + 14x + 15$ und $f''(x) = 6x + 14$. Wir berechnen $f(-3) = (-3)^3 + 7 \cdot (-3)^2 + 15 \cdot (-3) - 7 = -16$, $f'(-3) = 3 \cdot (-3)^2 + 14 \cdot (-3) + 15 = 0$, $f''(-3) = 6 \cdot (-3) + 14 = -4 < 0$. Somit liegt an der Stelle $x = -3$ ein Tiefpunkt vor. Außerdem gilt $f(1) = 1^3 + 7 \cdot 1^2 + 15 \cdot 1 - 7 = 16$ und $f'(1) = 3 \cdot 1^2 + 14 \cdot 1 + 15 = 32$, also liegt im Punkt P(1 | 16) die Steigung 32 vor.

100. Da an jeder einfachen Nullstelle das Vorzeichen von f wechselt, muss jeweils zwischen zwei Nullstellen mindestens eine lokale Extremstelle liegen. Die Funktion muss also insgesamt mindestens vier lokale Extremstellen haben.

101.   (a) Lösungsskizze siehe Abb. 3.23.

(b) Einfache Nullstellen sind Schnittstellen von f und g. Doppelte Nullstellen sind Berührstellen von f und g.

(c) Ist $h(x) > 0$, so liegt K_f an dieser Stelle oberhalb von K_g. Ist $h(x) < 0$, so liegt K_f an dieser Stelle unterhalb von K_g.

(d) $h(x)$ gibt den senkrechten Abstand zwischen f und g an der Stelle x an (inkl. der Berücksichtigung, welches Schaubild oberhalb liegt).

(e) $|h(x)|$ gibt den senkrechten Abstand von f und g an der Stelle x an, jedoch ohne Berücksichtigung, welches Schaubild oberhalb liegt.

(f) Die lokalen bzw. globalen Hoch-/Tiefstellen von h bzw. die lokale/globale Hochstelle von $|h|$.

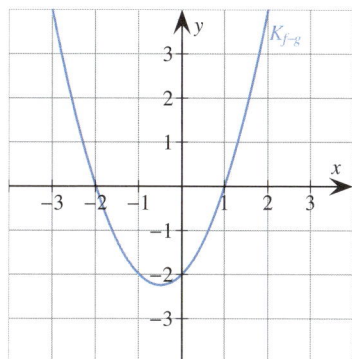

Abb. 3.23.: Lösungsskizze zu Aufgabe 101

102. Wegen $f'(x) = x(3ax + 2b)$ hat die Funktion die Extremstellen $x_1 = 0$ bzw. $x_2 = -\frac{2b}{3a}$. Aus den Bedingungen $f(1) = \frac{1}{3}$ und $f'(1) = 0$ erhalten wir ein lineares Gleichungssystem bestehend aus den Gleichungen $3a + 2b = 0$ und $a + b = \frac{1}{3}$. Die Werte $a = -\frac{2}{3}$ und $b = 1$ lösen das Gleichungssystem. Somit erhalten wir die Funktion f mit $f(x) = -\frac{2}{3}x^3 + x^2$. Da $f''(1) = -2$, liegt tatsächlich ein Hochpunkt vor.

103. lokaler Tiefpunkt T(2 | 1). Die Tangente an K durch den Punkt N_y(0 | 5) hat die Funktionsgleichung $y = -4x + 5$, die dazu senkrechte Gerade durch P hat die Funktionsgleichung $y = \frac{1}{4}x + \frac{1}{2}$. Die Geraden haben den Schnittpunkt S($\frac{18}{17}$ | $\frac{13}{17}$). $\overline{SP} = \sqrt{(2 - \frac{18}{17})^2 + (1 - \frac{13}{17})^2} = \frac{4}{\sqrt{17}} \approx 0{,}97$.

104. Wir setzen $f_a(x) = a(x - u_1)(x - u_2) = ax^2 - a(u_1 + u_2)x + au_1u_2$, $a \neq 0$. Dann berechnen wir $f'_a(x) = 2ax - a(u_1 + u_2)$. Es gilt: $f'_a(x) = 0 \Leftrightarrow 2ax - a(u_1 + u_2) = 0 \Leftrightarrow x = \frac{1}{2}(u_1 + u_2)$.

105. Jeder Scheitelpunkt einer Parabel ist ein lokaler Extrempunkt. Also berechnen wir $f'(x) = 2ax + b$. Es gilt $f'(x) = 0 \Leftrightarrow 2ax + b = 0 \Leftrightarrow x = -\frac{b}{2a}$. Wir setzen $x = -\frac{b}{2a}$ in $f(x)$ ein: $f(-\frac{b}{2a}) = a \cdot (-\frac{b}{2a})^2 + b \cdot (-\frac{b}{2a}) + c = c - \frac{b^2}{4a}$ und erhalten den gewünschten Scheitelpunkt.

106. Die Funktion muss in $x = -3$ bzw. $x = 0$ streng monoton steigen. Da die Punkte P(−3 | 0) und Q(−1 | 0) den gleichen y-Wert haben, muss das Schaubild zwischen P und Q noch mindestens einen Hoch- und einen Tiefpunkt besitzen. Zwischen $x = 0$ und $x = 2$ muss ein Hochpunkt verlaufen. Somit muss die Funktion mindestens 4. Grades sein. Mögliche Lösung: $f(x) = -\frac{4}{21}x^4 - \frac{10}{21}x^3 + \frac{20}{21}x^2 + 2x$.

107. Wir berechnen die Ableitung $f'(x) = e^x + 1 > 0$ für alle $x \in \mathbb{R}$. Somit ist f stets streng monoton steigend. Da $f(-1) = e^{-1} - 1 < 0$ und $f(0) = 1 > 0$, muss die einzige Nullstelle im Intervall $[-1; 0]$ liegen.

108. Wir berechnen die Ableitung $f'(x) = 2x + e^{-x}$. Es gilt $f'(x) > 0$ für $x \in [0; 1]$. Somit ist f in diesem Intervall streng monoton steigend. Da $f(0) = -1 < 0$ und $f(1) = 1 - e^{-1} > 0$, muss eine Nullstelle im Intervall $[0; 1]$ vorliegen.

109. Hat f' an der Stelle u eine Nullstelle mit ungerader Vielfachheit, dann lässt sich f' schreiben als $f'(x) = (x-u)^n \cdot g(x)$, wobei $g(u) \neq 0$ und n ungerade ist. Also liegt in $x = u$ ein Vorzeichenwechsel von f' vor und f hat dort einen Hoch- oder Tiefpunkt. Beispiel: $f(x) = x^4$. Dann ist $f'(x) = 4x^3$ mit dreifacher Nullstelle $x = 0$. Dort liegt ein Tiefpunkt vor.

Hat f' an der Stelle u eine Nullstelle mit gerader Vielfachheit, dann lässt sich f' schreiben als $f'(x) = (x-u)^n \cdot g(x)$, wobei $g(u) \neq 0$ und n gerade ist. Also liegt in $x = u$ kein Vorzeichenwechsel von f' vor und f hat dort einen Terrassenpunkt. Beispiel: $f(x) = x^3$. Dann ist $f'(x) = 3x^2$ mit zweifacher Nullstelle $x = 0$. Dort liegt ein Terrassenpunkt vor.

110. (a) Das Rechteck wird durch den Zaun, sowie drei Strecken der Längen x, x und y begrenzt, für die $2x + y = 20$ gilt. Der Flächeninhalt xy soll maximiert werden. Wir können y auch darstellen als $y = 20 - 2x$. Diesen Wert setzen wir in die Flächenformel ein und erhalten $p(x) = x(20 - 2x) \to \max$.

(b) $p'(x) = 20 - 4x$. $p'(x) = 0$ für $x = 5$. $p''(x) = -4 < 0$, $p(5) = 50$. Maximaler Flächeninhalt 50 für $x = 5$.

(c) Wählt der Gärtner als Fläche einen Halbkreis mit Radius x, so muss gelten: $\pi x = 20 \Rightarrow x = \frac{20}{\pi}$. Für den Flächeninhalt gilt dann: $A = \frac{1}{2} \cdot x^2 \pi = \frac{1}{2} \cdot \left(\frac{20}{\pi}\right)^2 \cdot \pi = \frac{200}{\pi} = 63{,}66 > 50$.

111. Wir definieren die Funktion f mit $f(x) = e^x - (1+x)$ und zeigen, dass $f(x) \geq 0$ für alle $x \in \mathbb{R}$. Dies erreichen wir, wenn wir zeigen, dass I: $f(0) = 0$, II: f ist monoton fallend für $x < 0$ sowie III: f ist monoton steigend für $x > 0$. Zu I.: Wir berechnen $f(0) = 0$. Zu II./III.: Wir berechnen $f'(x) = e^x - 1$. Es gilt $f'(x) = 0 \Leftrightarrow x = 0$. Außerdem erhalten wir $f'(x) < 0$ für $x < 0$, denn $e^x < 1$ für $x < 0$, und $f'(x) > 0$ für $x > 0$, denn $e^x > 1$ für $x > 1$. Somit erhalten wir die geforderte Behauptung.

Krümmung und Wendestellen

112. (a) Wendestelle in $x = -1$. Rechtsgekrümmt in $x \in (-\infty; -1)$. Linksgekrümmt in $x \in (-1; \infty)$.

(b) Wendestellen in $x_1 = -\frac{3}{2}$ bzw. $x_2 = \frac{3}{2}$. Rechtsgekrümmt in $x \in (-\infty; -\frac{3}{2})$ und in $x \in (\frac{3}{2}; \infty)$. Linksgekrümmt in $x \in (-\frac{3}{2}; \frac{3}{2})$.

(c) Wendestellen in $x_1 = -1$, $x_2 = 0$ bzw. $x_3 = 1$. Linksgekrümmt in $x \in (-\infty; -1)$ und in $x \in (0; 1)$. Rechtsgekrümmt in $x \in (-1; 0)$ und in $x \in (1; \infty)$.

113. Schaubilder siehe Abb. 3.24.

(a) $f'(x) = 3x^2 - 6x$, $f''(x) = 6x - 6$, $f'''(x) = 6$. $f''(x) = 0 \Leftrightarrow x = 1$. Es gilt $f'''(1) = 6 \neq 0$ und $f(1) = 2$.

	$x \in (-\infty; 1)$	$x = 1$	$x \in (1; \infty)$
f''	$-$	0	$+$
f	$\cap$	W$(1 \mid 2)$	$\cup$

(b) $f'(x) = 15x^2 - 15x + 1$, $f''(x) = 30x - 15$, $f'''(x) = 30$. $f''(x) = 0 \Leftrightarrow x = \frac{1}{2}$. Es gilt $f'''(\frac{1}{2}) = 30 \neq 0$ und $f(\frac{1}{2}) = \frac{9}{4}$.

	$x \in (-\infty; \frac{1}{2})$	$x = \frac{1}{2}$	$x \in (\frac{1}{2}; \infty)$
f''	$-$	0	$+$
f	$\cap$	W$(\frac{1}{2} \mid \frac{9}{4})$	$\cup$

(c) $f'(x) = -\frac{9}{4}x^2 + 4x$, $f''(x) = -\frac{9}{2}x + 4$, $f'''(x) = -\frac{9}{2}$. $f''(x) = 0 \Leftrightarrow x = \frac{8}{9}$. Es gilt $f'''(\frac{8}{9}) = -\frac{9}{2} \neq 0$ und $f(\frac{8}{9}) = \frac{256}{243}$.

	$x \in (-\infty; \frac{8}{9})$	$x = \frac{8}{9}$	$x \in (\frac{8}{9}; \infty)$
f''	+	0	–
f	$\smile$	W$(\frac{8}{9} \mid \frac{256}{243})$	$\frown$

(d) $f'(x) = \frac{1}{2}x^2 + \frac{3}{2}x + \frac{11}{8}$, $f''(x) = x + \frac{3}{2}$, $f'''(x) = 1$. $f''(x) = 0 \Leftrightarrow x = -\frac{3}{2}$. Es gilt $f'''(-\frac{3}{2}) = 1 \neq 0$ und $f(-\frac{3}{2}) = -\frac{3}{2}$.

	$x \in (-\infty; -\frac{3}{2})$	$x = -\frac{3}{2}$	$x \in (-\frac{3}{2}; \infty)$
f''	–	0	+
f	$\frown$	W$(-\frac{3}{2} \mid -\frac{3}{2})$	$\smile$

(e) $f'(x) = -\frac{2}{5}x^3 + \frac{6}{5}x - \frac{3}{2}$, $f''(x) = -\frac{6}{5}x^2 + \frac{6}{5}$, $f'''(x) = -\frac{12}{5}x$. $f''(x) = 0 \Leftrightarrow x_1 = -1$ bzw. $x_2 = 1$. Es gilt $f'''(-1) = \frac{12}{5} \neq 0$, $f(-1) = 2$, $f'''(1) = -\frac{12}{5} \neq 0$ und $f(1) = -1$.

	$x \in (-\infty; -1)$	$x = -1$	$x \in (-1; 1)$	$x = 1$	$x \in (1; \infty)$
f''	–	0	+	0	–
f	$\frown$	W$_1(-1 \mid 2)$	$\smile$	W$_2(1 \mid -1)$	$\frown$

(f) $f'(x) = \frac{1}{3}x^3 - 2x$, $f''(x) = x^2 - 2$, $f'''(x) = 2x$. $f''(x) = 0 \Leftrightarrow x_1 = -\sqrt{2}$ bzw. $x_2 = \sqrt{2}$. Es gilt $f'''(-\sqrt{2}) = -2\sqrt{2} \neq 0$, $f(-\sqrt{2}) = -\frac{5}{3}$, $f'''(\sqrt{2}) = 2\sqrt{2} \neq 0$ und $f(\sqrt{2}) = -\frac{5}{3}$.

	$x \in (-\infty; -\sqrt{2})$	$x = -\sqrt{2}$	$x \in (-\sqrt{2}; \sqrt{2})$	$x = \sqrt{2}$	$x \in (\sqrt{2}; \infty)$
f''	+	0	–	0	+
f	$\smile$	W$_1(-\sqrt{2} \mid -\frac{5}{3})$	$\frown$	W$_2(\sqrt{2} \mid -\frac{5}{3})$	$\smile$

114. Schaubilder siehe Abb. 3.25.

(a) $f'(x) = (1 - x)e^{-x}$, $f''(x) = (x - 2)e^{-x}$, $f'''(x) = (3 - x)e^{-x}$. $f''(x) = 0 \Leftrightarrow x = 2$. Es gilt $f'''(2) = e^{-2} \neq 0$ und $f(2) = 2e^{-2} \approx 0{,}27$.

	$x \in (-\infty; 2)$	$x = 2$	$x \in (2; \infty)$
f''	–	0	+
f	$\frown$	W$(2 \mid 0{,}27)$	$\smile$

(b) $f'(x) = -2xe^{-x^2}$, $f''(x) = (4x^2 - 2)e^{-x^2}$, $f'''(x) = (12x - 8x^3)e^{-x^2}$. $f''(x) = 0 \Leftrightarrow x_1 = -\frac{1}{2}\sqrt{2}$ bzw. $x_2 = \frac{1}{2}\sqrt{2}$. Es gilt $f'''(-\frac{1}{2}\sqrt{2}) = -4\sqrt{2}e^{-\frac{1}{2}} \neq 0$, $f(-\frac{1}{2}\sqrt{2}) = e^{-\frac{1}{2}} \approx 0{,}61$, $f'''(\frac{1}{2}\sqrt{2}) = 4\sqrt{2}e^{-\frac{1}{2}}$ und $f(\frac{1}{2}\sqrt{2}) = e^{-\frac{1}{2}} \approx 0{,}61$.

	$x \in (-\infty; -\frac{1}{2}\sqrt{2})$	$x = -\frac{1}{2}\sqrt{2}$	$x \in (-\frac{1}{2}\sqrt{2}; \frac{1}{2}\sqrt{2})$	$x = \frac{1}{2}\sqrt{2}$	$x \in (\frac{1}{2}\sqrt{2}; \infty)$
f''	+	0	–	0	+
f	$\smile$	W$_1(-\frac{1}{2}\sqrt{2} \mid 0{,}61)$	$\frown$	W$_2(\frac{1}{2}\sqrt{2} \mid 0{,}61)$	$\smile$

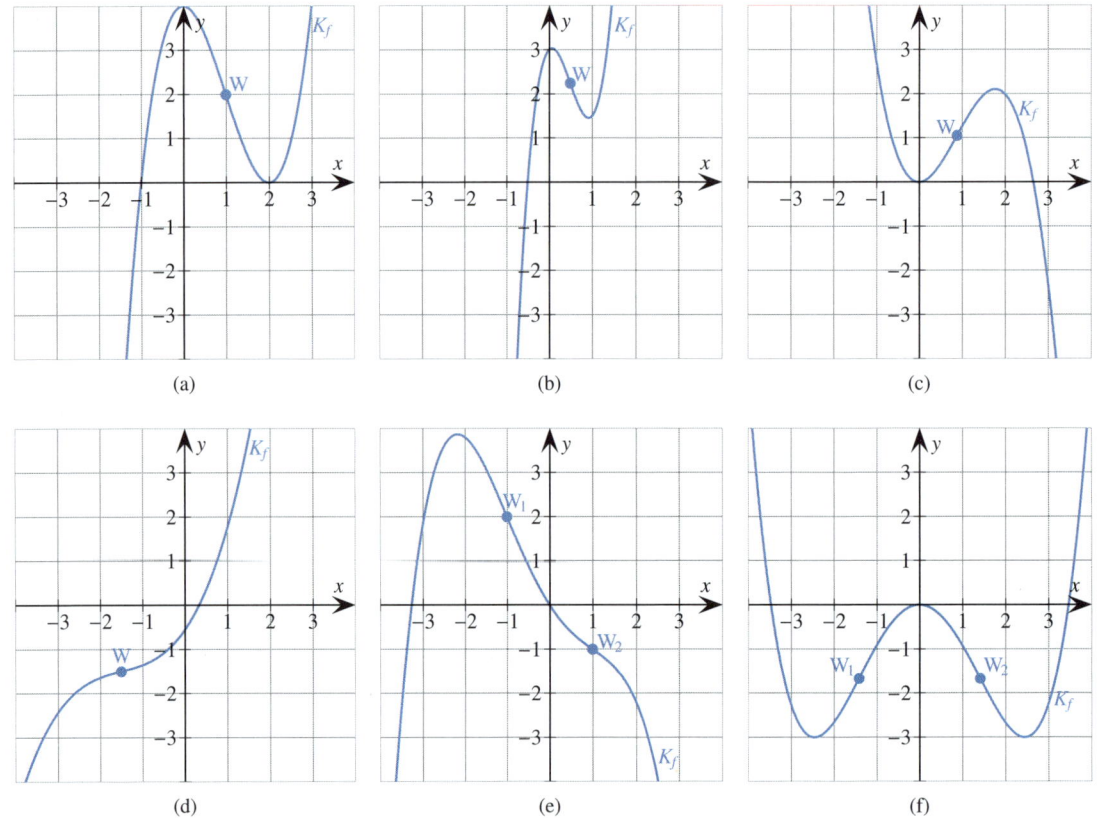

Abb. 3.24.: Schaubilder zu Aufgabe 113

(c) $f'(x) = (\frac{1}{2}x - \frac{1}{2})e^{\frac{x}{2}}$, $f''(x) = (\frac{1}{4}x + \frac{1}{4})e^{\frac{x}{2}}$, $f'''(x) = (\frac{1}{8}x + \frac{3}{8})e^{\frac{x}{2}}$. $f''(x) = 0 \Leftrightarrow x = -1$. Es gilt $f'''(-1) = \frac{1}{4}e^{-\frac{1}{2}} \neq 0$ und $f(-1) = -4e^{-\frac{1}{2}} \approx -2,43$.

	$x \in (-\infty; -1)$	$x = -1$	$x \in (-1; \infty)$
f''	$-$	0	$+$
f	$\curvearrowright$	W($-1 \mid -2,43$)	$\curvearrowleft$

(d) $f'(x) = (-x^2 + 2x - 1)e^{1-x}$, $f''(x) = (x^2 - 4x + 3)e^{1-x}$, $f'''(x) = (-x^2 + 6x - 7)e^{1-x}$. $f''(x) = 0 \Leftrightarrow x_1 = 1$ bzw. $x_2 = 3$. Es gilt $f'''(1) = -2 \neq 0$, $f(1) = 2$, $f'''(3) = 2e^{-2} \neq 0$ und $f(3) = 10e^{-2} \approx 1,35$.

	$x \in (-\infty; 1)$	$x = 1$	$x \in (1; 3)$	$x = 3$	$x \in (3; \infty)$
f''	$+$	0	$-$	0	$+$
f	$\curvearrowleft$	$W_1(1 \mid 2)$	$\curvearrowright$	$W_2(3 \mid 1,35)$	$\curvearrowleft$

115. Schaubilder siehe Abb. 3.26.

(a) $f'(x) = 2 - \cos x$, $f''(x) = \sin x$, $f'''(x) = \cos x$. $f''(x) = 0 \Leftrightarrow x = 0$. Es gilt $f'''(0) = 1 \neq 0$ und $f(0) = 0$.

	$x \in (-\frac{\pi}{2}; 0)$	$x = 0$	$x \in (0; \frac{\pi}{2})$
f''	$-$	0	$+$
f	$\curvearrowright$	W($0 \mid 0$)	$\curvearrowleft$

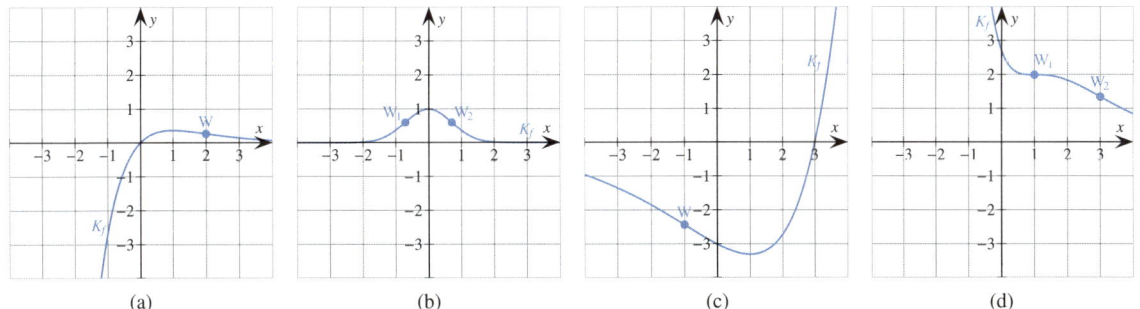

Abb. 3.25.: Lösungsskizzen zu Aufgabe 114

(b) $f'(x) = -\frac{1}{2}x + \sin x$, $f''(x) = -\frac{1}{2} + \cos x$, $f'''(x) = \sin x$. $f''(x) = 0 \Leftrightarrow x_1 = -\frac{1}{3}\pi$ bzw. $x_2 = \frac{1}{3}\pi$. Es gilt $f'''(-\frac{1}{3}\pi) = \frac{1}{2}\sqrt{3} \neq 0$, $f(-\frac{1}{3}\pi) \approx -0{,}77$, $f'''(\frac{1}{3}\pi) = -\frac{1}{2}\sqrt{3}$ und $f(\frac{1}{3}\pi) \approx -0{,}77$.

	$x \in (-\pi; \frac{1}{3}\pi)$	$x = -\frac{1}{3}\pi$	$x \in (-\frac{1}{3}\pi; \frac{1}{3}\pi)$	$x = \frac{1}{3}\pi$	$x \in (\frac{1}{3}\pi; \pi)$
f''	$-$	0	$+$	0	$-$
f	$\curvearrowright$	$W_1(-\frac{1}{3}\pi \mid -0{,}77)$	$\curvearrowleft$	$W_2(\frac{1}{3}\pi \mid -0{,}77)$	$\curvearrowright$

(c) $f'(x) = \cos x - \sin x$, $f''(x) = -\sin x - \cos x$, $f'''(x) = -\cos x + \sin x$. $f''(x) = 0 \Leftrightarrow x_1 = -\frac{1}{4}\pi$ bzw. $x_2 = \frac{3}{4}\pi$. Es gilt $f'''(-\frac{1}{4}\pi) = -\sqrt{2} \neq 0$, $f(-\frac{1}{4}\pi) = 0$, $f'''(\frac{3}{4}\pi) = \sqrt{2} \neq 0$ und $f(\frac{3}{4}\pi) = 0$.

	$x \in (-\pi; \frac{1}{4}\pi)$	$x = -\frac{1}{4}\pi$	$x \in (-\frac{1}{4}\pi; \frac{3}{4}\pi)$	$x = \frac{3}{4}\pi$	$x \in (\frac{3}{4}\pi; \pi)$
f''	$+$	0	$-$	0	$+$
f	$\curvearrowleft$	$W_1(-\frac{1}{4}\pi \mid 0)$	$\curvearrowright$	$W_2(\frac{3}{4}\pi \mid 0)$	$\curvearrowleft$

(d) $f'(x) = \pi \cos(1 + \pi x)$, $f''(x) = -\pi^2 \sin(1 + \pi x)$, $f'''(x) = -\pi^3 \cos(1 + \pi x)$. $f''(x) = 0 \Leftrightarrow x_1 = -\frac{1}{\pi}$ bzw. $x_2 = 1 - \frac{1}{\pi}$. Es gilt $f'''(-\frac{1}{\pi}) = -\pi^3 \neq 0$, $f(-\frac{1}{\pi}) = 0$, $f'''(1 - \frac{1}{\pi}) = \pi^3 \neq 0$ und $f(1 - \frac{1}{\pi}) = 0$.

	$x \in (-1; -\frac{1}{\pi})$	$x = -\frac{1}{\pi}$	$x \in (-\frac{1}{\pi}; 1 - \frac{1}{\pi})$	$x = 1 - \frac{1}{\pi}$	$x \in (1 - \frac{1}{\pi}; 1)$
f''	$+$	0	$-$	0	$+$
f	$\curvearrowleft$	$W_1(-\frac{1}{\pi} \mid 0)$	$\curvearrowright$	$W_2(1 - \frac{1}{\pi} \mid 0)$	$\curvearrowleft$

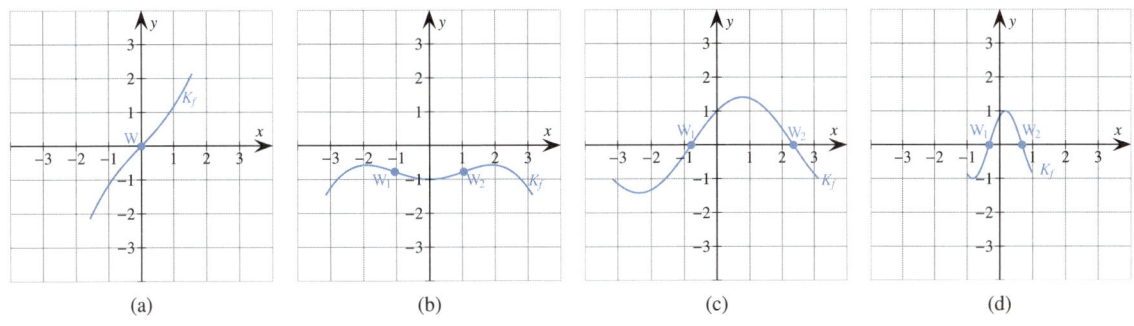

Abb. 3.26.: Schaubilder zu Aufgabe 115

151

116. (a) Periodenlänge: $\frac{2\pi}{b} = \frac{2\pi}{\frac{1}{2}} = 4\pi$

(b) $\cos(\frac{1}{2}x) \in [-1; 1] \Rightarrow 2 - \cos(\frac{1}{2}x) \in [1; 3]$

(c) $f'(x) = \frac{1}{2}\sin(\frac{1}{2}x)$, $f''(x) = \frac{1}{4}\cos(\frac{1}{2}x)$, $f'''(x) = -\frac{1}{8}\sin(\frac{1}{2}x)$, $f''(x) = 0$ für $x = -\pi$ bzw. $x = \pi$. $f'''(-\pi) \neq 0$, $f'''(\pi) \neq 0$, $f(-\pi) = 2$, $f(\pi) = 2 \Rightarrow W_1(-\pi \mid 2)$, $W_2(\pi \mid 2)$.

(d) $f'(-\pi) = -\frac{1}{2}$, $f'(\pi) = \frac{1}{2} \Rightarrow$ maximale Steigung in $W_2(\pi \mid 2)$

117. Schaubilder siehe Abb. 3.27.

(a) $f'(x) = -x^2 + 2x - \frac{3}{2}$, $f''(x) = -2x + 2$. $f''(x) = 0 \Leftrightarrow x = 1$. Es gilt $f'(1) = -\frac{1}{2}$, $f(1) = 2$. Somit $y - 2 = -\frac{1}{2}(x - 1) \Rightarrow y = -\frac{1}{2}x + \frac{5}{2}$.

(b) $f'(x) = \frac{1}{2}x^2 - 6$, $f''(x) = x$. $f''(x) = 0 \Leftrightarrow x = 0$. Es gilt $f'(0) = -2$, $f(0) = 1$. Somit $y - 1 = -2(x - 0) \Rightarrow y = -2x + 1$.

(c) $f'(x) = x^2 - 3x + \frac{5}{2}$, $f''(x) = 2x - 3$. $f''(x) = 0 \Leftrightarrow x = \frac{3}{2}$. Es gilt $f'(\frac{3}{2}) = \frac{1}{4}$, $f(\frac{3}{2}) = \frac{11}{8}$. Somit $y - \frac{11}{8} = \frac{1}{4}(x - \frac{3}{2}) \Rightarrow y = \frac{1}{4}x + 1$.

(d) $f'(x) = (-16x - 28)e^{-4x-6}$, $f''(x) = (64x + 96)e^{-4x-6}$. $f''(x) = 0 \Leftrightarrow x = -\frac{3}{2}$. Es gilt $f'(-\frac{3}{2}) = -4$, $f(-\frac{3}{2}) = 2$. Somit $y - 2 = -4(x + \frac{3}{2}) \Rightarrow y = -4x - 4$.

(e) $f'(x) = \cos x$, $f''(x) = -\sin x$. $f''(x) = 0 \Leftrightarrow x = 0$. Es gilt $f'(0) = 1$, $f(0) = 0$. Somit $y - 0 = 1 \cdot (x - 0) \Rightarrow y = x$.

(f) $f'(x) = -\sin x$, $f''(x) = -\cos x$. $f''(x) = 0 \Leftrightarrow x = \frac{1}{2}\pi$. Es gilt $f'(\frac{1}{2}\pi) = -1$, $f(\frac{1}{2}\pi) = 0$. Somit $y - 0 = -1(x - \frac{1}{2}\pi) \Rightarrow y = -x + \frac{1}{2}\pi$.

118. (a) richtig, da f in $x = -1$ rechtsgekrümmt

(b) falsch, da f in $x = 1$ linksgekrümmt

(c) richtig, da Wendestelle in $x = 2$

(d) falsch, da Wendestelle in $x = 2$

(e) falsch, da es 3 Wendestellen sind ($x_1 = -2$, $x_2 = 0$, $x_3 = 2$)

(f) richtig, denn auch in einem Terrassenpunkt wie in $x = 0$ wechselt die Krümmung

119. Lösungsskizzen siehe Abb. 3.28. Mögliche Lösungen:

(a) $f(x) = \frac{1}{2}x^3 - \frac{3}{2}x^2$

(b) $f(x) = \frac{1}{4}x^4 - \frac{5}{6}x^3 - x^2 + \frac{10}{3}x$

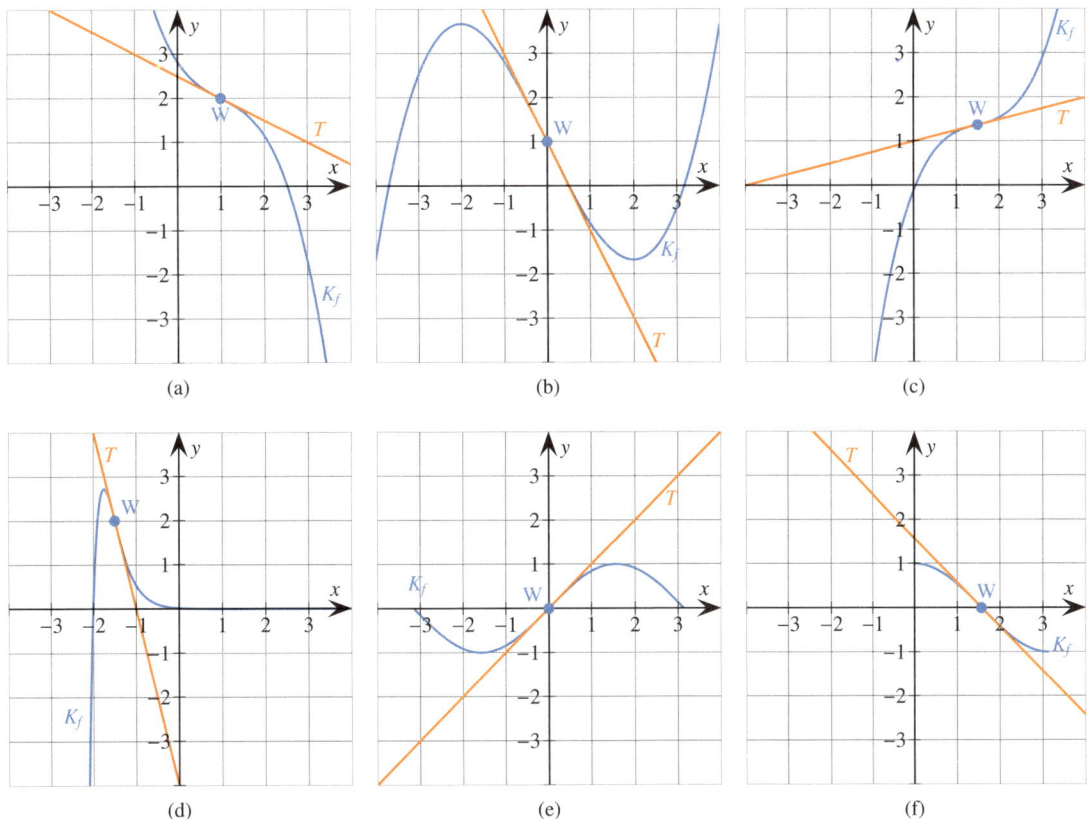

Abb. 3.27.: Schaubilder zu Aufgabe 117

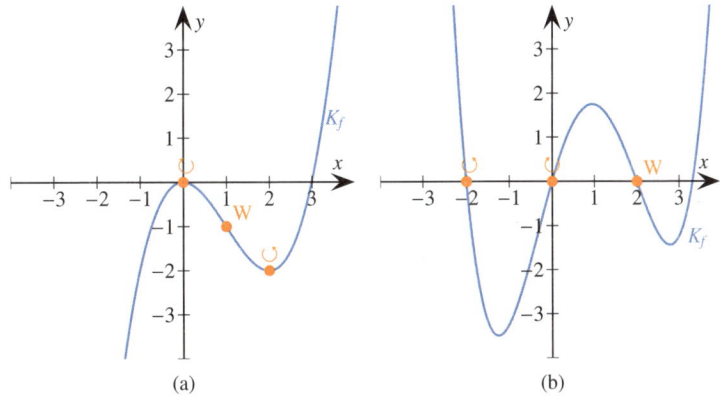

Abb. 3.28.: Lösungsskizzen zu Aufgabe 119

120. Lösungsskizzen siehe Abb. 3.29. Mögliche Lösungen:

(a) $f(x) = -x^2 + 2x + 3$ (b) $f(x) = \frac{1}{3}x^3 + x$ (c) $f(x) = x^4 - 4x^2$

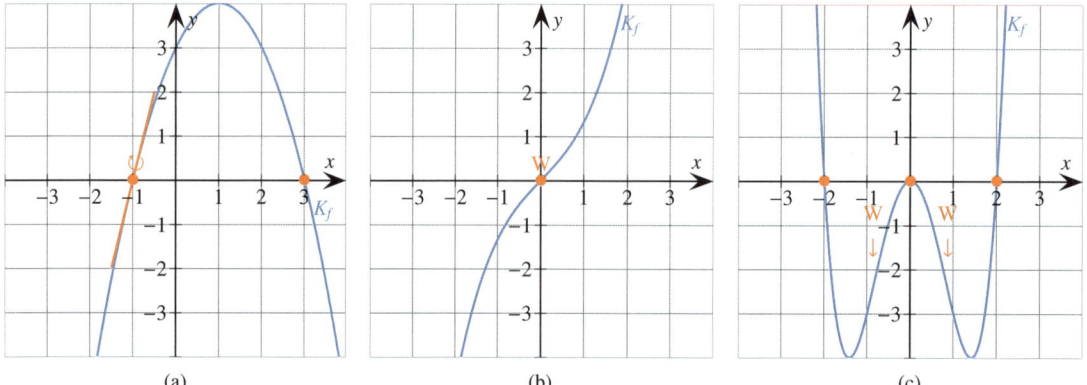

Abb. 3.29.: Lösungsskizzen zu Aufgabe 120

121. Wir berechnen $f'(x) = 2x + \cos x$ und $f''(x) = 2 - \sin x$. Nun gilt $\sin x \in [-1;\ 1]$ und somit $f''(x) \in [1;\ 3] > 0$ für alle $x \in \mathbb{R}$. Somit ist f stets linksgekrümmt.

122. Wir berechnen $f'(x) = 1 - 2e^{-2x}$ und $f''(x) = 4e^{-2x}$. Nun gilt $e^{(\ldots)} > 0$ für alle $x \in \mathbb{R}$ und somit $f''(x) > 0$ für alle $x \in \mathbb{R}$. Somit kann K_f keinen Wendepunkt haben.

123. (a) Das Schaubild der Funktion verläuft durch den Punkt P($-3\mid 5$). Die Funktion ist dort linksgekrümmt.

(b) Die Funktion hat den Wendepunkt W($-2\mid 1$).

(c) Die Funktion hat den Terrassenpunkt Te($0\mid 1$).

124. Die erste Bedingung ist falsch, da x- und y-Wert vertauscht wurden. Richtig wäre die Bedingung $f(3) = 2$. Die anderen Bedingungen sind richtig. Da Te($-1\mid 0$) ein Terrassenpunkt ist, fehlt allerdings noch die Bedingung $f'(-1) = 0$.

125. Zunächst ist f symmetrisch zur y-Achse, da die Funktion ganzrational ist und nur gerade Hochzahlen hat. Zudem gilt $f'(x) = -4x^3 + 12x$, $f''(x) = -12x^2 + 12$ und $f'''(x) = -24x$. Wir berechnen $f(-1) = -(-1)^4 + 6\cdot(-1)^2 + 27 = 32$, $f'(-1) = -4\cdot(-1)^3 + 12\cdot(-1) = -8$, $f''(-1) = -12\cdot(-1)^2 + 12 = 0$ und $f'''(-1) = -24\cdot(-1) = 24 \neq 0$. An der Stelle $x = -1$ liegt also ein Wendepunkt mit der Steigung -8 vor. Setzen wir diese Informationen in die Punktsteigungsform ein, so erhalten wir die Wendetangente $y = -8x + 24$.

126. Wir berechnen $f''(x) = 6ax + 2b$. Aus den Bedingungen $f(1) = \frac{1}{3}$ und $f''(1) = 0$ erhalten wir ein lineares Gleichungssystem bestehend aus den Gleichungen:

$$
\begin{array}{rcrcl}
6a & + & 2b & = & 0 \\
a & + & b & = & \frac{1}{3}
\end{array}
$$

Die Werte $a = -\frac{1}{6}$ und $b = \frac{1}{2}$ lösen das Gleichungssystem. Somit erhalten wir die Funktion f mit $f(x) = -\frac{1}{6}x^3 + \frac{1}{2}x^2$. Da $f'''(1) = -1 \neq 0$, liegt tatsächlich ein Wendepunkt vor.

127. Wir setzen $f(x) = ax^3 + bx^2 + cx + d$ und berechnen $f'(x) = 3ax^2 + 2bx + c$ und $f''(x) = 6ax + 2b$. Mit den Bedingungen $f(0) = 0$, $f''(0) = 0$, $f(4) = 3$ und $f'(4) = 0$ erhalten wir ein LGS bestehend aus I: $d = 0$, II: $b = 0$, III: $64a + 4c = 3$ und IV: $48a + c = 0$. Die Lösung lautet $f(x) = -\frac{3}{128}x^3 + \frac{9}{8}x$.

154

128. (a) Lösungsskizze siehe Abb. 3.30.

(b) Wir berechnen $f'(x) = -x^3 + 3x$, $f''(x) = -3x^2 + 3$ bzw. $f'''(x) = -6x$. Wir berechnen die lokalen Hochpunkte: $H_1(-\sqrt{3} \mid \frac{9}{4})$ und $H_2(\sqrt{3} \mid \frac{9}{4})$. Sie sind tatsächlich lokale Hochpunkte, da $f''(\pm\sqrt{3}) = -6 < 0$. Wir berechnen die Wendepunkte $W_1(-1 \mid \frac{5}{4})$ und $W_2(1 \mid \frac{5}{4})$. Sie sind tatsächlich Wendepunkte, denn $f'''(\pm 1) = \pm 6 \neq 0$. Für die Basisseiten des Trapezes gilt $a = 2\sqrt{3}$ und $c = 2$, für die Höhe gilt $h = \frac{9}{4} - \frac{5}{4} = 1$. Somit erhalten wir für den Flächeninhalt des Trapezes:

$$A = \frac{1}{2}(a + c)h = \frac{1}{2}(2\sqrt{3} + 2) \cdot 1 = \sqrt{3} + 1$$

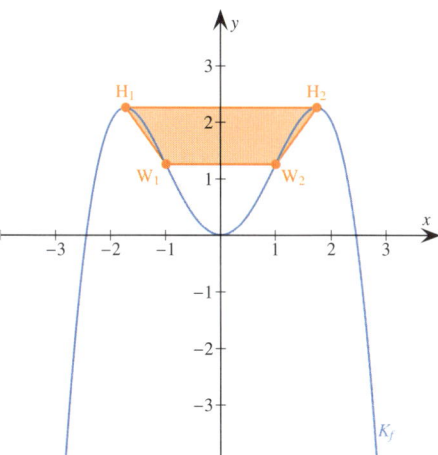

Abb. 3.30.: Lösungsskizze zu Aufgabe 128

129. Hat f'' an der Stelle u eine Nullstelle mit ungerader Vielfachheit, dann lässt sich f'' schreiben als $f''(x) = (x - u)^n \cdot g(x)$, wobei $g(u) \neq 0$ und n ungerade ist. Also liegt in $x = u$ ein Vorzeichenwechsel von f'' vor und K_f hat dort einen Wendepunkt. Beispiel: $f(x) = x^5$. Dann ist $f''(x) = 20x^3$ mit dreifacher Nullstelle $x = 0$. Dort liegt ein Wendepunkt vor.

Hat f'' an der Stelle u eine Nullstelle mit gerader Vielfachheit, dann lässt sich f'' schreiben als $f''(x) = (x - u)^n \cdot g(x)$, wobei $g(u) \neq 0$ und n gerade ist. Also liegt in $x = u$ kein Vorzeichenwechsel von f'' vor und f hat dort keinen Wendepunkt. Beispiel: $f(x) = x^4$. Dann ist $f'(x) = 12x^2$ mit zweifacher Nullstelle $x = 0$. Dort liegt kein Wendepunkt vor.

Terrassenpunkte und Flachpunkte

130. (a) Wendepunkt P, Flachpunkt Q, Wendepunkt R

(b) Wendepunkt P, Terrassenpunkt Q, Wendepunkt R

(c) Flachpunkt P

155

131. Schaubilder siehe Abb. 3.31.

(a) Wir berechnen $f'(x) = x^3 - 3x^2$ und $f''(x) = 3x^2 - 6x = 3x(x-2)$. Es gilt $f''(x) = 0 \Leftrightarrow x_1 = 0$ bzw. $x_2 = 2$. Wir berechnen $f(0) = 3$ und $f(2) = -1$. f'' wechselt in $x_1 = 0$ und $x_2 = 2$ das Vorzeichen. Da $f'(0) = 0$, ist der Punkt Te$(0 \mid 3)$ ein Terrassenpunkt. Da $f'(2) = -4$, ist der Punkt W$(2 \mid -1)$ ein Wendepunkt.

(b) Wir berechnen $f'(x) = x^5 - \frac{10}{3}x^3 + 5x$ und $f''(x) = 5x^4 - 10x^2 + 5 = 5(x^2 - 1)^2 = 5(x-1)^2(x+1)^2$. Es gilt $f''(x) = 0 \Leftrightarrow x_1 = -1$ bzw. $x_2 = 1$. Wir berechnen $f(-1) = f(1) = -2$. Es gilt $f''(x) \geq 0$ für alle $x \in \mathbb{R}$. Also sind F$_1(-1 \mid -2)$ und F$_2(1 \mid -2)$ jeweils Flachpunkte.

(c) Wir berechnen $f'(x) = 3x^4 + 12x^3 + 12x^2$ und $f''(x) = 12x^3 + 36x^2 + 24x = 12x(x+1)(x+2)$. Es gilt $f''(x) = 0 \Leftrightarrow x_1 = -2$, $x_2 = -1$ bzw. $x_3 = 0$. Wir berechnen $f(-2) = -3{,}2$, $f(-1) = -1{,}6$ und $f(0) = 0$. f'' wechselt sowohl in $x_1 = -2$, $x_2 = -1$ und $x_3 = 0$ das Vorzeichen. Da $f'(-2) = f'(0) = 0$, sind die Punkte Te$_1(-2 \mid -3{,}2)$ und Te$_2(0 \mid 0)$ Terrassenpunkte. Da $f'(-1) = 3$, ist W$(-1 \mid -1{,}6)$ ein Wendepunkt.

(d) Wir berechnen $f'(x) = -\frac{1}{4}x^3$ und $f''(x) = -\frac{3}{4}x^2$. Es gilt $f''(x) = 0 \Leftrightarrow x_1 = 0$. Wir berechnen $f(0) = 3$. Da $f''(x) \leq 0$ für alle $x \in \mathbb{R}$, ist F$(0 \mid 3)$ ein Flachpunkt.

(e) Wir berechnen $f'(x) = 2x - 2\sin x \cos x$ und $f''(x) = 2 + (\sin x)^2 - 2(\cos x)^2 = 4(\sin x)^2$. Es gilt $f''(x) = 0 \Leftrightarrow x = 0$. Wir berechnen $f(0) = -2$. Es gilt $f''(x) \geq 0$ für alle $x \in \mathbb{R}$. Somit ist F$(0 \mid -2)$ ein Flachpunkt.

(f) Wir berechnen $f'(x) = (\frac{1}{6}x^3 - \frac{1}{2}x^2 + x - 1)e^x$ und $f''(x) = \frac{1}{6}x^3 e^x$. Es gilt $f''(x) = 0 \Leftrightarrow x = 0$. Wir berechnen $f(0) = -2$. f'' wechselt an der Stelle $x = 0$ das Vorzeichen. Da $f'(0) = -1$ gilt, ist W$(0 \mid -2)$ ein Wendepunkt.

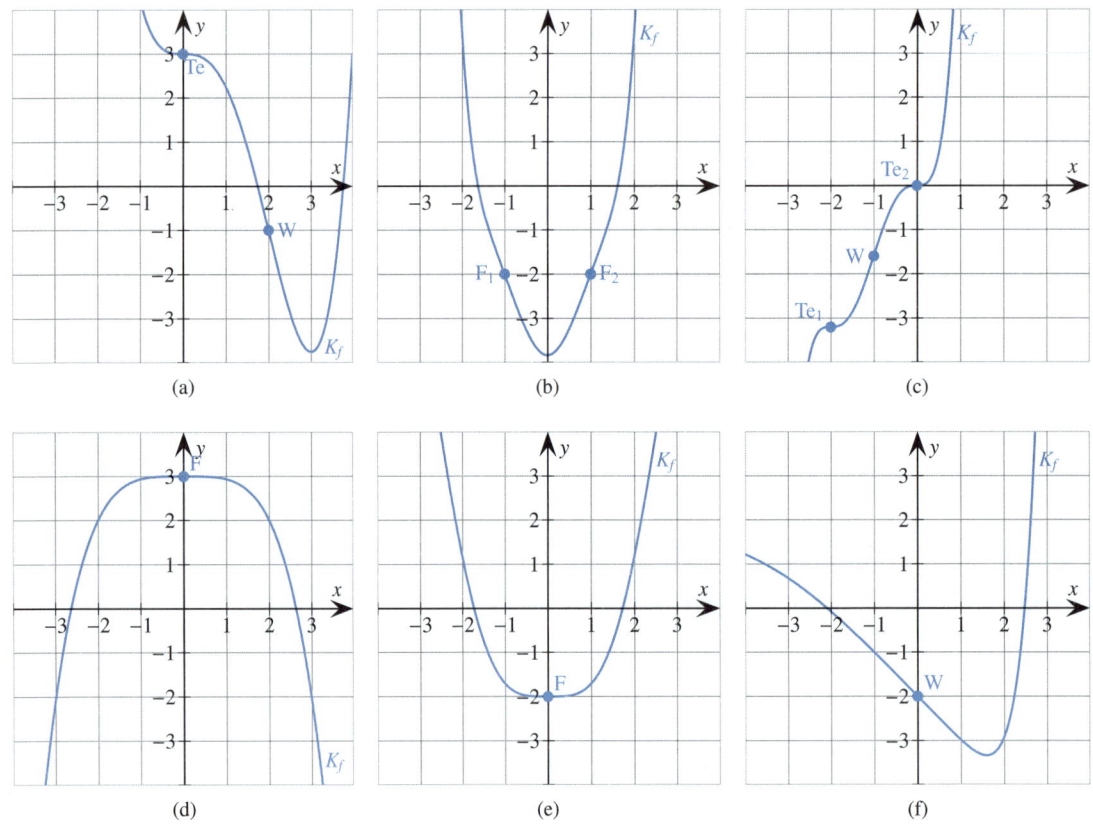

Abb. 3.31.: Schaubilder zu Aufgabe 131

132. Lösungsskizzen siehe Abb. 3.32. Mögliche Funktionen:

(a) $f(x) = \begin{cases} 2(x-1)^3 + 2, & x \geq 0, \\ 2(x+1)^3 - 2, & x < 0. \end{cases}$

(b) $f(x) = 3 - \frac{3}{16}x^4$

(c) $f(x) = -\frac{1}{40}x^5 + \frac{1}{3}x^3 + \frac{1}{15}$

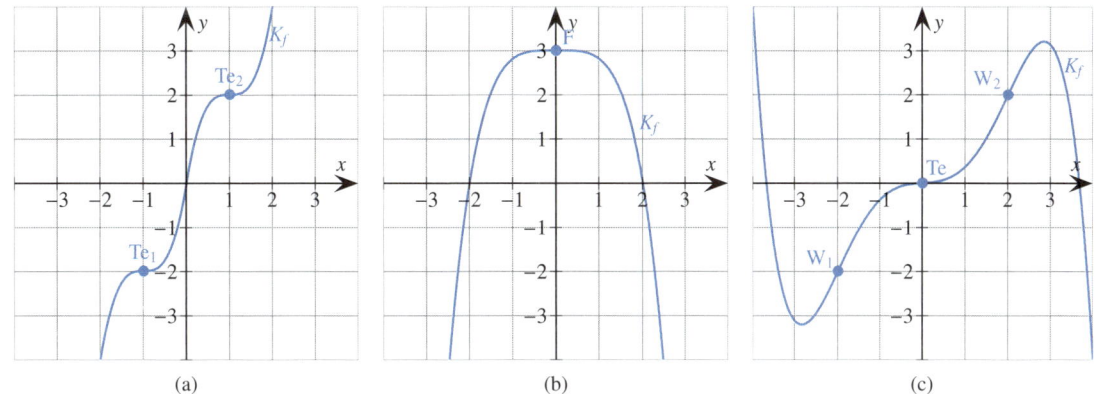

Abb. 3.32.: Lösungsskizzen zu Aufgabe 132

133. Der Punkt W(0 | 0) ist richtig berechnet. Doch die Bedingung $f''(0) = 0$ ist nur eine hinreichende Bedingung für einen Wendepunkt. Wir stellen fest, dass $f''(x) = \frac{3}{4}x^2$ und $f''(x) \geq 0$ für alle $x \in \mathbb{R}$. Somit wechselt f'' an keiner Stelle das Vorzeichen und der Punkt W(0 | 0) ist kein Wendepunkt, sondern ein Flachpunkt.

134. Es gilt $f'(x) = -4x^3 + 12x + 8$, $f''(x) = -12x^2 + 12$ und $f'''(x) = -24x$. Wir berechnen $f(-1) = -(-1)^4 + 6 \cdot (-1)^2 + 8 \cdot (-1) + 84 = 81$, $f'(-1) = -4 \cdot (-1)^3 + 12 \cdot (-1) + 8 = 0$, $f''(-1) = -12 \cdot (-1)^2 + 12 = 0$ und $f'''(-1) = -24 \cdot (-1) = 24 \neq 0$. Das Schaubild der Funktion f hat also den Terrassenpunkt Te$(-1 \mid 81)$. Außerdem berechnen wir $f(2) = -2^4 + 6 \cdot 2^2 + 8 \cdot 2 + 84 = 108$, $f'(2) = -4 \cdot 2^3 + 12 \cdot 2 + 8 = 0$ und $f''(2) = -12 \cdot 2^2 + 12 = -36 > 0$. Das Schaubild der Funktion f hat also den Hochpunkt H$(2 \mid 108)$.

135. $f'(x) = x - \cos x$, $f''(x) = 1 + \sin x$, $f'''(x) = \cos x$, $f''(x) = 0 \Leftrightarrow x_k = \frac{4k-1}{2}\pi$, $k \in \mathbb{Z}$. Für diese x gilt: $f''(x_k)$ wechselt das Vorzeichen an den Stellen x_k nicht. Die Funktion f hat unendlich viele Flachpunkte F$_k(x_k \mid f(x_k))$.

Asymptoten

136. (a) $f(x) \to 0$ für $x \to -\infty$: waagrechte Asymptote $y = 0$; $f(x) \to \infty$ für $x \to \infty$: keine waagrechte Asymptote

(b) $f(x) \to \infty$ für $x \to -\infty$: keine waagrechte Asymptote; $f(x) \to 0$ für $x \to \infty$: waagrechte Asymptote $y = 0$

(c) $f(x) \to 0$ für $x \to -\infty$: waagrechte Asymptote $y = 0$; $f(x) \to \infty$ für $x \to \infty$: keine waagrechte Asymptote

(d) $f(x) \to \infty$ für $x \to -\infty$: keine waagrechte Asymptote; $f(x) \to \infty$ für $x \to \infty$: keine waagrechte Asymptote

(e) $f(x) \to \infty$ für $x \to -\infty$: keine waagrechte Asymptote; $f(x) \to 2$ für $x \to \infty$: waagrechte Asymptote $y = 2$

(f) $f(x) \to 4$ für $x \to -\infty$: waagrechte Asymptote $y = 4$; $f(x) \to \infty$ für $x \to \infty$: keine waagrechte Asymptote

137. K_1: $h(x)$, denn K_1 hat die waagrechte Asymptote $y = -2$ für $x \to -\infty$. K_2: $f(x)$, denn K_2 hat die waagrechte Asymptote $y = -1$ für $x \to \infty$. K_3: $g(x)$, denn K_3 hat die waagrechte Asymptote $y = -1$ für $x \to -\infty$

138. (a) waagrechte Asymptote $y = -3 \Rightarrow c = -3$

(b) waagrechte Asymptote $y = 1 \Rightarrow c = 1$. Punkt $P(0 \mid -1)$ einsetzen: $a = -2$

(c) waagrechte Asymptote $y = -1 \Rightarrow c = -1$. Punkt $P(2 \mid 0)$ einsetzen: $b = 2$

139. Tim liegt falsch. Zwar liegen die y-Werte von e^{-2x} für diese x-Werte ganz nahe bei 0, die Werte des Summanden x tun dies jedoch nicht. Daher kann f für $x \to \infty$ keine waagrechte Asymptote haben.

140. Wir lösen die folgende Gleichung:

$$4 - (4 - e^{-2x}) < 0{,}01$$
$$e^{-2x} < 0{,}01 \qquad | \ln()$$
$$-2x < -4{,}61 \qquad |: (-2)$$
$$x > 2{,}30$$

141. Das Schaubild hat die waagrechte Asymptote $y = 2$ und nähert sich dieser von oben an.

142. (a) z.B. $f(x) = e^{-x} + 3$, $f(x) = e^{-2x} + 3$, $f(x) = 2e^{-x} + 3$

(b) z.B. $f(x) = e^x - 2$, $f(x) = e^{2x} - 2$, $f(x) = 2e^x - 2$

143. (a) schiefe Asymptote $y = 3x$ für $x \to -\infty$; keine Asymptote für $x \to \infty$

(b) keine Asymptote für $x \to -\infty$; schiefe Asymptote $y = x$ für $x \to \infty$

(c) keine Asymptote für $x \to -\infty$; schiefe Asymptote $y = 1 + 2x$ für $x \to \infty$

(d) schiefe Asymptote $y = -4x + 1$ für $x \to -\infty$; keine Asymptote für $x \to \infty$

(e) schiefe Asymptote $y = 5x - 2$ für $x \to -\infty$; keine Asymptote für $x \to \infty$

(f) keine Asymptote für $x \to -\infty$; schiefe Asymptote $y = -x$ für $x \to \infty$

144. K_1: $g(x)$, denn K_1 hat die schiefe Asymptote $y = -x$ für $x \to \infty$. K_2: $h(x)$, denn K_2 hat die schiefe Asymptote $y = x$ für $x \to -\infty$. K_3: $f(x)$, denn K_3 hat die schiefe Asymptote $y = -x$ für $x \to -\infty$

145. (a) schiefe Asymptote $y = -x + 1 \Rightarrow a = -1, b = 1$

(b) schiefe Asymptote $y = \frac{1}{2}x \Rightarrow a = \frac{1}{2}$

(c) schiefe Asymptote $y = -3x \Rightarrow a = -3$

146. Das Schaubild der Funktion f hat eine schiefe Asymptote der Form $y = mx + b$. Zudem liegt diese Asymptote stets oberhalb von des Schaubilds, d.h. das Schaubild nähert sich von von unten an die Asymptote an.

147. (a) z.B. $f(x) = e^x + 4x$, $f(x) = e^{2x} + 4x$, $f(x) = 2e^x + 4x$

(b) z.B. $f(x) = e^{-x} + 2 - x$, $f(x) = e^{-2x} + 2 - x$, $f(x) = 2e^{-x} + 2 - x$

Kurvendiskussion – ganzrationale Funktionen

148. Schaubilder siehe Abb. 3.33.

(a) keine Symmetrie. $f'(x) = \frac{1}{2}x^2 - x$, $f''(x) = x - 1$, $f'''(x) = 1$, Schnittpunkte mit den Koordinatenachsen: $N_1(0 \mid 0)$ (doppelt), $N_2(3 \mid 0)$ (einfach), $S(0 \mid 0)$, Hochpunkt $H(0 \mid 0)$, Tiefpunkt $T(2 \mid -\frac{2}{3})$, Wendepunkt $W(1 \mid -\frac{1}{3})$

(b) $f(x) = f(-x)$, daher Symmetrie zur y-Achse. $f'(x) = 4x^3 - 4x$, $f''(x) = 12x^2 - 4$, $f'''(x) = 24x$, Schnittpunkte mit den Koordinatenachsen: $N_1(-1 \mid 0)$ (doppelt), $N_2(1 \mid 0)$ (doppelt), $S(0 \mid 1)$, Hochpunkt $H(0 \mid 1)$, Tiefpunkte $T_1(-1 \mid 0)$, $T_2(1 \mid 0)$, Wendepunkte $W_1(-\frac{1}{3}\sqrt{3} \mid \frac{4}{9})$, $W_2(\frac{1}{3}\sqrt{3} \mid \frac{4}{9})$

(c) keine Symmetrie. $f'(x) = \frac{2}{3}x^3 - x^2$, $f''(x) = 2x^2 - 2x$, $f'''(x) = 4x - 2$, Schnittpunkte mit den Koordinatenachsen: $N_1(0 \mid 0)$ (dreifach), $N_2(2 \mid 0)$ (einfach), $S(0 \mid 0)$, Tiefpunkt $T(\frac{3}{2} \mid -\frac{9}{32})$, Terrassenpunkt $W_1(0 \mid 0)$, Wendepunkt $W_2(1 \mid -\frac{1}{6})$

(d) keine Symmetrie. $f'(x) = \frac{1}{2}x^2 + x + 1$, $f''(x) = x + 1$, $f'''(x) = 1$, Schnittpunkte mit den Koordinatenachsen: $N_1(0 \mid 0)$ (einfach), $S(0 \mid 0)$, keine Extrempunkte, Wendepunkt $W_1(-1 \mid -\frac{2}{3})$

(e) $f(-x) = -f(x)$, daher Symmetrie zum Ursprung. $f'(x) = \frac{15}{32}x^4 - \frac{15}{8}x^2$, $f''(x) = \frac{15}{8}x^3 - \frac{15}{4}x$, $f'''(x) = \frac{45}{8}x^2 - \frac{15}{4}$, Schnittpunkte mit den Koordinatenachsen: $N_1(-\frac{2}{3}\sqrt{15} \mid 0)$, $N_2(0 \mid 0)$ (dreifach), $N_3(\frac{2}{3}\sqrt{15} \mid 0)$, $S(0 \mid 0)$, Hochpunkt $H(-2 \mid 2)$, Tiefpunkt $T(2 \mid -2)$, Terrassenpunkt $S(0 \mid 0)$

(f) keine Symmetrie. $f'(x) = -\frac{1}{4}x^3 + 2$, $f''(x) = -\frac{3}{4}x^2$, $f'''(x) = -\frac{3}{2}x$, Schnittpunkte mit den Koordinatenachsen: $N_1(0 \mid 0)$ (einfach), $N_2(\sqrt[3]{32} \mid 0)$ (einfach), $S(0 \mid 0)$, Hochpunkt $H(2 \mid 3)$, Flachpunkt $F(0 \mid 0)$

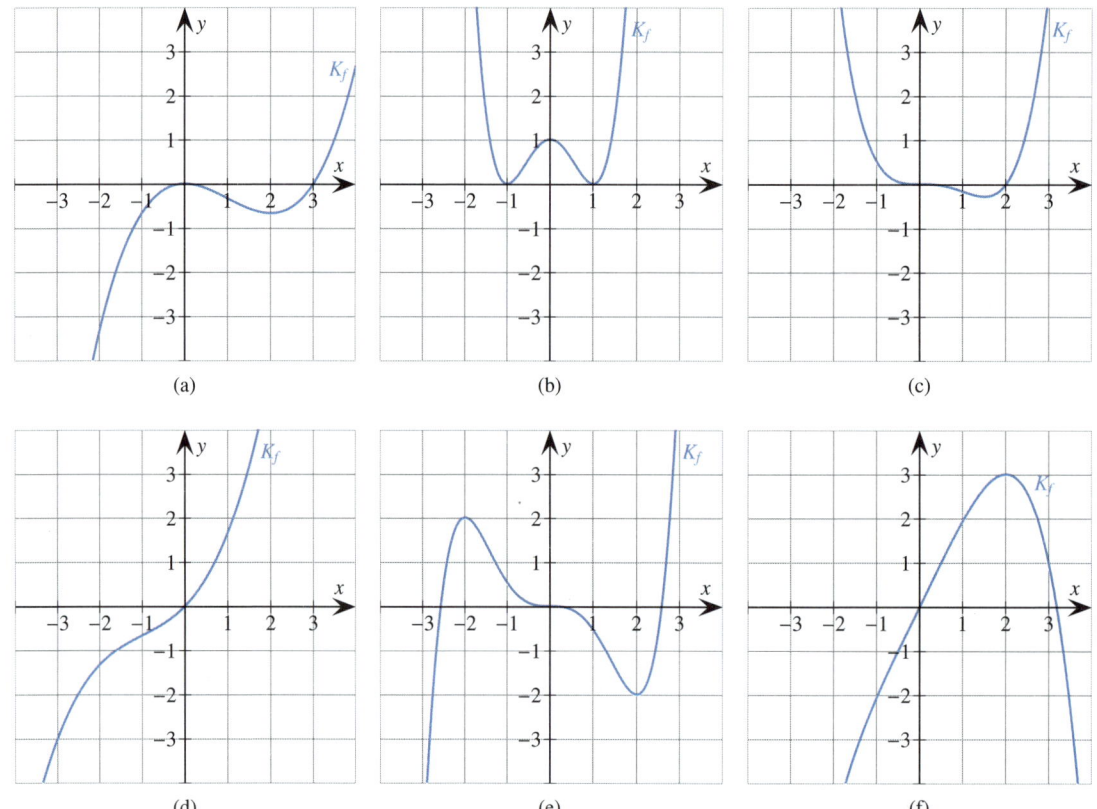

Abb. 3.33.: Schaubilder zu Aufgabe 148

149.   (a) Nicht möglich. Das Schaubild hat nur eine einfache Nullstelle in $x = -2$. Es müsste aber dort eine doppelte Nullstelle haben.

(b) Nicht möglich. Das Schaubild hat eine doppelte Nullstelle in $x = -1$. Es darf dort aber keine Nullstelle haben.

(c) Richtig. Das Schaubild hat eine einfache Nullstelle in $x = 1$ und eine doppelte Nullstelle in $x = -2$.

150.   (a) Verschiebung um 2 Einheiten nach oben

(b) Stauchung um Faktor $\frac{1}{2}$ in x-Richtung

151.   (a) $g(x) = (x + 1)^3$ (b) $g(x) = -(x - 2)^3$

152. Schaubild siehe Abb. 3.34a.

(a) $f'(x) = \frac{3}{2}x^2 - 4x + 1$, $f'(2) = 2 \Rightarrow$ Normalensteigung $-\frac{1}{2}$; n: $y = -\frac{1}{2}x$

(b) $f(x) = n(x) \Rightarrow$ Schnittpunkte $P(2 \mid -1)$, $Q(\frac{1}{3} \mid -\frac{1}{6})$

153. (a) K ist achsensymmetrisch, da $f(-x) = f(x)$ für alle $x \in \mathbb{R}$. Schaubild siehe Abb. 3.34b.

(b) $f'(x) = x^3 - 2x$, $f''(x) = 3x^2 - 2$, $f''(x) = 0 \Leftrightarrow x_{1/2} = \pm\frac{1}{3}\sqrt{6}$. $f'''(-\frac{1}{3}\sqrt{6}) = -2\sqrt{6} \neq 0$, $f(-\frac{1}{3}\sqrt{6}) = \frac{4}{9} \Rightarrow$ Wendepunkt $W_1(-\frac{1}{3}\sqrt{6} \mid \frac{4}{9})$. $f'''(\frac{1}{3}\sqrt{6}) = 2\sqrt{6} \neq 0$, $f(-\frac{1}{3}\sqrt{6}) = \frac{4}{9} \Rightarrow$ Wendepunkt $W_2(\frac{1}{3}\sqrt{6} \mid \frac{4}{9})$.

(c) $f(x) - p(x) = \frac{1}{4}x^4 - 2x^2 + 5 > 0$ für alle $x \in \mathbb{R}$, da mit Substitution $u = x^2$ gilt: $\frac{1}{4}u^2 - 2u + 5 > 0$, da Diskriminante $\triangle < 0$ und Parabel p^* mit $p^*(u) = \frac{1}{4}u^2 - 2u + 5$ nach oben geöffnet.

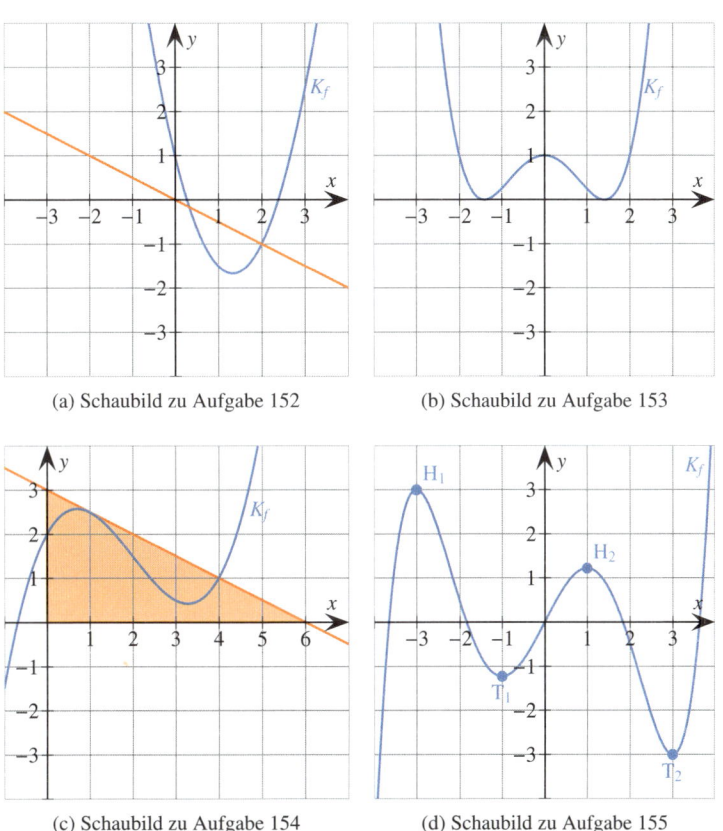

(a) Schaubild zu Aufgabe 152   (b) Schaubild zu Aufgabe 153

(c) Schaubild zu Aufgabe 154   (d) Schaubild zu Aufgabe 155

Abb. 3.34.: Schaubilder

154. $f'(x) = \frac{3}{4}x^2 - 3x + \frac{7}{4}$, $f'(1) = -\frac{1}{2}$, $f(1) = \frac{5}{2}$. Die Funktionsgleichung der Tangente g lautet $g: y = -\frac{1}{2}x + 3$ und hat mit den Koordinatenachsen die Schnittpunkte $N_x(6 \mid 0)$ und $N_y(0 \mid 3)$. Für den Flächeninhalt A gilt: $A = \frac{1}{2} \cdot 3 \cdot 6 = 9$.

155. (a) genau zwei Tiefpunkte: $T_1(-1 \mid -\frac{11}{9})$, $T_2(3 \mid -3)$

(b) Skizze siehe Schaubild 3.34d

(c) 3 Wendestellen, wobei jeweils eine zwischen den Extremstellen liegt; 5 Nullstellen, weil zwischen den Extremstellen jeweils das Vorzeichen der y-Werte wechselt und außerhalb der äußersten Extremstellen die Krümmung nicht mehr wechsel (f ist mit $f(x) = \frac{1}{24}x^5 - \frac{25}{36}x^3 + \frac{15}{8}x$ sogar eindeutig bestimmt)

156. (a) richtig, da f in $x = -1$ einen größeren y-Wert hat als in $x = 1$

(b) richtig, da f in $x = -1$ steigt und in $x = 1$ fällt

(c) falsch, da f in $x = -1$ rechtsgekrümmt ist

(d) richtig, da K_f zwei Stellen mit waagrechter Tangente hat

(e) richtig, da f die Krümmung zweimal wechselt

(f) richtig, da f die Krümmung zweimal wechselt (gleiche Aussage wie in Teilaufgabe (e))

157. (a) Tiefpunkt T(1 | 3)

(b) Wendestelle $x = -1$ mit positiver Steigung, Übergang von Rechts- in Linkskrümmung

(c) Terrassenpunkt Te an der Stelle $x = -2$. Übergang von Links- in Rechtskrümmung

(d) Punkt P(2 | $\frac{1}{2}$) mit negativer Steigung und Rechtskrümmung

158. Die erste Bedingung ist falsch, da $f'(2)$ die Steigung der Tangente an der Stelle $x = 2$ angeben muss. Richtig ist $f'(2) = 3$. Die zweite und dritte Bedingung ist richtig. Es wurde noch vergessen, dass das Schaubild der Funktion an der Stelle $x = 2$ durch den selben Punkt verläuft wie die Tangente: $y = 3 \cdot 2 - 1 = 5$. Daher muss gelten: $f(2) = 5$. Die Funktion müsste mindestens dritten Grades sein (4 unbekannte Koeffizienten).

159. Es gilt $f'(x) = 33x^2 - 66x + 36$, $f''(x) = 66x - 66$ und $f'''(1) = 66 \neq 0$. Wir berechnen $f'(1) = 33 \cdot 1^2 - 66 \cdot 1 + 36 = 3$ und $f''(1) = 66 \cdot 1 - 66 = 0$. Somit liegt an der Wendestelle $x = 1$ die Steigung 3 vor. Außerdem gilt $f(2) = 11 \cdot 2^3 - 33 \cdot 2^2 + 36 \cdot 2 + 32 = 60$, $g(2) = 36 \cdot 2 - 12 = 60$, $f'(2) = 33 \cdot 2^2 - 66 \cdot 2 + 36 = 36$, $g'(2) = 36$. Somit wird K an der Stelle $x = 2$ von der Geraden g berührt.

160. (a) $f(x) = \frac{1}{2}x^3 - 1$ (b) $f(x) = (x - 1)^3 + 2$ (c) $f(x) = -\frac{1}{4}x^4 + \frac{1}{2}$

161. (a) Möglich für $n = 3$. Skalierung siehe Abb. 3.35a.

(b) Unmöglich, da $n = 2$ wäre, aber die Funktion keine Nullstelle haben dürfte.

(c) Möglich für $n = 4$. Skalierung siehe Abb. 3.35b.

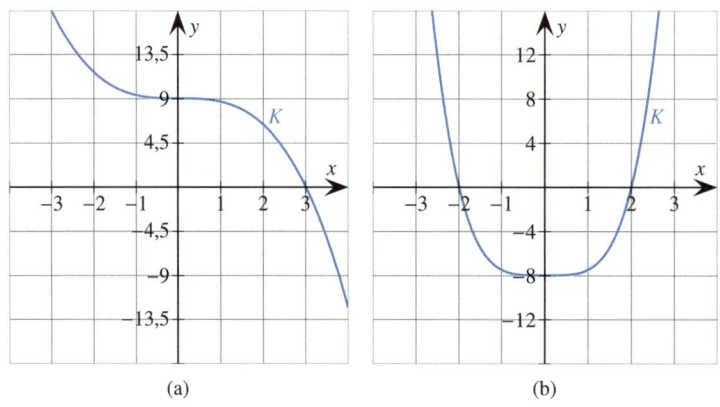

Abb. 3.35.: Schaubilder zu Aufgabe 161

162. (a) Mit den Bedingungen I: $f(2) = -2 \Rightarrow 8a + 2b = -2$, II: $f'(2) = 0 \Rightarrow 6a + b = 0$ erhalten wir $a = \frac{1}{2}$, $b = -3 \Rightarrow f(x) = \frac{1}{8}x^3 - \frac{3}{2}x$.

(b) Mit den Bedingungen I: $f(0) = 2 \Rightarrow c = 2$, II: $f(2) = -2 \Rightarrow 16a + 4b = -2$ und III: $f'(2) = 0 \Rightarrow 32a + 4b = 0$ erhalten wir $f(x) = \frac{1}{8}x^4 - x^2 + 2$.

163.   (a) $b = 3$, $c = -1$ (oder anders herum). $f(x) = a(x+3)(x-1)$. Punkt P(0 | 3) einsetzen: $3 = a \cdot 3 \cdot (-1) \Rightarrow$
$a = -1 \Rightarrow f(x) = -(x-1)(x-3)$

   (b) $b = -1{,}5$, $c = 1$. $f(x) = a(x-1{,}5)(x+1)^2$. Punkt P(1 | −2) einsetzen: $-2 = a \cdot (1-1{,}5)(1+1)^2 \Rightarrow a = 1 \Rightarrow$
$f(x) = (x-1{,}5)(x+1)^2$

   (c) $b = 0{,}5$, $c = -1{,}5$. $f(x) = a(x+0{,}5)(x-1{,}5)^3$. Punkt P(2,5 | 3) einsetzen: $3 = a \cdot (2{,}5+0{,}5) \cdot (2{,}5-1{,}5)^3 \Rightarrow$
$a = 1 \Rightarrow f(x) = (x+0{,}5)(x-1{,}5)^3$

164.   (a) maximal 6 Nullstellen, 5 Extremstellen, 4 Wendestellen

   (b) Lösungsskizze siehe Abb. 3.36a

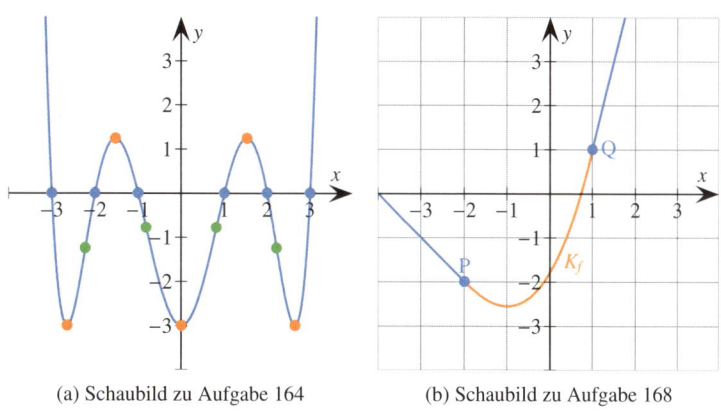

(a) Schaubild zu Aufgabe 164   (b) Schaubild zu Aufgabe 168

Abb. 3.36.: Schaubilder

165.   (a) Falsch. Sie kann auch weniger haben, z.B. $f(x) = x^3 + 1$

   (b) Falsch. Das Schaubild ist in diesem Fall linksgekrümmt an der Stelle u.

   (c) Falsch. Die Frage, ob eine globale Extremstelle vorliegt, ist unabhängig von dem Wert der 1. Ableitung.

   (d) Falsch. Dies ist nur dann der Fall, wenn zusätzlich ein VZW von f'' in u vorliegt.

   (e) Falsch. Ein Gegenbeispiel ist $f(x) = x^2$.

   (f) Wahr. Es gilt $f'(u) = 0$ und $f''(u) < 0$.

   (g) Falsch. Denn für $f(x) = ax^3 + bx^2 + cx + d$, $a \neq 0$, gilt $f'(x) = 3ax^2 + 2bx + c$. Die Gleichung $f'(x) = 0$
kann auch zwei Lösungen haben.

   (h) Falsch. Ist eine Funktion monoton steigend, dann gilt $f'(x) \geq 0$. Daher ist auch die Steigung 0 möglich.

166.   (a) Ja. Einfache Nullstelle in $x = 0$ und dreifache Nullstelle in $x = 2$. Wir bestimmen $n = 3$, $b = -2$.
Punkt P(1 | −2) einsetzen: $-2 = a \cdot 1 \cdot (1-2)^3 \Rightarrow a = 2$.

   (b) Ja. Einfache Nullstelle in $x = 0$ und doppelte Nullstelle in $x = 3$. Wir bestimmen $n = 2$, $b = -3$. Punkt
P(2 | −2) einsetzen: $-2 = a \cdot 2 \cdot (2-3)^2 \Rightarrow a = -1$.

   (c) Nein. Keine einfache Nullstelle in $x = 0$.

167. (a) Wir schreiben $h(x) = ax^2 + bx + c$ und berechnen $h'(x) = 2ax + b$. Da $h(0) = 2$, gilt $c = 2$. Mit den Bedingungen $h'(34) = 0$ und $h'(0) = \tan(45°) = 1$ erhalten wir $h(x) = -\frac{1}{68}x^2 + x + 2$.

(b) Die positive Nullstelle von h lautet $x = 34 + 2\sqrt{323} \approx 69{,}94$.

(c) $\tan\alpha = h'(69{,}94) \approx 1{,}06 \Rightarrow \alpha \approx 46{,}59°$

168. Wir schreiben $f(x) = ax^3 + bx^2 + cx + d$ und berechnen $f'(x) = 3ax^2 + 2bx + c$. Nun muss gelten:

$$
\begin{array}{llll}
\text{I}: & f(-2) = -2 & & -8a + 4b - 2c + d = -2 \\
\text{II}: & f(1) = 1 & \text{bzw.} & a + b + c + d = 1 \\
\text{III}: & f'(1) = 4 & & 3a + 2b + c = 4 \\
\text{IV}: & f'(-2) = -1 & & 12a - 4b + c = -1
\end{array}
$$

Daraus erhalten wir $a = \frac{1}{9}$, $b = 1$, $c = \frac{5}{3}$, $d = -\frac{16}{9}$ und somit $f(x) = \frac{1}{9}x^3 + x^2 + \frac{5}{3}x - \frac{16}{9}$. Schaubild siehe Abb. 3.36b.

169. (a) Zu Beginn des Laufs hat der Sprinter noch keine Geschwindigkeit, denn $v_1(0) = 0$. Dann gewinnt er bis $t = 8$ an Geschwindigkeit. Die maximale Geschwindigkeit beträgt 12 Meter pro Sekunde. Anschließend nimmt die Geschwindigkeit wieder bis auf ca. 10 Meter pro Sekunde ab.

(b) $s_1(11{,}16) = 99{,}95$ Meter, $s_1(11{,}17) = 100{,}05$ Meter. Also muss die Laufzeit zwischen 11,16 und 11,17 Sekunden liegen.

(c) Dies ist die durchschnittliche Geschwindigkeit bis zur fünften Sekunde.

(d) $v_2(t) = -\frac{11}{72}t^2 + \frac{11}{4}t$, $v_2'(t) = -\frac{11}{36}t + \frac{11}{4}$. $v_2'(t) = 0$ für $t = 0$ Sekunden (minimal) und $t = 9$ Sekunden (maximal). $v_2(9) = 12{,}375\ \frac{m}{s} = 44{,}5\ \frac{km}{h}$.

(e) Schaubild siehe Abb. 3.37. Der zweite Sprinter benötigt länger, um auf seine Höchstgeschwindigkeit zu kommen. Dafür ist diese aber höher. Der zweite Sprinter kommt schneller ins Ziel, da $s_2(11{,}17) = 100{,}58$ m. Er ist also nach dieser Zeit schon weiter vorangekommen.

(f) Beide Sprinter sind auf gleicher Höhe, wenn $s_1(t) = s_2(t)$, also $-\frac{1}{16}t^3 + \frac{3}{2}t = -\frac{11}{216}t^3 + \frac{11}{8}t^2 \Leftrightarrow \frac{5}{432}t^3 - \frac{1}{8}t^2 = 0 \Leftrightarrow t = 10{,}8$ Sekunden. Der zweite Sprinter überholt den ersten nach $s_1(10{,}8) = 96{,}23$ Metern.

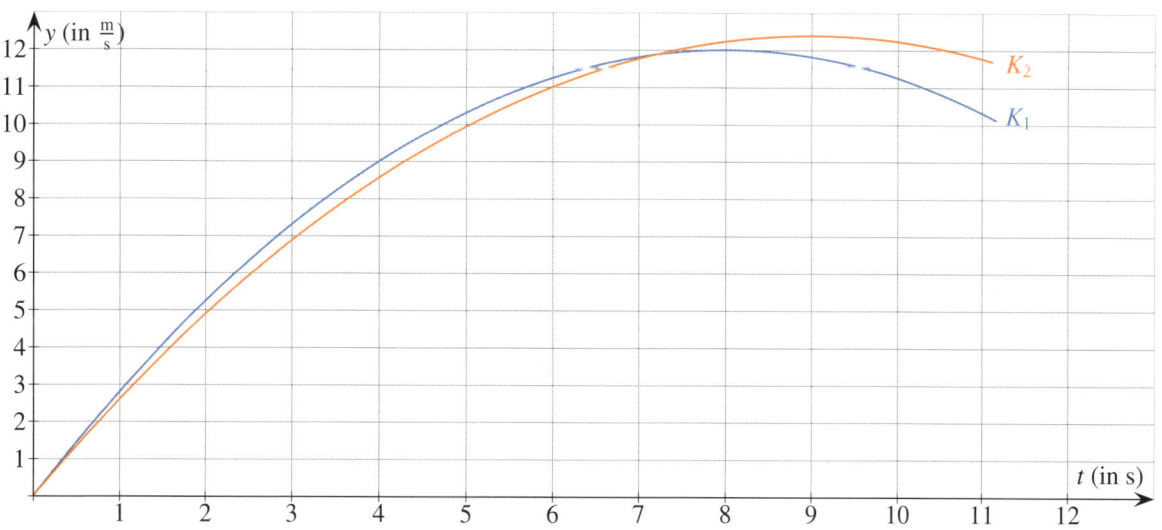

Abb. 3.37.: Schaubild zu Aufgabe 169

170. (a) Schaubild siehe Abb. 3.38.

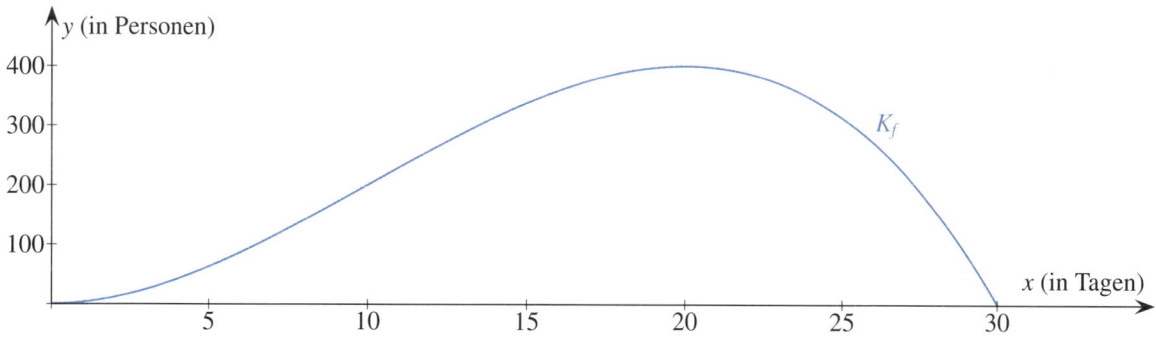

Abb. 3.38.: Schaubild zu Aufgabe 170

(b) $f(x) = 0$ für $x = 0$ (Beginn der Epidemie) und $x = 30$ (Ende der Epidemie)

(c) $f'(x) = -\frac{3}{10}x^2 + 6x$. $f''(x) = -\frac{3}{5}x + 6$. $f'(x) = 0$ für $x = 0$ bzw. $x = 20$. $f''(0) = 6$ (lokaler Tiefpunkt). $f''(20) = -6$, $f(20) = 400$. Die maximale Anzahl von Erkrankten beträgt 400 am 20. Tag.

(d) $f''(x) = 0$ für $x = 10$. $f'(10) = 30$ (maximaler Wert)

(e) Der erste Teil der Aussage ist richtig: $\frac{f(20)-f(10)}{20-10} = \frac{400-200}{20-10} = 20$. Der zweite Teil der Aussage ist falsch. Denn es müsste gelten: $200 \cdot (1 + 0{,}12)^{10} = 400$, was nicht der Fall ist.

171. (a) $G(x) = 900x - K(x) = -0{,}1x^3 + 10x^2 + 320x - 9\,600$.

(b) Schaubild siehe Abb. 3.39. Die Gewinnzone ist das Intervall zwischen den beiden Nullstellen. $G(x) = 0$ für $x_s = 20$ und $x_g = 120$. Also ist sie [20; 120].

165

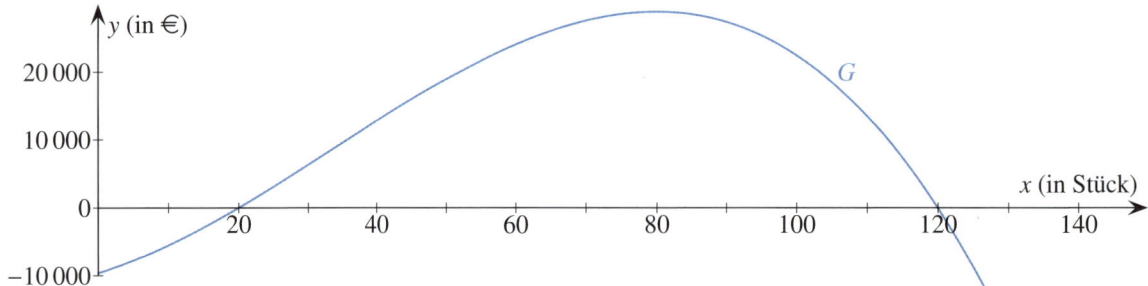

Abb. 3.39.: Schaubild zu Aufgabe 171

(c) $G'(x) = -0{,}3x^2 + 20x + 320$, $G'(x) = 0$ für $x = 80$ (die Lösung $x = -13{,}33$ ist ungültig). $G(80) = 28\,800$

(d) $K'(x) = 0{,}3x^2 - 20x + 580$, $K''(x) = 0{,}6x - 20$. $K''(x) = 0$ für $x = 33{,}33$.

(e) Für eine geringe Produktionsmenge sind die Stückkosten sehr hoch. Das Betriebsoptimum ist für $x \approx 62$ erreicht. Das Betriebsoptimum beträgt ca. 499 Stück. Für größere Produktionsmengen sind die Stückkosten dann wieder hoch.

172.   (a) $K(x) = 192 + 200\sqrt{x}$, $G(x) = 18x - (192 + 200\sqrt{x})$

(b) Wir setzen $G(x) = 0$ und berechnen $18x - 200\sqrt{x} - 192 = 0$, bzw. mit der Substitution $u = \sqrt{x}$: $18u^2 - 200u - 192 = 0 \Rightarrow u_1 = 12$ bzw. $u_2 = -\frac{8}{9}$ (nicht relevant). Mit Rücksubstitution erhalten wir $x = 12^2 = 144$.

(c) Ein relativer Gewinn von 30 % je T-Shirt entspricht einem absoluten Gewinn von $18 \cdot 0{,}3 = 5{,}4\,€$. Somit müssen die T-Shirts im Durchschnitt für $18 - 5{,}4 = 12{,}6\,€$ produziert werden. Wir berechnen die Lösung der Gleichung $192 + 200\sqrt{x} = 12{,}6x \Rightarrow x = 281{,}6$. Es müssen mindestens 282 T-Shirts produziert werden.

Kurvendiskussion – exponentielle Funktionen

173. Schaubilder siehe Abb. 3.40.

(a) $f(x) = f(-x)$, daher Symmetrie zur y-Achse. $f'(x) = \frac{1}{2}(e^x + e^{-x})$, $f''(x) = \frac{1}{2}(e^x - e^{-x})$, Schnittpunkte mit den Koordinatenachsen: N(0 | 0) (einfach), S(0 | 0), keine Extremstellen, Wendepunkt W(0 | 0)

(b) keine Symmetrie. $f'(x) = 2e^{-x}(e^{-x} - 2) = -4e^{-x} + 2e^{-2x}$, $f''(x) = 4e^{-x}(1 - e^{-x}) = 4e^{-x} - 4e^{-2x}$, Schnittpunkte mit den Koordinatenachsen: N($-\ln 4$ | 0), S(0 | 3), Hochpunkt H($-\ln 2$ | 4), Wendepunkt W(0 | 3)

(c) keine Symmetrie. $f'(x) = 32e^{2x} - 16e^x = 16e^x(2e^x - 1)$, $f''(x) = 64e^{2x} - 16e^x = 16e^x(4e^x - 1)$, Schnittpunkte mit den Koordinatenachsen: N(0 | 0), S(0 | 0), Tiefpunkt T($-\ln 2$ | -4), Wendepunkt W($-\ln 4$ | -3)

(d) $f(x) = f(-x)$, daher Symmetrie zur y-Achse. $f'(x) = -2xe^{1-x^2}$, $f''(x) = (4x^2 - 2)e^{1-x^2}$, Schnittpunkte mit den Koordinatenachsen: S(0 | e), Hochpunkt H(0 | e), Wendepunkte W$_1$($-\frac{1}{2}\sqrt{2}$ | $\sqrt{e}$), W$_2$($\frac{1}{2}\sqrt{2}$ | $\sqrt{e}$)

(e) keine Symmetrie. $f'(x) = 32e^{x-2} + 32xe^{x-2} = 32(1 + x)e^{x-2}$, $f''(x) = 32(2 + x)e^{x-2}$, Schnittpunkte mit den Koordinatenachsen: N(0 | 0), S(0 | 0), Tiefpunkt T(-1 | $-\frac{32}{e^3}$), Wendepunkt W(-2 | $-\frac{64}{e^4}$)

(f) keine Symmetrie. $f'(x) = 4(2 - x)e^{2x-3}$, $f''(x) = 4(3 - 2x)e^{2x-3}$, Schnittpunkte mit den Koordinatenachsen: N($\frac{5}{2}$ | 0), S(0 | 5e^{-3}), Hochpunkt H(2 | e), Wendepunkt W($\frac{3}{2}$ | 2)

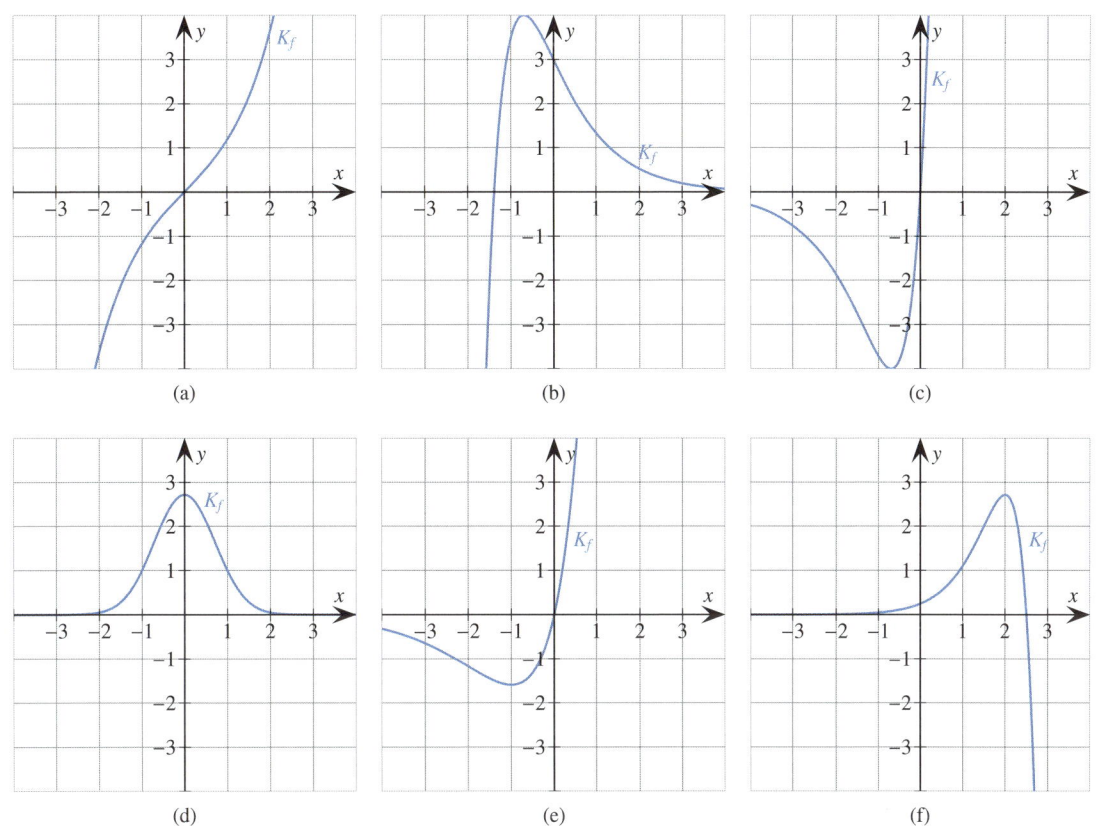

Abb. 3.40.: Schaubilder zu Aufgabe 173

174.   (a) Streckung um Faktor 3 in y-Richtung

  (b) Verschiebung um 2 Einheiten nach rechts

175.   (a) $g(x) = e^{4x+1}$ (b) $g(x) = e^{2x+1} + 2$

176. Das Schaubild der Funktion hat für $x \to \infty$ die waagrechte Asymptote $y = -2$ und den y-Achsenabschnitt -3. Der y-Wert -2 muss zudem nach dem angegebenen Funktionsterm an der Stelle $x = -1$ angenommen werden. Daraus ergibt sich die Skalierung wie in Abb. 3.41.

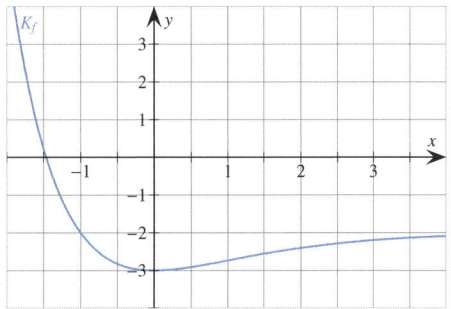

Abb. 3.41.: Schaubild zu Aufgabe 176

167

177. (a) y-Achsenabschnitt $0,5 \Rightarrow a = 0,5$. $f(x) = 0,5e^{-x}$.

(b) Punkt P(2 | 1) einsetzen: $1 = e^{2+c} \Rightarrow c = -2$. $f(x) = e^{x-2}$.

(c) Nullstelle $x = -2 \Rightarrow a = 2$. Punkt P(2 | 1) einsetzen: $1 = (2 + 2)e^{2b} \Rightarrow b = -\ln 2 = -0,69$. $f(x) = (x + 2)e^{-0,69x}$.

178. Mit der waagrechten Asymptote $y = -3$ gilt: $c = -3$. Mit der Nullstelle -1 gilt: $f(-1) = 0$, und somit $e^{-b} - 3 = 0$. Aufgelöst nach b ergibt dies $b = -\ln 3 \approx -1,0986$.

179. Schaubild K_1: Wir setzen P(0 | 2) in die Funktionsgleichung ein $\Rightarrow b = 2$. Dann setzen wir den Punkt Q(-1 | 0) in die Funktionsgleichung ein $\Rightarrow a = 2$. Somit gilt $f(x) = (2x + 2)e^{-x}$. Schaubild K_2: Wir setzen P(0 | 1) in die Funktionsgleichung ein $\Rightarrow b = 1$. Dann setzen wir Q(-2 | 0) in die Funktionsgleichung ein $\Rightarrow a = \frac{1}{2}$. Somit gilt $f(x) = (\frac{1}{2}x + 1)e^{-x}$.

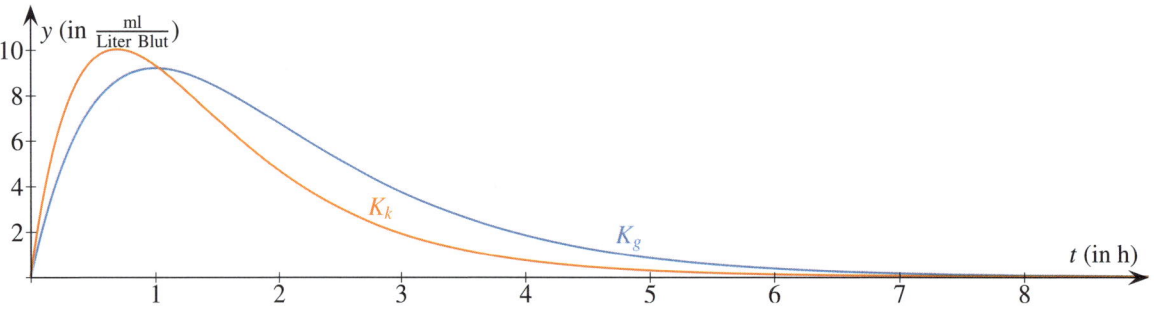

Abb. 3.42.: Schaubild zu Aufgabe 180

180. (a) Schaubild siehe Abb. 3.42

(b) $k'(t) = 40(-e^{-t} + 2e^{-2t})$. $k'(t) = 0$ für $t = \ln 2$. $k''(t) = 40(e^{-t} - 4e^{-2t})$. $k''(\ln 2) = -20 < 0$, $k(\ln 2) = 10$. Maximale Konzentration $10 \, \text{mg/Liter}$ zum Zeitpunkt $t = \ln 2 = 0,69$ Stunden bzw. 42 Minuten.

(c) $k''(t) = 0$ für $t = \ln 4 = 1,39$. $k'(\ln 4) = -5$, $k'(2) = -3,95 > k'(\ln 4)$. Das Medikament wird nicht in $t = 2$ am stärksten abgebaut (sondern in $t = \ln 4$).

(d) $k(1) = 9,30$, $k(3) = 1,89$, $\frac{k(3)-k(1)}{3-1} = 3,71$

(e) Das alternative Medikament wirkt etwas später und schwächer als das erste, die Wirkung hält länger an und es baut sich nicht so schnell ab.

181. (a) $K'(t) = 2\,500e^{\frac{1}{8}t} - 10\,000$, $K''(t) = 312,5e^{\frac{1}{8}t}$. $K'(t) = 0$ für $t = 11,09$. Außerdem gilt $K''(11,09) = 1\,250 > 0$. Daher muss K an der Stelle $t = 11,09$ ein lokales Minimum haben.

(b) K' ist streng monoton steigend. Daher ist die Steigung umso kleiner, je kleiner der Wert für t ist. Den kleinsten Wert erhalten wir somit für $t = 0$: $K'(0) = -7\,500$.

(c) Jährliche Abwanderung von $10\,000$ Personen.

(d) A ist das Bevölkerungswachstum am ersten Tag im 20. Jahr, B ist das durchschnittliche tägliche Bevölkerungswachstum im 20. Jahr.

Kurvendiskussion – trigonometrische Funktionen

182. Schaubilder siehe Abb. 3.43.

(a) keine Symmetrie. $f'(x) = -\frac{3}{2}\cos(\frac{3}{2}x)$, $f''(x) = \frac{9}{4}\sin(\frac{3}{2}x)$, kein Schnittpunkt mit der x-Achse, da $\sin(\frac{3}{2}x) \in [-1; 1]$ und somit $f(x) \in [1; 3]$. Schnittpunkt mit der y-Achse: S(0 | 2), Hochpunkt H(π | 3), Tiefpunkt T($\frac{1}{3}\pi$ | 1), Wendepunkte W$_1$(0 | 2), W$_2$($\frac{2}{3}\pi$ | 2)

(b) $f(x) = f(-x)$, daher Symmetrie zur y-Achse. $f'(x) = -\frac{3\pi}{4}\sin(\frac{\pi}{4}x)$, $f''(x) = -\frac{3\pi^2}{16}\cos(\frac{\pi}{4}x)$, Schnittpunkte mit den Koordinatenachsen: N$_1$(−2 | 0), N$_2$(2 | 0), S(0 | 3), Hochpunkt H(0 | 3), Tiefpunkte T$_1$(−4 | −3), T$_2$(4 | −3), Wendepunkte W$_1$(−2 | 0), W$_2$(2 | 0)

(c) $f(-x) = -f(x)$, daher Symmetrie zum Ursprung. $f'(x) = (\cos x)^2 - (\sin x)^2 = 1 - 2(\sin x)^2$ (aufgrund der Formel $(\sin x)^2 + (\cos x)^2 = 1$, $f''(x) = -4\sin x\cos x$, Schnittpunkte mit den Koordinatenachsen: N$_1$(−$\frac{\pi}{2}$ | 0), N$_2$(0 | 0), N$_3$($\frac{\pi}{2}$ | 0), Tiefpunkt T(−$\frac{\pi}{4}$ | −$\frac{1}{2}$), Hochpunkt H($\frac{\pi}{4}$ | $\frac{1}{2}$), Wendepunkte W$_1$ = N$_1$, W$_2$ = N$_2$, W$_3$ = N$_3$

(d) keine Symmetrie, $f'(x) = 0{,}5 - \sin x$, $f''(x) = -\cos x$, Schnittpunkte mit den Koordinatenachsen: N(−1,03 | 0), S(0 | 1), Hochpunkte H$_1$($\frac{\pi}{6}$ | 1,13), Tiefpunkte T$_1$(−$\frac{7}{6}\pi$ | −2,70), T$_2$($\frac{5}{6}\pi$ | 0,44), Wendepunkte W$_1$(−$\frac{1}{2}\pi$ | $\frac{1}{4}\pi$), W$_2$($\frac{1}{2}\pi$ | $\frac{1}{4}\pi$)

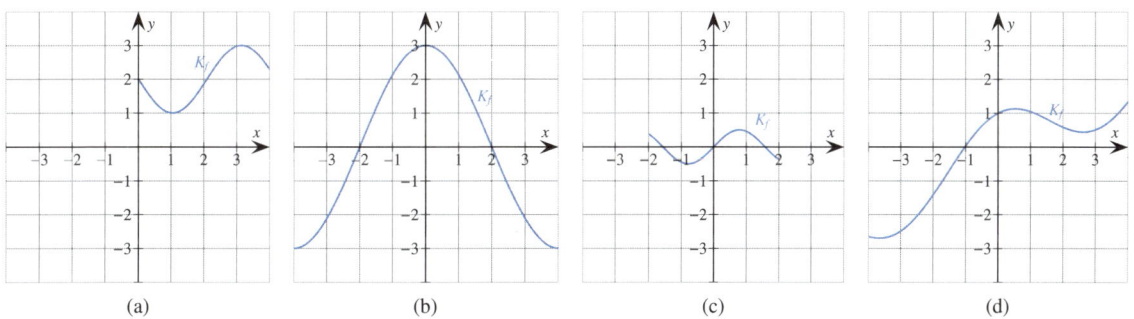

Abb. 3.43.: Schaubilder zu Aufgabe 182

183. (a) K_1: $f(x)$, denn die gewöhnliche Sinusfunktion wurde hier um 2 Einheiten nach oben und um $\frac{\pi}{2}$ Einheiten nach rechts verschoben. K_2: $h(x)$, denn die gewöhnliche Sinusfunktion wurde hier um 2 Einheiten nach unten verschoben.. K_3: $g(x)$, denn die gewöhnliche Sinusfunktion wurde hier um 2 Einheiten nach oben und um $\frac{\pi}{2}$ Einheiten nach links verschoben.

(b) K_1: $h(x)$, denn die Funktion hat die Amplitude 3. K_2: $g(x)$, denn die Funktion hat die Amplitude $\frac{3}{2}$. K_3: $f(x)$, denn die Funktion hat die Amplitude 2.

184. (a) K_1: $h(x)$, denn das Schaubild hat die Amplitude 2. Zudem wurde die ursprüngliche Sinusfunktion um 1 Einheit nach oben verschoben. K_2: $f(x)$, denn das Schaubild hat die Amplitude 1. K_3: $g(x)$, denn das Schaubild hat die Amplitude 2. Zudem wurde die ursprüngliche Sinusfunktion um 1 Einheit nach unten verschoben.

(b) K_1: $f(x)$, denn das Schaubild der gewöhnlichen Kosinusfunktion wurde um 1 Einheit nach oben und um $\frac{\pi}{2}$ Einheiten nach rechts verschoben. K_2: $h(x)$, denn das Schaubild der gewöhnlichen Kosinusfunktion wurde um 2 Einheiten nach unten verschoben.. K_3: $g(x)$, denn das Schaubild hat die Amplitude 2.

169

185. (a) Verschiebung um π Einheiten nach links

(b) Stauchung in x-Richtung um den Faktor $\frac{1}{\pi}$

186. (a) $g(x) = \frac{1}{4}\cos(\frac{1}{2}x)$ $\qquad\qquad\qquad\qquad$ (b) $g(x) = \cos(\frac{1}{2}(x-3))$

187. (a) $f(x) = \sin(x - \frac{\pi}{4}) + 1$ oder $f(x) = \cos(x - \frac{3\pi}{4}) + 1$, $g(x) = \sin(x + \frac{\pi}{2}) - \frac{3}{2}$ oder $g(x) = \cos x - \frac{3}{2}$

(b) $f(x) = 2\sin(\frac{\pi}{4}x)$, $g(x) = \frac{1}{2}\sin(\pi x)$

(c) $f(x) = 2\sin(2x) + 1$, $g(x) = \sin(x + \frac{\pi}{2}) - \frac{5}{2}$ oder $g(x) = \cos x - \frac{5}{2}$

(d) $f(x) = \cos(\frac{\pi}{2}x - \frac{\pi}{2}) + 2$ oder $f(x) = \sin(\frac{\pi}{2}x) + 2$, $g(x) = \frac{3}{2}\cos(x - \pi) - 1$ oder $g(x) = -\frac{3}{2}\cos x - 1$ oder $g(x) = \frac{3}{2}\sin(x - \frac{\pi}{2}) - 1$

188. $f'(x) = -\sin x$, $f''(x) = -\cos x$, $f'''(x) = \sin x$. $f''(x) = 0$ für $x_1 = -\frac{\pi}{2}$ bzw. $x_2 = \frac{\pi}{2}$. $f'''(-\frac{\pi}{2}) \neq 0$, $f'''(\frac{\pi}{2}) \neq 0$, $f(-\frac{\pi}{2}) = 0$, $f(\frac{\pi}{2}) = 0 \Rightarrow$ Wendepunkte $W_1(-\frac{\pi}{2} \mid 0)$, $W_2(\frac{\pi}{2} \mid 0)$. Tangente 1: $f'(-\frac{\pi}{2}) = 1$, also $y = x + b$. Wir setzen W_1 in die Tangentengleichung ein und erhalten $y = x + \frac{\pi}{2}$. Tangente 2: $f'(\frac{\pi}{2}) = -1$, also $y = -x + b$. Wir setzen W_2 in die Tangentengleichung ein und erhalten $y = -x + \frac{\pi}{2}$. Der gemeinsame Schnittpunkt ist der Schnittpunkt beider Tangenten mit der y-Achse: $S(0 \mid \frac{\pi}{2})$.

189. (a) Zwei benachbarte Schnittpunkte mit der x-Achse sind z.B. $P(-\frac{\pi}{4} \mid 0)$ und $Q(\frac{\pi}{4} \mid 0)$. Der dazwischen liegende Hochpunkt ist $R(0 \mid 2)$. Für den Flächeninhalt des Dreiecks PQR gilt dann $A = \frac{1}{2} \cdot (\frac{\pi}{4} - (-\frac{\pi}{4})) \cdot 2 = \frac{\pi}{2}$.

(b) Durch die neue Periodenlänge $\frac{2\pi}{a}$ ändern sich die Schnittpunkte zu $P(-\frac{\pi}{2a} \mid 0)$ und $Q(\frac{\pi}{2a} \mid 0)$, d.h. die Grundlinie beträgt dann $(\frac{\pi}{2a} - (-\frac{\pi}{2a})) = \frac{\pi}{a}$. Durch die Amplitude a ändert sich der Hochpunkt zu $R(0 \mid a)$. Für den Flächeninhalt des Dreiecks PQR gilt dann $A = \frac{1}{2} \cdot \frac{\pi}{a} \cdot a = \frac{\pi}{2}$.

190. Wir berechnen $f'(x) = 2abx\cos(bx^2)$. Nun muss gelten: I: $f'(1) = 0 \Rightarrow 2ab\cos b = 0 \Rightarrow \cos b = 0 \Rightarrow b = \frac{1}{2}\pi$. II: $f(1) = 2 \Rightarrow a\sin\frac{\pi}{2} = 2 \Rightarrow a = 2$. Somit erhalten wir $f(x) = 2\sin(\frac{1}{2}\pi x^2)$.

191. (a) 3,8: Amplitude. Längster und kürzester Tag unterscheiden sich um 7,6h. $\frac{2\pi}{365}$: Die Periodenlänge beträgt 365, d.h. alle 365 Tage wiederholt sich der Verlauf der Funktion.

(b) Schaubild siehe Abb. 3.44

(c) $d(17) = 8{,}82 = 8\,\text{h}\,49\,\text{min}$

(d) $d(t) = 15$ für $t_1 = 128{,}26$ bzw. 8./9. Mai und $t_2 = 212{,}23$ bzw. 31. Juli/1. August

(e) Wir berechnen

$$d'(t) = 0{,}0654\cos\left(\frac{2\pi}{365}(t - 79)\right), \qquad d''(t) = -0{,}0011\sin\left(\frac{2\pi}{365}(t - 79)\right)$$

Es gilt $d(t) \to$ max für $t_{\max} = 170{,}25$ bzw. 19./20. Juni, $d(t_{\max}) = 15{,}95\,\text{h} = 15\,\text{h}\,57\,\text{min}$

(f) Es gilt $d(t) \to$ min für $t_{\min} = 352{,}75$ bzw. 18./19. Dezember, $d(t_{\min}) = 8{,}35\,\text{h} = 8\,\text{h}\,21\,\text{min}$

(g) Es gilt $d''(t) = 0$ für $t_1 = 79$ bzw. 20. März, $d'(t_1) = 0{,}0654\,\text{h} \approx 4\,\text{min}$; $t_2 = 261{,}5$ bzw. 18./19. September, $d'(t_2) = -0{,}0654\,\text{h} \approx -4\,\text{min}$

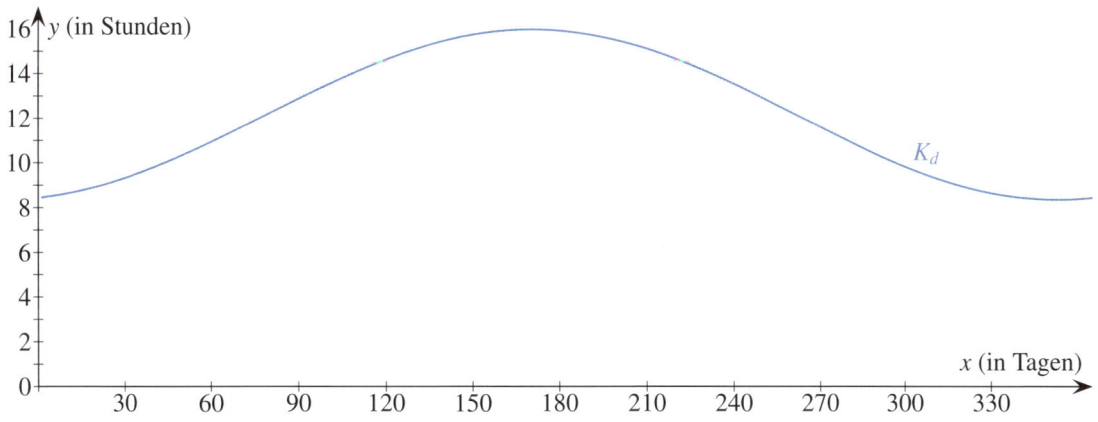

Abb. 3.44.: Schaubild zu Aufgabe 191

192. (a) $t = 8{,}5 + 24 = 32{,}5$. $p(32{,}5) = 471\,\text{cm}$

(b) $156 + 536 = 692$. Maximaler Pegelstand: $692\,\text{cm}$

(c) $\frac{2\pi}{b} = 12{,}08$ Stunden

(d) $p'(t) = 81{,}12\cos(0{,}52t + 1{,}52)$. $p''(t) = -42{,}18\sin(0{,}52t + 1{,}52)$. $p''(t) = 0$ für $t_1 = 3{,}12$, $t_2 = 9{,}16$, $t_3 = 15{,}20$ und $t_4 = 21{,}24$. $p'(t) < 0$ für t_1 und t_3. Somit fällt er am schnellsten zu den Uhrzeiten $t_1 = 3{,}12\,\text{h}$ $= 3\,\text{h}\,4\,\text{min}$ und $t_3 = 15\,\text{h}\,12\,\text{min}$

193. (a) Amplitude = halber Durchmesser $= 40\,\text{cm}$. Verschiebung in y-Richtung: $40\,\text{cm}$ nach oben. Periodenlänge: $\frac{2\pi}{b} = \frac{1}{4} \Rightarrow b = 8\pi$. Verschiebung in x-Richtung: $\frac{1}{4} \times$ Periodenlänge $= \frac{1}{16}$ nach rechts. Somit gilt $h(t) = 40\sin(8\pi(t - \frac{1}{16})) + 40$.

(b) $h(t) = 30$ für $t = 0{,}052\,\text{s} = 52\,\text{ms}$.

(c) Reifenumfang $= 2\pi r = 251{,}33\,\text{cm}$. Umdrehungen pro Sekunde: 4. Zurückgelegter Weg pro Sekunde: $251{,}33 \cdot 4 = 1\,005\,\text{cm} = 10{,}05\,\text{m}$. Zurückgelegter Weg in $\frac{\text{km}}{\text{h}}$: $10{,}05 \cdot 3{,}6 = 36{,}19\,\frac{\text{km}}{\text{h}}$

194. Schaubild siehe Abb. 3.45. Keine Symmetrie. $f'(x) = e^{\sin x} \cdot \cos x$, $f''(x) = e^{\sin x} \cdot ((\cos x)^2 - \sin x)$. Mit Hilfe der Formel $(\sin x)^2 + (\cos x)^2 = 1$ lässt sich f'' auch schreiben als $f''(x) = e^{\sin x} \cdot (-(\sin x)^2 - \sin x + 1)$. Die Nullstellen von f'' lassen sich dann mit Hilfe von Substitution $u = \sin x$ gut per Hand berechnen. Kein Schnittpunkt mit der x-Achse, da $e^{\sin x}$ stets größer als Null. Schnittpunkt mit der y-Achse: S(0 | 1), Tiefpunkt $\text{T}(-\frac{\pi}{2} \mid \frac{1}{e})$, Hochpunkt $\text{H}(\frac{\pi}{2} \mid e)$, Wendepunkte $\text{W}_1(-3{.}8078 \mid 1{,}855)$, $\text{W}_2(0{,}666 \mid 1{,}855)$, $\text{W}_3(2{,}475 \mid 1{,}855)$

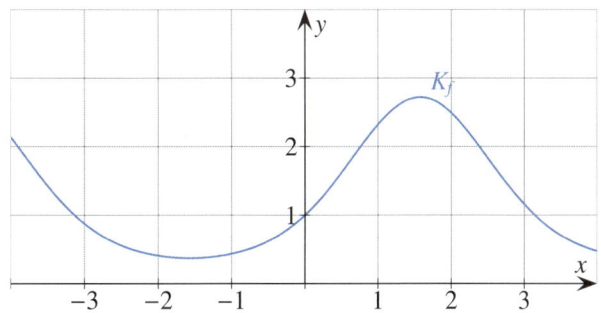

Abb. 3.45.: Schaubild zu Aufgabe 194

Lösungen

Kurvenscharen*

195. (a) $f_t'(x) = \frac{3}{8}x^2 - \frac{1}{2}tx$, $f_t''(x) = \frac{3}{4}x - \frac{1}{2}t$, $f_t'''(x) = \frac{3}{4}$, Schnittpunkte mit den Koordinatenachsen: $N_1(0 \mid 0)$ (doppelt), $N_2(2t \mid 0)$ (einfach), $S(0 \mid 0)$, Extrempunkt $E_1(0 \mid 0)$ (Hochpunkt für $t > 0$, Tiefpunkt für $t < 0$, Sattelpunkt für $t = 0$), Extrempunkt $E_2(\frac{4}{3}t \mid -\frac{4}{27}t^3)$ (Hochpunkt für $t < 0$, Tiefpunkt für $t > 0$, Terrassenpunkt für $t = 0$), Wendepunkt $W(\frac{2}{3}t \mid -\frac{2}{27}t^3)$

(b) $f_t'(x) = \frac{3}{8t^2}x^2 - \frac{2}{t}x + 2$, $f_t''(x) = \frac{3}{4t^2}x - \frac{2}{t}$, $f_t'''(x) = \frac{3}{4t^2}$, Schnittpunkte mit den Koordinatenachsen: $N_1(0 \mid 0)$ (einfach), $N_2(4t \mid 0)$ (doppelt), $S(0 \mid 0)$, Extrempunkt $E_1(4t \mid 0)$ (Hochpunkt für $t < 0$, Tiefpunkt für $t > 0$), Extrempunkt $E_2(\frac{4}{3}t \mid \frac{32}{27}t)$ (Hochpunkt für $t > 0$, Tiefpunkt für $t < 0$), Wendepunkt $W(\frac{8}{3}t \mid \frac{16}{27}t)$

(c) $f_t'(x) = \frac{4}{t^4}x(x - t)(x + t)$, $f_t''(x) = \frac{4}{t^4}(3x^2 - t^2)$, $f_t'''(x) = \frac{24}{t^4}x$, Schnittpunkte mit den Koordinatenachsen: $N_1(0 \mid 0)$ (doppelt), $N_2(-t\sqrt{2} \mid 0)$ (einfach), $N_3(t\sqrt{2} \mid 0)$ (einfach), $S(0 \mid 0)$, Hochpunkt $H(0 \mid 0)$, Tiefpunkte $T_1(-t \mid -1)$, $T_2(t \mid -1)$, Wendepunkte $W_1(-\frac{t}{3}\sqrt{3} \mid -\frac{5}{9})$, $W_2(\frac{t}{3}\sqrt{3} \mid -\frac{5}{9})$

(d) $f_t'(x) = t(2 - x)e^{-\frac{x}{2}}$, $f_t''(x) = \frac{1}{2}t(x - 4)e^{-\frac{x}{2}}$, $f_t'''(x) = t(-\frac{1}{4}x + \frac{3}{2})e^{-\frac{x}{2}}$, Schnittpunkte mit den Koordinatenachsen: $N(0 \mid 0)$ (einfach), $S(0 \mid 0)$, Extrempunkt $E(2 \mid 4te^{-1})$ (Hochpunkt für $t > 0$, Tiefpunkt für $t < 0$), Wendepunkt $W(4 \mid 8te^{-2})$

(e) $f_t'(x) = (-tx + t - 1)e^{-x}$, $f_t''(x) = (tx - 2t + 1)e^{-x}$, $f_t'''(x) = (-tx + 3t - 1)e^{-x}$, Schnittpunkte mit den Koordinatenachsen: $N(-\frac{1}{t} \mid 0)$ (einfach), $S(0 \mid 1)$, Extrempunkt $E(\frac{t-1}{t} \mid te^{\frac{1-t}{t}})$ (Hochpunkt für $t > 0$, Tiefpunkt für $t < 0$), Wendepunkt $W(\frac{2t-1}{t} \mid 2te^{\frac{1-2t}{t}})$

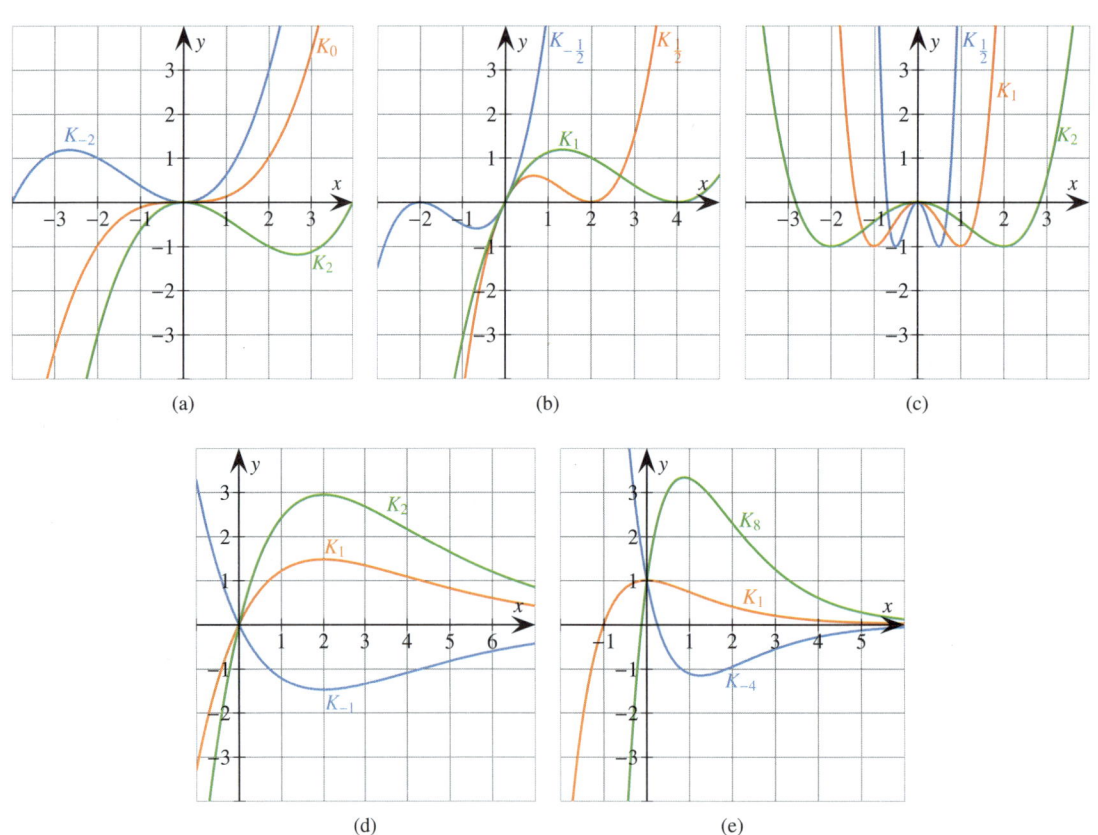

(a)   (b)   (c)

(d)   (e)

Abb. 3.46.: Schaubilder zu Aufgabe 195

196. (a) gemeinsamer Punkt P(0 | 0). Schaubild siehe Abb. 3.47a.

(b) Schnittpunkte mit der x-Achse: $N_1(0 \mid 0)$ (doppelt), $N_2(\frac{3}{2}t \mid 0)$

(c) $f_t'(x) = \frac{6}{t^2}x^2 - \frac{6}{t}x$, $f_t''(x) = \frac{12}{t^2}x - \frac{6}{t}$. $f_t'(x) = 0 \Rightarrow x_1 = 0$, $x_2 = t$. $f_t''(t) = \frac{6}{t} > 0$. $f_t(t) = -t$. Die Tiefpunkte $T(t \mid -t)$ liegen auf der Geraden $y = -x$

197. (a) Ja. Wir setzen $f_a(x) = f_0(x)$ und leiten daraus die Gleichung $ax(x-1) = 0$ her. Diese Gleichung ist für $x_1 = 0$ und $x_2 = 1$ erfüllt. Wir erhalten die Schnittpunkte $S_1(0 \mid \frac{3}{4})$ und $S_2(1 \mid 1)$, deren Koordinaten unabhängig von a sind.

(b) $f_a'(x) = \frac{3}{4}x^2 + 2ax - a$. Beim Gleichsetzen mit Null erhalten wir eine Lösungsformel für quadratische Gleichungen mit Diskriminante $\Delta = a(4a+3)$. Das Schaubild hat keine lokale Extremstelle für $a \in (-\frac{3}{4}; 0)$ ($\Delta < 0$), eine für $a \in \{-\frac{3}{4}, 0\}$ ($\Delta = 0$) und zwei für $a \in \mathbb{R} \setminus [-\frac{3}{4}; 0]$ ($\Delta > 0$). Skizze siehe Abb. 3.47b ($a = -1$: zwei lokale Extremstellen, $a = -\frac{1}{2}$: keine lokale Extremstelle, $a = 0$: eine lokale Extremstelle)

(c) $f_a''(x) = \frac{3}{2}x + 2a$, $x_W = -\frac{4}{3}a$. Die Koordinaten sind abhängig von a.

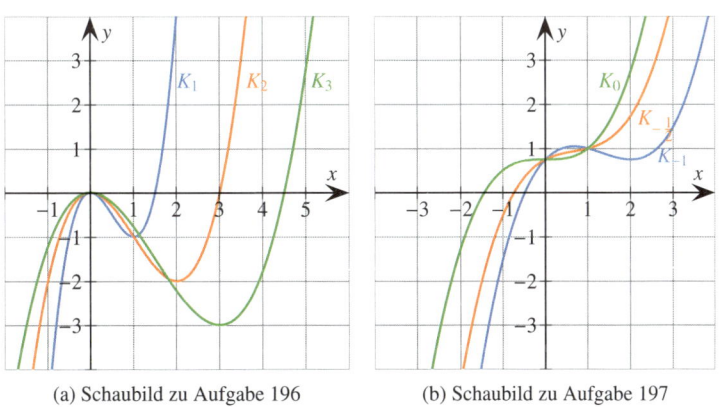

(a) Schaubild zu Aufgabe 196   (b) Schaubild zu Aufgabe 197

Abb. 3.47.: Schaubilder

198. Die Steigung der Tangente im Punkt $P(a \mid a^2 - 2a + 1)$ beträgt $f'(a) = 2a - 2$. Durch Einsetzen von a, $f(a)$ und $f'(a)$ in die Punktsteigungsform der Tangentengleichung erhalten wir $g_a: y = (2a-2)(x-a) + (a^2 - 2a + 1) = (2a - 2)x - a^2 + 1$.

Extremwertaufgaben

199. (a) Lösungsskizze siehe Abb. 3.48a.

(b) Wird u kleiner, dann wird das Dreieck schmaler und flacher. Wird u größer, dann wird das Dreieck breiter. Die Höhe nimmt zuerst zu, dann wieder ab.

(c) Zielfunktion:
$$A(u) = \frac{1}{2} \cdot u \cdot f(u) = \frac{1}{4}u^3 - \frac{1}{32}u^4.$$

$A'(u) = \frac{3}{4}u^2 - \frac{1}{8}u^3$. $A'(u) = 0 \Rightarrow u = 6$. Maximaler Flächeninhalt $A(6) = 13{,}5$ an der Stelle $u = 6$.

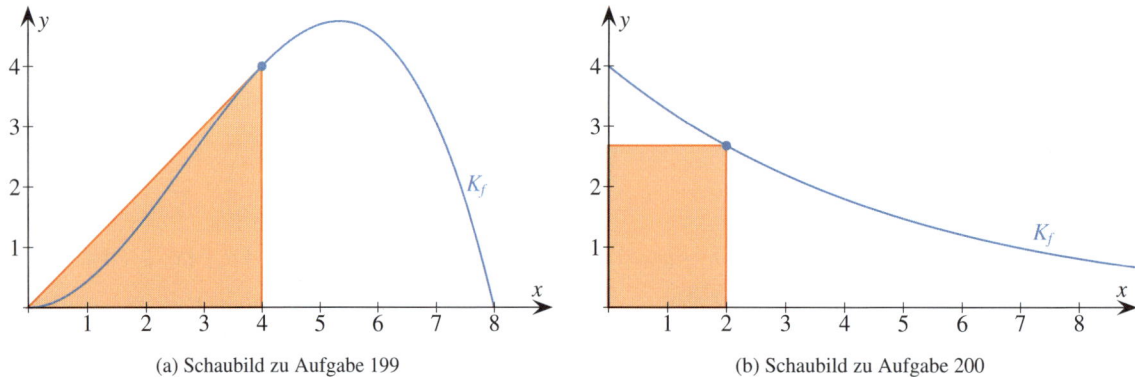

(a) Schaubild zu Aufgabe 199   (b) Schaubild zu Aufgabe 200

Abb. 3.48.: Schaubilder

200.   (a) Lösungsskizze siehe Abb. 3.48b.

(b) Wird u kleiner, dann wird das Rechteck schmaler und höher. Wird u größer, dann wird das Dreieck breiter und flacher.

(c) Zielfunktion:

$$A(u) = u \cdot f(u) = 4u e^{-0,2u} \to \text{max.}$$

$A'(u) = (4 - 0,8u)e^{-0,2u} = 0 \Leftrightarrow u = 5$. Maximaler Flächeninhalt $A(5) = 20e^{-1} \approx 7,36$ bei $u = 5$.

201. Lösungsskizze siehe Abb. 3.49a. *Lösungsweg 1*: Zielfunktion

$$L(u) = \sqrt{(0 - u)^2 + (1,5 - u^2)^2} = \sqrt{u^4 - 2u^2 + 2,25} \to \text{min.}$$

$L'(u) = 2u(u^2 - 1)(u^4 - 2u^2 + 2,25)^{-\frac{1}{2}}$. $L'(u) = 0 \Rightarrow u = \pm 1$. $L(-1) = L(1) = \frac{1}{2}\sqrt{5}$. Wir erhalten die Punkte $M_1(-1 \mid 1)$ und $M_2(1 \mid 1)$. *Lösungsweg 2*: Der Punkt P muss auf einer Normalen durch K liegen. Im Punkt $M(u \mid u^2)$ hat K die Steigung $2u$. Die Steigung von L beträgt $\frac{-(1,5-u^2)}{u}$. Da die gesuchte Strecke auf die Normale an K_f in M senkrecht steht, muss gelten: $\frac{-(1,5-u^2)}{u} = -\frac{1}{2u} \Rightarrow u = \pm 1$.

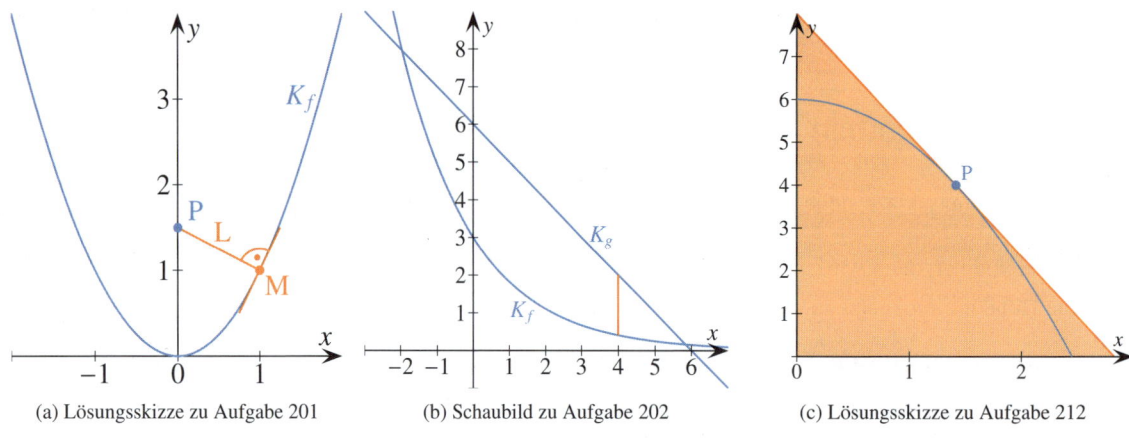

(a) Lösungsskizze zu Aufgabe 201   (b) Schaubild zu Aufgabe 202   (c) Lösungsskizze zu Aufgabe 212

Abb. 3.49.: Lösungsskizzen

202. (a) Schaubild siehe Abb. 3.49b. $\overline{PQ} = g(4) - f(4) = 2 - 3e^{-2} \approx 1{,}59$

(b) Je größer u, desto kleiner wird die Streckenlänge. Wird u kleiner, dann wird die Streckenlänge zunächst größer, anschließend wieder kleiner.

(c) Zielfunktion: $L(u) = 6 - u - 3e^{-\frac{1}{2}u}$. Wir berechnen $L'(u) = -1 + \frac{3}{2}e^{-\frac{1}{2}u}$ und erhalten die maximale Streckenlänge $L(u_{\max}) = 4 - 2\ln\frac{3}{2} \approx 3{,}19$ bei $u_{\max} = 2\ln\frac{3}{2} \approx 0{,}81$.

203. Erste Zahl: u. Zweite Zahl: $u + 36$. Zielfunktion: $L(u) = u(u + 36) \to$ min. Wir berechnen $L'(u) = 2u + 36$, erhalten $u_{\min} = -18$ und somit das Zahlenpaar -18, 18.

204. Erste Zahl: u. Zweite Zahl: $u - 28$. Zielfunktion: $L(u) = u(u - 28) \to$ min. Wir berechnen $L'(u) = 2u - 28$, erhalten $u_{\min} = 14$ und somit das Zahlenpaar -14, 14.

205. Erste Zahl: u. Zweite Zahl: $\frac{1}{u}$. Zielfunktion: $L(u) = u + \frac{1}{u} \to$ min. Wir berechnen $L'(u) = 1 - \frac{1}{u^2}$, erhalten $u_{\min} = 1$ und somit die Summe 2.

206. Wir schreiben die Ursprungsgerade als $y = ax$ mit unbekanntem Wert $a \in \mathbb{R}$. Zielfunktion $L(a) = (1 - a)^2 + (3 - 2a)^2 + (3{,}5 - 3a)^2 = 14a^2 - 35a + 22{,}25 \to$ min. $L'(a) = 28a - 35$. $L'(a) = 0 \Rightarrow a = \frac{5}{4}$. $L(\frac{5}{4}) = \frac{3}{8}$. Gerade $y = \frac{5}{4}x$.

207. Wir bezeichnen die Seitenlängen des Rechtecks mit a und b. Aus $ab \to$ max mit Nebenbedingung $2a + 2b = 200 \Rightarrow b = 100 - a$ erhalten wir die Zielfunktion $L(a) = a(100 - a) \to$ max. Wir berechnen $L'(a) = 100 - 2a$, erhalten $a_{\max} = 50$ und somit ein quadratisches Grundstück mit Fläche $2\,500\,\text{m}^2$.

208. Wir bezeichnen die Seitenlängen des Rechtecks mit a und b. Aus $2a + 2b \to$ min mit Nebenbedingung $ab = 1\,600 \Rightarrow b = \frac{1\,600}{a}$ erhalten wir die Zielfunktion $L(a) = 2a + \frac{3\,200}{a} \to$ min. Wir berechnen $L'(a) = 2 - 3\,200a^{-2}$, erhalten $a_{\min} = 40$, und somit ein quadratisches Grundstück mit Umfang $160\,\text{m}$.

209. Wir bezeichnen die Grundseite des Pools mit a und die Höhe mit h. Aus $a^2 + 4ah \to$ min mit Nebenbedingung $a^2h = 32 \Rightarrow h = \frac{32}{a^2}$ erhalten wir die Zielfunktion $L(a) = a^2 + \frac{128}{a} \to$ min. Wir berechnen $L'(a) = 2a - 128a^{-2}$, erhalten $a_{\min} = 4$ und somit eine Poolhöhe von $2\,\text{m}$.

210. Oberflächeninhalt $O = 2r^2\pi + 2\pi rh$. Für das Volumen der Konservendose gilt $V = r^2\pi h = 850 \Rightarrow h = \frac{850}{r^2\pi}$. Einsetzen von h in die Oberflächenformel ergibt $O(r) = 2r^2\pi + \frac{1\,700}{r} \to$ min. $O'(r) = 4r\pi - \frac{1\,700}{r^2}$. $O'(r) = 0$ für $r_{\text{opt}} = \sqrt[3]{\frac{1\,700}{4\pi}} = 5{,}13\,\text{cm} \Rightarrow h_{\text{opt}} = \sqrt[3]{\frac{3\,400}{\pi}} = 10{,}27\,\text{cm}$. Der Materialverbrauch beträgt $O(r_{\text{opt}}) = 496{,}74\,\text{cm}^2$.

211. Zunächst bezeichnen wir die Stelle, an der wir die Straße betreten, mit x. Wir nutzen das Weg-Zeit-Gesetz und stellen die Zielfunktion $L(x) = \frac{1}{3}\sqrt{x^2 + 25} + \frac{1}{5}(12 - x) \to$ min auf. Wir berechnen $L'(x) = \frac{1}{3}x(x^2 + 25)^{-\frac{1}{2}} - \frac{1}{5}x$ und erhalten für $L'(x) = 0$ die Lösung $x_{\min} = 3{,}75$ und somit eine Dauer von $L(3{,}75) = 3$ Stunden 44 Minuten.

212. Schaubild siehe Abb. 3.49c. Die Tangente an die Funktion in $P(u \mid 6 - u^2)$ ist gegeben durch $y - (6 - u^2) = -2u(x - u) \Leftrightarrow y = -2ux + u^2 + 6$. Sie schneidet die Koordinatenachsen in den Punkten $Q(\frac{u^2 + 6}{2u} \mid 0)$ und $R(0 \mid u^2 + 6)$. Somit gilt für den Flächeninhalt $A(u) = \frac{1}{2}(u^2 + 6) \cdot \frac{u^2 + 6}{2u} = \frac{1}{4}u^3 + 3u + \frac{9}{u}$. Es gilt $f'(u) = \frac{3}{4}u^2 + 3 - \frac{9}{u^2} = 0 \Leftrightarrow \frac{3}{4}u^4 + 3u^2 - 9 = 0$. Wir substituieren $b = u^2$. Dann hat die Gleichung $\frac{3}{4}b^2 + 3b - 9 = 0$ die Lösungen $b_1 = -6$ (nicht gültig) bzw. $b_2 = 2$. Daraus folgt $u = \sqrt{2}$ und $P(\sqrt{2} \mid 4)$.

213. Tangente in P(u | $4 - u^2$): $y = -2ux + u^2 + 4$. Schnittpunkte Q(0 | $u^2 + 4$) und R($\frac{u}{2} + \frac{2}{u}$ | 0). Für den Abstand beider Punkte Q und R gilt $d(u) = \sqrt{(u^2 + 4)^2 + (\frac{u}{2} + \frac{2}{u})^2} = (u^2 + 4) \cdot \sqrt{1 + \frac{1}{4u^2}} \to$ min. Wir erhalten $u_{min} = \frac{1}{4}\sqrt{\sqrt{129} - 1} = 0{,}80$ und $d(u_{min}) = 5{,}47$ für den Punkt P($0{,}80$ | $3{,}35$).

214. *1. Lösungsweg*: Zielfunktion: $d(u) = \sqrt{u^2 + (u^2 - 3u + 3)^2} = \sqrt{u^4 - 6u^3 + 16u^2 - 18u + 9} \to$ min. Wir erhalten $u_{min} = 1$. Da $d''(1) > 1$, ist P(1 | 1) der gesuchte Punkt. *2. Lösungsweg*: Damit d minimal wird, muss die Gerade OP eine Normale sein. Es gilt $f'(u) = 2u - 3 \Rightarrow m = -\frac{1}{2u-3}$. Wir erhalten die Normale $y = -\frac{1}{2u-3}(x - u) + u^2 - 3u + 3$. Nun setzen wir den Punkt O(0 | 0) ein und erhalten $u = 1$. Da $f(1) = 1$, ist P(1 | 1) der gesuchte Punkt.

Integralrechnung

Stammfunktion und unbestimmtes Integral

215. (a) $F(x) = \frac{3}{2}x^2$ (c) $F(x) = -\frac{2}{3}x^3 + x$ (e) $F(x) = \frac{7}{9}x^{\frac{9}{7}}$

  (b) $F(x) = 2x^3$ (d) $F(x) = \frac{1}{5}x^5 - \frac{1}{6}x^6$ (f) $F(x) = \frac{2}{3}x^{\frac{3}{2}}$

In den letzten drei Teilaufgaben schreiben wir alle Terme zunächst in der Form $x^{\cdots}$.

  (g) $f(x) = x^{\frac{1}{3}}$, $F(x) = \frac{3}{4}x^{\frac{4}{3}}$

  (h) $f(x) = x^{-5}$, $F(x) = -\frac{1}{4x^4}$

  (i) $f(x) = -\frac{1}{2}x^{-3}$, $F(x) = \frac{1}{4x^2}$

216. (a) $F(x) = -2\cos x$ (c) $F(x) = \frac{1}{3}e^x$ (e) $F(x) = \frac{1}{7}\cos x$

  (b) $F(x) = -5\sin x$ (d) $F(x) = -4e^x$ (f) $F(x) = \pi\sin x$

217. (a) $F(x) = 3x^2 + c$ (d) $F(x) = 3x^3 + x^2 + 4x + c$ (g) $F(x) = \frac{1}{4}x^4 + \frac{1}{5}x^5 + c$

  (b) $F(x) = x^3 + c$ (e) $F(t) = \frac{4}{5}t^5 - \frac{1}{2}t^4 + t + c$ (h) $F(x) = \frac{1}{3}x^3 - 2x^2 - 5x + c$

  (c) $F(x) = 4x + c$ (f) $F(u) = \frac{5}{7}u^7 - \frac{1}{2}u^6 + c$ (i) $F(t) = -\frac{4}{3}t^3 + 6t^2 - 12t + c$

In den letzten drei Teilaufgaben schreiben wir alle Terme zunächst in der Form $x^{\cdots}$.

  (j) $\int 2\sqrt{x}\,dx = \int 2x^{\frac{1}{2}}\,dx = \frac{4}{3}x^{\frac{3}{2}} + c$

  (k) $\int u^{\frac{2}{3}} + 1\,du = \frac{3}{5}u^{\frac{5}{3}} + u + c$

  (l) $\int \frac{2}{x^2} + \frac{6}{x^3}\,dx = \int 2x^{-2} + 6x^{-3}\,dx = -\frac{2}{x} - \frac{3}{x^2} + c$

218. (a) $F(x) = 3\sin x + c$ (c) $F(x) = 4e^x + 2x + c$ (e) $F(x) = \frac{1}{7}(e^x - \sin x) + c$

  (b) $F(x) = -\pi\cos x + c$ (d) $F(x) = \frac{1}{2}x^2 + \frac{1}{3}\cos x + c$ (f) $F(x) = e\cos x - \pi e^x + c$

219. (a) $F(x) = x^5 + c$ (d) $F(x) = \frac{3}{2}ax^4 + c$ (g) $F(t) = \frac{7}{3}t^3 + 3x^2 t + c$

  (b) $F(t) = t^5 + c$ (e) $F(a) = 3a^2 x^3 + c$ (h) $F(p) = \frac{1}{3}p^3 q + \frac{1}{2}q^2 p^2 + c$

  (c) $F(t) = \frac{2}{3}t^3 + 3e^4 t + c$ (f) $F(z) = \frac{1}{2}xyz^2 + c$ (i) $F(b) = -\frac{a^2}{b} + c$

220. (a) $F(x) = \frac{a}{5}x^5 + c$

(b) $F(x) = \frac{a}{4}x^4 + \frac{b}{3}x^3 + \frac{d}{2}x^2 + ex + c$

(c) $F(x) = ae^x + b\sin x + c$

(d) $F(x) = \frac{p}{4}x^4 + \frac{1}{3p}x^3 - 4px + c$

(e) $F(x) = 2te^x + \cos x + c$

(f) $F(x) = -t(3\cos x + t\sin x) + c$

221. (a) Die Vorfaktoren von F wurden falsch gewählt. Richtig: $F(x) = \frac{1}{4}x^4 + \frac{1}{5}x^5$.

(b) Die Hochzahlen, und somit auch die Vorfaktoren von F wurden falsch bestimmt. Richtig: $F(x) = -x^{-1} - \frac{1}{2}x^{-2}$.

(c) Die e-Funktion wurde mit der falschen Regel integriert. Richtig: $F(x) = e^x$.

(d) Die Sinusfunktion wurde abgeleitet statt integriert. Richtig: $F(x) = \sin x - \cos x$.

222. (a) ja, denn $(e^{-x^2+1})' = -2xe^{-x^2+1}$

(b) ja, denn $(3 + \sqrt{e^x})' = \frac{1}{2}\sqrt{e^x}$.

223. (a) $F(x) = \frac{2}{3}x^3 + x^2 - x + c$, $F(0) = 4 \Leftrightarrow 0 + c = 4 \Leftrightarrow c = 4$

(b) $F(x) = -\frac{1}{16}x^4 + 3x^2 + c$, $F(2) = 5 \Leftrightarrow -1 + 12 + c = 5 \Leftrightarrow c = -6$

(c) $F(x) = -\cos x + c$, $F(\pi) = 7 \Leftrightarrow 1 + c = 7 \Leftrightarrow c = 6$

(d) $F(x) = 5e^x + 2x + c$, $F(0) = 3 \Leftrightarrow 5 + 0 + c = 3 \Leftrightarrow c = -2$

224. (a) $F(x) = \frac{1}{4}x^4 + c$, $F(2) = 1 \Leftrightarrow 4 + c = 1 \Leftrightarrow c = -3$

(b) $F(x) = -\cos x + c$, $F(0) = 2 \Leftrightarrow -1 + c = 2 \Leftrightarrow c = 3$

(c) $F(x) = -2x + c$, $F(2) = 1 \Leftrightarrow -4 + c = 1 \Leftrightarrow c = 5$

(d) $F(x) = \sin x + c$, $F(\frac{\pi}{2}) = 0 \Leftrightarrow 1 + c = 0 \Leftrightarrow c = -1$

225. $F(x) = \frac{3}{4}x^4 + 2x + c$, $F(1) = -2 \Leftrightarrow \frac{3}{4} + 2 + c = -2 \Leftrightarrow c = -\frac{19}{4}$. $F(x) = \frac{3}{4}x^4 + 2x - \frac{19}{4}$.

226. Es gilt: $f(x) = 2e^x + 3x^2 + c$. Wir setzen P(0 | 1) in die Funktionsgleichung ein: $1 = 2e^0 + 3 \cdot 0^2 + c \Rightarrow c = -1$. Somit $f(x) = 2e^x + 3x^2 - 1$.

227. (a) falsch, da f in $x = 1$ einen positiven y-Wert hat (also ist F dort steigend)

(b) falsch, da f in $x = 2$ den y-Wert 4 hat (also ist $F'(2) = 4$)

(c) falsch, da f an der Stelle $x = 0$ einen Vorzeichenwechsel von $-$ nach $+$ hat (also Tiefpunkt)

(d) richtig, da f im Intervall [1; 2] positiv ist. Also ist F in diesem Intervall steigend und muss in $x = 2$ einen größeren y-Wert haben

(e) richtig, da F' an der Stelle $x = 3$ fallend ist

(f) richtig, da f an der Stelle $x = 1$ einen kleineren y-Wert hat als an der Stelle $x = 2$

Lösungen

228. (a) Es gilt $\int f(x)\,\mathrm{d}x = x^2 - 5x + c$. Da $F_1(x) = x^2 - 5x + 4$ und $F_2(x) = x^2 - 5x + 6$, ist die Behauptung erfüllt.

(b) Es gilt $F_2(x) - F_1(x) = 2$. Das Schaubild von F_2 entsteht also durch Verschiebung des Schaubildes von F_1 um 2 Einheiten nach oben.

229. (a) Richtig. Jedes Schaubild kann an einer bestimmten Stelle nur eine Steigung haben. Diese Eigenschaft gilt für alle Stellen, also haben wir eine Eindeutigkeit.

(b) Falsch. Zu jeder Funktion gibt es unendlich viele Stammfunktionen, die sich alle durch eine Konstante unterscheiden.

230. (a) Die Funktion F hat an der Stelle $x = 4$ eine lokale Extremstelle und an der Stelle $x = 2$ die Steigung 1.

(b) Das Schaubild von F hat einen lokalen Tiefpunkt an der Stelle $x = -2$.

(c) Das Schaubild von F hat einen Terrassenpunkt an der Stelle $x = 1$.

231. (a) $K \leftrightarrow f$ und $G \leftrightarrow F$, denn es gilt: 1. $u = \sqrt{2}$ ist Nullstelle von f und Extremstelle von F. 2. $u = -\sqrt{2}$ ist Nullstelle von f und Extremstelle von F. 3. $u \approx -0{,}75$ ist Extremstelle von f und Wendestelle von F.

(b) $G \leftrightarrow f$ und $K \leftrightarrow F$, denn es gilt: 1. $u = -2$ ist Nullstelle von f und Extremstelle von F. 2. $u = 1$ ist Nullstelle von f und Extremstelle von F. 3. $u = -\frac{1}{2}$ ist Extremstelle von f und Wendestelle von F.

(c) $G \leftrightarrow f$ und $K \leftrightarrow F$, denn es gilt: 1. $u = 0$ ist Extremstelle von f und Wendestelle von F. 2. $u \approx -2{,}36$, $u \approx -0{,}79$, $u \approx 0{,}79$ und $u = 2{,}36$ sind Nullstellen von f und Extremstellen von F.

232. Schaubilder siehe Abb. 3.50.

(a) F ist symmetrisch zur y-Achse $\Rightarrow f$ ist punktsymmetrisch zum Ursprung. F hat lokale Extremstellen in $x_1 = -2$ (Minimum), $x_2 = 0$ (Maximum) bzw. $x_3 = 2$ (Minimum) $\Rightarrow f$ hat Nullstellen x_1 $(- \to +)$, x_2 $(+ \to -)$ bzw. x_3 $(- \to +)$. F hat Wendestellen in $x_4 \approx -1{,}2$ $(\cup \to \cap)$ bzw. $x_5 \approx 1{,}2$ $(\cap \to \cup)$ $\Rightarrow f$ hat lokales Maximum in $x_4 \approx -1{,}2$ und Minimum in $x_5 \approx 1{,}2$.

(b) F ist punktsymmetrisch zum Ursprung $\Rightarrow f$ ist symmetrisch zur y-Achse. F hat lokale Extremstellen in $x_1 = -2$ (Maximum) bzw. $x_2 = 2$ (Minimum) $\Rightarrow f$ hat Nullstellen x_1 $(+ \to -)$ und x_2 $(- \to +)$. F hat Wendestelle in $x_3 = 0$ $(\cap \to \cup)$ $\Rightarrow f$ hat lokales Minimum in $x_3 = 0$.

(c) Keine Symmetrie. F hat lokale Extremstellen in $x_1 = -2$ (Maximum), $x_2 = 0$ (Minimum), $x_3 = 2$ (Maximum) bzw. $x_4 = 3$ (Minimum) $\Rightarrow f$ hat Nullstellen x_1 $(+ \to -)$, x_2 $(- \to +)$, x_3 $(+ \to -)$ bzw. x_4 $(- \to +)$. F hat Wendestellen $x_5 \approx -1{,}3$ $(\cup \to \cap)$, $x_6 \approx 0{,}9$ $(\cap \to \cup)$ bzw. $x_7 \approx 2{,}6$ $(\cup \to \cap)$ $\Rightarrow f$ hat lokale Minima in x_5 und x_7 sowie lokales Maximum in x_6.

179

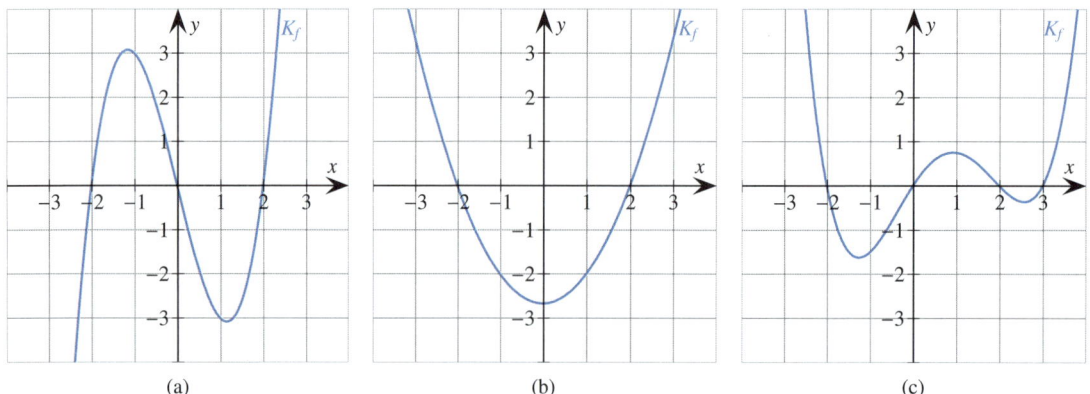

Abb. 3.50.: Schaubilder zu Aufgabe 232

233. Schaubilder siehe Abb. 3.51.

(a) f hat die Nullstellen $x_1 = -1$ $(+ \rightarrow -)$ bzw. $x_2 = 3$ $(- \rightarrow +)$ $\Rightarrow$ F hat ein lokales Maximum in x_1 und ein lokales Minimum in x_2. f hat ein lokales Minimum in $x_3 = 1$ $\Rightarrow$ F hat eine Wendestelle in x_3 $(\cup \rightarrow \cup)$.

(b) f hat die Nullstellen $x_1 = -2$ $(- \rightarrow +)$ bzw. $x_2 = 1$ $(+ \rightarrow +$, doppelt$)$ $\Rightarrow$ F hat ein lokales Minimum in x_1 und eine lokale Extremstelle in x_2. f hat ein lokales Maximum in $x_3 = -1$ und ein lokales Minimum in x_2 $\Rightarrow$ F hat Wendestellen in x_3 $(\cup \rightarrow \cup)$ bzw. x_2 $(\cup \rightarrow \cup)$ $\Rightarrow$ F hat Sattelpunkt in x_2.

(c) f hat die Nullstellen $x_1 \approx -1{,}55$ $(+ \rightarrow -)$ bzw. $x_2 \approx 1{,}55$ $(- \rightarrow +)$ $\Rightarrow$ F hat ein lokales Maximum in x_1 und ein lokales Minimum in x_2. f hat lokale Minima in $x_3 = -1$ und $x_4 = 1$ sowie ein lokales Maximum in $x_5 = 0$ $\Rightarrow$ F hat Wendestellen in x_3 $(\cup \rightarrow \cup)$, x_4 $(\cup \rightarrow \cup)$ bzw. x_5 $(\cup \rightarrow \cup)$.

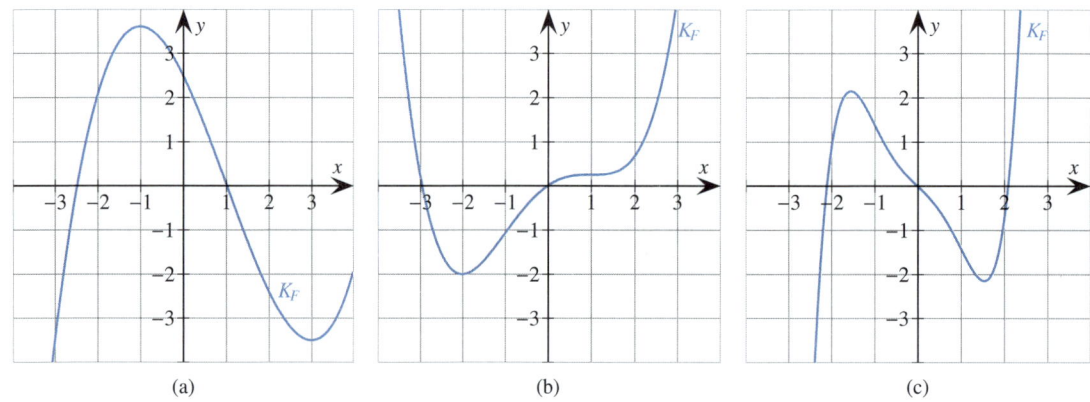

Abb. 3.51.: Schaubilder zu Aufgabe 233

234. Zu Beginn $(t = 0)$ verändert sich der Pegel nicht. Von $t = 0$ bis $t \approx 5$ sinkt der Pegel immer stärker, bis maximal um ca. 20 cm pro Tag. Von $t \approx 5$ bis $t = 12$ verliert der Fluss zwar immer noch an Wasser, aber immer weniger. In $t = 12$ stabilisiert sich der Pegel. Von $t = 12$ bis $t \approx 16{,}5$ steigt der Pegel immer stärker an, bis maximal um 10 cm pro Tag. Von $t \approx 16{,}5$ bis $t = 20$ steigt der Pegel zwar immer noch an, aber immer schwächer, bis er sich in $t = 20$ nicht mehr verändert.

235. (a) $f(0) \approx \frac{10}{3}$

(b) $f(1) = 0$

(c) K_f hat einen lokalen Hochpunkt in $x \approx -\frac{1}{3}$

(d) f hat 3 Nullstellen

236. Da K eine Extremstelle in $x = -1$ hat, muss das Schaubild der Ableitungsfunktion dort eine Nullstelle haben: $f(-1) = 0 \Rightarrow f(-1) = (-1 + a)e^1 = 0 \Rightarrow a = 1$.

237. (a) $\int x^n \, dx = \frac{1}{n+1} x^{n+1} + c$, denn $\left(\frac{1}{n+1} x^{n+1}\right)' = x^n$ für alle $c \in \mathbb{R}$.

(b) $\int \cos x \, dx = \sin x + c$, denn $(\sin x + c)' = \cos x$ für alle $c \in \mathbb{R}$.

(c) $\int \sin x \, dx = -\cos x + c$, denn $(-\cos x + c)' = \sin x$ für alle $c \in \mathbb{R}$.

(d) $\int e^x \, dx = e^x + c$, denn $(e^x + c)' = e^x$ für alle $c \in \mathbb{R}$.

238. Schaubild A kann es nicht sein, denn es ist nicht monoton steigend. Schaubild B kann es nicht sein, da es eine waagrechte Tangente in $x = 0$ besitzt. Somit kommt nur Schaubild C in Frage.

239. Da F eine Extremstelle in $x = -2$ und einen Terrassenpunkt in $x = 2$ hat, muss gelten: $f(x) = \frac{1}{4}(x-2)^2(x+2) = \frac{1}{4}x^3 - \frac{1}{2}x^2 - x + 2$. Durch Koeffizientenvergleich erhalten wir $-\frac{1}{4}a = -\frac{1}{2}$ bzw. $a = 2$.

240. (a) Die Behauptung stimmt. Denn ist f allgemein durch $f(x) = a_1 x^{n_1} + a_2 x^{n_2} + \ldots + a_k x^{n_k}$ gegeben, wobei $k \in \mathbb{N}^*$ und $n_1, \ldots, n_k$ ungerade, dann gilt $F(x) = \frac{a_1}{n_1+1} x^{n_1+1} + \frac{a_2}{n_2+1} x^{n_2+1} + \ldots + \frac{a_k}{n_k+1} x^{n_k+1} + c \cdot x^0$. Nun sind alle Hochzahlen $n_1 + 1, \ldots, n_k + 1$ und 0 gerade. Also sind die Schaubilder aller Stammfunktionen symmetrisch zur y-Achse.

(b) Die Behauptung stimmt nicht. Denn ist f allgemein durch $f(x) = a_1 x^{n_1} + a_2 x^{n_2} + \ldots + a_k x^{n_k}$ gegeben, wobei $k \in \mathbb{N}^*$ und $n_1, \ldots, n_k$ gerade, dann gilt $F(x) = \frac{a_1}{n_1+1} x^{n_1+1} + \frac{a_2}{n_2+1} x^{n_2+1} + \ldots + \frac{a_k}{n_k+1} x^{n_k+1} + c \cdot x^0$. Nun sind alle Hochzahlen $n_1 + 1, \ldots, n_k + 1$ stets ungerade, die Hochzahl 0 allerdings nicht. Somit gibt es nur ein Schaubild von F, welches symmetrisch zum Koordinatenursprung ist (und zwar, wenn $c = 0$), alle anderen sind es jedoch nicht.

241. Durch Integration erhalten wir $F(x) = -ae^{-x} + cx + d$. Das Schaubild von F hat die schiefe Asymptote $y = 2x - 3 \Rightarrow c = 2, d = -3$. Zudem verläuft es durch den Punkt $P(0 \mid -2) \Rightarrow -2 = -ae^{-0} + 2 \cdot 0 - 3 \Rightarrow a = -1$.

Integration durch Substitution

242. Integration durch Substitution.

(a) $y = 2x$, $dx = \frac{1}{2} \, dy$, $F(x) = \frac{1}{2}e^{2x} + c$

(b) $y = 5x$, $dx = \frac{1}{5} \, dy$, $F(x) = \frac{1}{5}\sin(5x) + c$

(c) $y = -x$, $dx = -\, dy$, $F(x) = \cos(-x) + c$

(d) $y = -\frac{1}{2}x$, $dx = -2 \, dy$, $F(x) = -2e^{-\frac{1}{2}x} + c$

(e) $y = 4x - 1$, $dx = \frac{1}{4} \, dy$, $F(x) = \frac{1}{4}e^{4x-1} + c$

(f) $y = \frac{1}{5}x + 7$, $dx = 5\,dy$, $F(x) = 5\cos(\frac{1}{5}x + 7) + c$

(g) $y = x + 2$, $dx = dy$, $F(x) = \frac{1}{6}(x + 2)^6 + c$

(h) $y = 1 - x$, $dx = -dy$, $F(x) = -\frac{1}{5}(1 - x)^5 + c$

(i) $y = 2x + 1$, $dx = \frac{1}{2}\,dy$, $F(x) = \frac{1}{3}(2x + 1)^{\frac{3}{2}} + c$

243. (a) $y = -x^3$, $dx = -\frac{1}{3x^2}\,dy$, $F(x) = -\frac{1}{3}e^{-x^3} + c$

(b) $y = \cos x$, $dx = -\frac{1}{\sin x}\,dy$, $F(x) = -e^{\cos x} + c$

(c) $y = \sin x$, $dx = \frac{1}{\cos x}\,dy$, $F(x) = \frac{1}{2}(\sin x)^2 + c$

244. Individuelle Lösungen.

Integration durch lineare Substitution

245. Integration durch lineare Substitution.

(a) $F(x) = \frac{1}{2}e^{2x} + c$

(d) $F(x) = -2e^{-\frac{1}{2}x} + c$

(g) $F(x) = \frac{1}{6}(x + 2)^6 + c$

(b) $F(x) = \frac{1}{5}\sin(5x) + c$

(e) $F(x) = \frac{1}{4}e^{4x-1} + c$

(h) $F(x) = -\frac{1}{5}(1 - x)^5 + c$

(c) $F(x) = \cos(-x) + c$

(f) $F(x) = 5\cos(\frac{1}{5}x + 7) + c$

(i) $F(x) = \frac{1}{3}(2x + 1)^{\frac{3}{2}} + c$

246. Integration durch lineare Substitution.

(a) $F(x) = \frac{a}{b}e^{bx} + c$

(c) $F(t) = -a\cos(\frac{t}{a}) + c$

(b) $F(x) = \frac{1}{5t}(tx + 1)^5 + c$

(d) $F(u) = \frac{1}{a}e^{au+b} + c$

247. (a) Es wurde mit dem Vorfaktor von x multipliziert, anstatt durch ihn zu teilen. Richtig: $F(x) = \frac{1}{4}e^{4x+3}$.

(b) Es darf nicht der Term innerhalb einer cos-Funktion integriert werden. Richtig: $F(x) = \frac{1}{2}\sin(1 + 2x)$.

248. (a) Ja, er darf. Entscheidend hierfür ist der Zusammenhang $f(x) = F'(x)$.

(b) Setze $G(x) = -a\cos(\pi x)$. $G'(x) = a\pi\sin(\pi x)$. Setze $a\pi = 1 \Rightarrow a = \frac{1}{\pi}$. $G(x) = -\frac{1}{\pi}\cos(\pi x)$. Setze $H(x) = a\sin(\frac{1}{2}x)$. $H'(x) = \frac{1}{2}a\cos(\frac{1}{2}x)$. Setze $\frac{1}{2}a = 1 \Rightarrow a = 2$. $H(x) = 2\sin(\frac{1}{2}x)$.

Partielle Integration

249. (a) $g = x$, $h' = e^x$, $\int xe^x\,dx = xe^x - \int e^x\,dx = xe^x - e^x + c = (x - 1)e^x + c$

(b) $g = x$, $h' = \sin x$, $\int x\sin x\,dx = -x\cos x - \int -\cos x\,dx = -x\cos x + \sin x + c$

(c) $g = x + 1$, $h' = \cos x$, $\int(x + 1)\cos x\,dx = (x + 1)\sin x - \int \sin x\,dx = (x + 1)\sin x + \cos x + c$

250. (a) Partielle Integration in zwei Schritten. *1. Schritt*: $g = (x + 1)^2$, $h' = e^x$. $\int(x + 1)^2 e^x\,dx = (x + 1)^2 e^x - \int(2x + 2)e^x\,dx$. *2. Schritt*: Berechnung von $\int(2x + 2)e^x\,dx$. Hierfür ist $g = 2x + 2$, $h' = e^x$. $\int(2x + 2)e^x\,dx = (2x + 2)e^x - \int 2e^x\,dx = (2x + 2)e^x - 2e^x + c = 2xe^x + c$. Insgesamt gilt $\int(x + 1)^2 e^x\,dx = (x + 1)^2 e^x - 2xe^x + c = (x^2 + 1)e^x + c$

(b) Partielle Integration in zwei Schritten. *1. Schritt*: $g = x^2$, $h' = \cos x$. $\int x^2 \cos x \, dx = x^2 \sin x - \int 2x \sin x \, dx$.
2. Schritt: Berechnung von $\int 2x \sin x \, dx$. Hierfür ist $g = 2x$, $h' = \sin x$. $\int 2x \sin x \, dx = -2x \cos x - \int -2 \cos x \, dx = -2x \cos x + 2 \sin x + c$. Insgesamt gilt $\int x^2 \cos x \, dx = x^2 \sin x + 2x \cos x - 2 \sin x + c$

(c) Partielle Integration in zwei Schritten. *1. Schritt*: $g = 1 - x^2$, $h' = \sin x$. $\int (1 - x^2) \sin x \, dx = -(1 - x^2) \cos x - \int -2x \cdot (-\cos x) \, dx = (x^2 - 1) \cos x - \int 2x \cos x \, dx$. *2. Schritt*: Berechnung von $\int 2x \cos x \, dx$. Hierfür ist $g = 2x$, $h' = \cos x$. $\int 2x \cos x \, dx = 2x \sin x - \int 2 \sin x \, dx = 2x \sin x + 2 \cos x + c$. Insgesamt gilt $\int (1 - x^2) \sin x \, dx = (x^2 - 1) \cos x - 2x \sin x - 2 \cos x + c = (x^2 - 3) \cos x - 2x \sin x + c$.

251. Partielle Integration in zwei Schritten. *1. Schritt*: $g = \sin x$, $h' = e^x$.

$$\int e^x \sin x \, dx = e^x \sin x - \int e^x \cos x \, dx + c. \tag{3.1}$$

2. Schritt: Mit Hilfe von $g = \cos x$, $h' = e^x$ berechnen wir

$$\int e^x \cos x \, dx = e^x \cos x - \int -e^x \sin x \, dx + c = e^x \cos x + \int e^x \sin x \, dx + c. \tag{3.2}$$

Zusammenfassen von (3.1) und (3.2) und Auflösen nach $\int e^x \sin x \, dx$ ergibt

$$\int e^x \sin x \, dx = e^x \sin x - e^x \cos x - \int e^x \sin x \, dx + c \Leftrightarrow \int e^x \sin x \, dx = \frac{1}{2} e^x (\sin x - \cos x) + c.$$

Berechnung von Flächeninhalten oberhalb der *x*-Achse

252. Schaubilder siehe Abb. 3.52.

(a) $\int_1^3 -x^2 + 4x - 3 \, dx = [-\frac{1}{3}x^3 + 2x^2 - 3x]_1^3 = 0 - (-\frac{4}{3}) = \frac{4}{3}$

(b) $\int_{-2}^2 4 - \frac{1}{4}x^4 \, dx = [4x - \frac{1}{20}x^5]_{-2}^2 = \frac{32}{5} - (-\frac{32}{5}) = \frac{64}{5} = 12{,}8$

(c) $\int_1^2 -x^3 + x^2 + \frac{7}{4}x + \frac{1}{2} \, dx = [-\frac{1}{4}x^4 + \frac{1}{3}x^3 + \frac{7}{8}x^2 + \frac{1}{2}x]_1^2 = \frac{19}{6} - \frac{35}{24} = \frac{41}{24} \approx 1{,}71$

(d) $\int_{-1}^2 \frac{1}{2}x^4 - x^3 - \frac{3}{2}x^2 + 2x + 2 \, dx = [\frac{1}{10}x^5 - \frac{1}{4}x^4 - \frac{1}{2}x^3 + x^2 + 2x]_{-1}^2 = \frac{16}{5} - (-\frac{17}{20}) = \frac{81}{20} = 4{,}05$

(e) $\int_0^1 6x(\frac{3}{2} - x) \, dx = [-2x^3 + \frac{9}{2}x^2]_0^1 = \frac{5}{2} - 0 = \frac{5}{2}$

(f) $\int_0^2 -3x^2(x - 2) \, dx = [-\frac{3}{4}x^4 + 2x^3]_0^2 = 4 - 0 = 4$

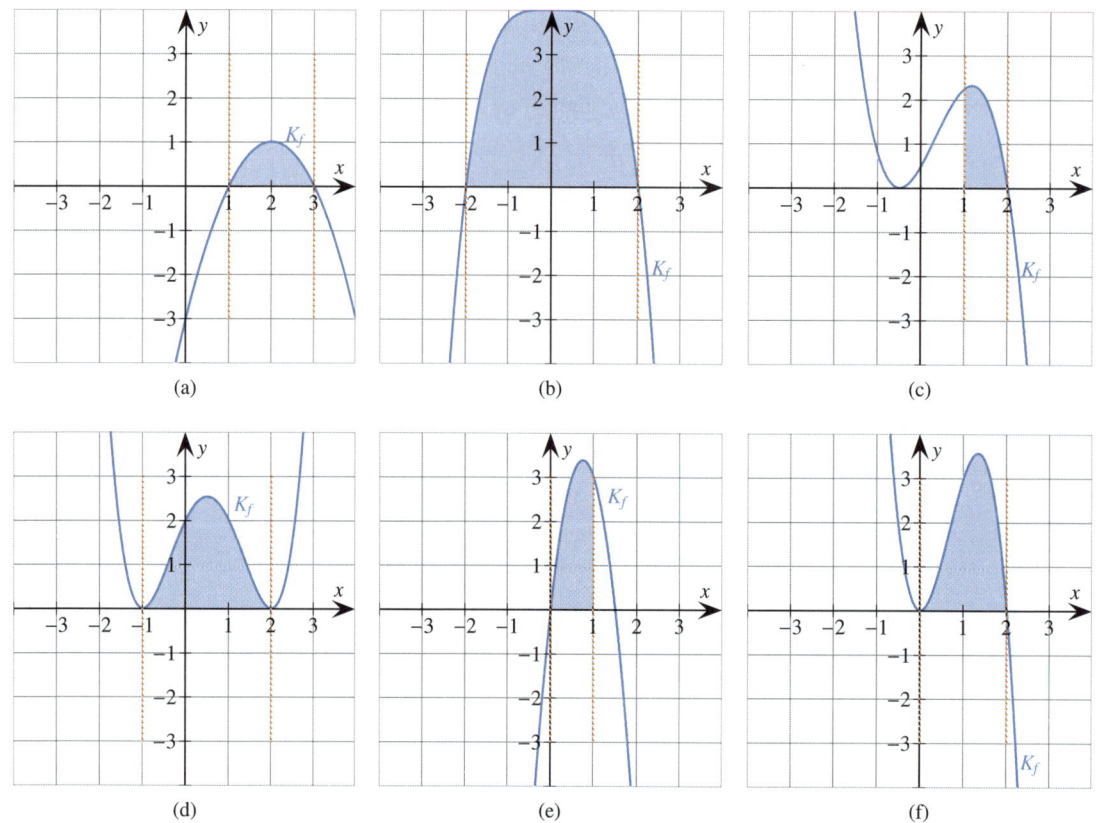

Abb. 3.52.: Schaubilder zu Aufgabe 252

253. Schaubilder siehe Abb. 3.53.

(a) $\int_0^{\frac{\pi}{2}} 3\cos x \, dx = [3\sin x]_0^{\frac{\pi}{2}} = 3 - 0 = 3$

(b) $\int_0^1 e^x \, dx = [e^x]_0^1 = e - 1 \approx 1{,}72$

(c) $\int_0^{\pi} 4\sin x \, dx = [-4\cos x]_0^{\pi} = 4 - (-4) = 8$

(d) $\int_1^2 \frac{1}{2}e^x \, dx = [\frac{1}{2}e^x]_1^2 = \frac{1}{2}e^2 - \frac{1}{2}e \approx 2{,}34$

(e) $\int_{-\pi}^{\pi} 2 + 2\cos x \, dx = [2x + 2\sin x]_{-\pi}^{\pi} = 2\pi - (-2\pi) = 4\pi \approx 12{,}57$

(f) $\int_{-2}^0 2 - e^x \, dx = [2x - e^x]_{-2}^0 = -1 - (-4 - e^{-2}) = 3 + e^{-2} \approx 3{,}14$

254. (a) $\int_{-\frac{\pi}{2}}^{\frac{\pi}{2}} \sin(x + \frac{\pi}{2}) \, dx = [-\cos(x + \frac{\pi}{2})]_{-\frac{\pi}{2}}^{\frac{\pi}{2}} = 1 - (-1) = 2$

(b) $\int_{-3}^{-2} 3 - 2e^{x+1} \, dx = [3x - 2e^{x+1}]_{-3}^{-2} = -6 - 2e^{-1} - (-9 - 2e^{-2}) = 3 - 2e^{-1} + 2e^{-2} \approx 2{,}53.$

(c) Lineare Substitution. $\int_0^2 4e^{-2x} \, dx = [-2e^{-2x}]_0^2 = -2e^{-4} - (-2) = 2 - 2e^{-4} \approx 1{,}96$

(d) Lineare Substitution. $\int_{-\frac{3}{2}}^{-\frac{1}{2}} -3\cos(\pi x) \, dx = [-\frac{3}{\pi}\sin(\pi x)]_{-\frac{3}{2}}^{-\frac{1}{2}} = \frac{3}{\pi} - (-\frac{3}{\pi}) = \frac{6}{\pi} \approx 1{,}91$

184

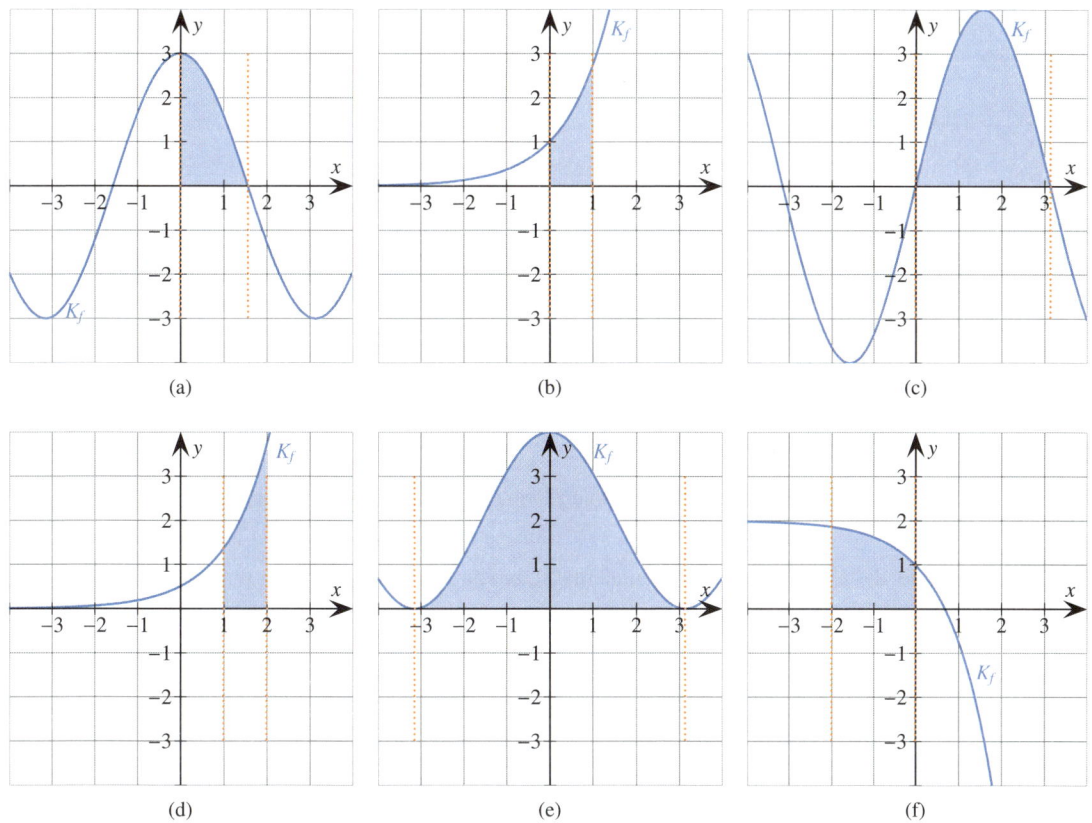

Abb. 3.53.: Schaubilder zu Aufgabe 253

255. (a) Diese Aussage ist falsch, da die Fläche komplett von einem Rechteck mit den Eckpunkten P(−1 | 0), Q(−1 | 4), R(0 | 4) und S(0 | 0) und dem Flächeninhalt 4 umschlossen ist.

  (b) Diese Aussage ist richtig, da in der Fläche ein Dreieck mit den Eckpunkten P(0 | 0), Q(0 | 4) und R(3 | 0) mit Flächeninhalt 6 enthalten ist.

256. (a) Falsch, denn $F(3) \approx 2{,}25$ und $F(1) \approx 1{,}75 \Rightarrow \int_1^3 f(x)\,\mathrm{d}x = F(3) - F(1) \approx 0{,}5 < 1$.

  (b) Richtig, denn $F(4) = 4$, $F(2) = 2$, $F(0) = 0$, $\int_2^4 f(x)\,\mathrm{d}x = F(4) - F(2) = 2$, $\int_0^2 f(x)\,\mathrm{d}x = F(2) - F(0) = 2$.

257. Der Ausdruck $F(b) - F(a)$ gibt den Flächeninhalt an, den das Schaubild von f mit der x-Achse einschließt. Die Flächeninhalte können wir durch das Abzählen von Kästchen leicht schätzen.

  (a) richtig, denn es wird eine Fläche mit positivem Inhalt eingeschlossen

  (b) richtig, denn in der Fläche sind mindestens zwei Einheitsquadrate enthalten

  (c) falsch, denn in der Fläche sind weniger als vier Einheitsquadrate enthalten

258. $A(b) = \int_0^b x^2\,\mathrm{d}x = [\frac{1}{3}x^3]_0^b = \frac{1}{3}b^3 = 72 \Rightarrow b = 6$

259. (a)

$$A(u) = \int_0^u \mathrm{e}^{-\frac{1}{3}x}\,\mathrm{d}x = \left[-3\mathrm{e}^{-\frac{1}{3}x}\right]_0^u = -3\mathrm{e}^{-\frac{1}{3}u} - (-3) = 3 - 3\mathrm{e}^{-\frac{1}{3}u}$$

  (b) $A(u) \to 3$ für $u \to \infty$

260. (a) Dies ist die spezifische Aktivität im Jahr 1986.

(b) $2\,000 = 4\,000\mathrm{e}^{-0,023t}$ für $t = 30,13$.

(c) $600 = 4\,000\mathrm{e}^{-0,023t}$ für $t = 82,48 \Rightarrow$ ab dem Jahr 2069.

(d)
$$\frac{500}{1\,000} \cdot \int_0^{40} 4\,000\,\mathrm{e}^{-0,023t}\,\mathrm{d}t = \frac{1}{2} \cdot \left[-173\,913\,\mathrm{e}^{-0,023t}\right]_0^{40} = \frac{1}{2} \cdot (-69\,308 - (-173\,913)) = 52\,303$$

Bei einer einzigen Röntgenaufnahme des Kopfes ist die Belastung übrigens höher.

261. Für die äußere Parabel gilt: $f(x) = 4 - \frac{1}{4}x^2$. Die Fläche, die K_f mit der x-Achse einschließt, hat den Inhalt $A_1 = \int_{-4}^4 4 - \frac{1}{4}x^2\,\mathrm{d}x = [4x - \frac{1}{12}x^3]_{-4}^4 = \frac{32}{3} - (-\frac{32}{3}) = \frac{64}{3}$. Für die Parabel unten rechts gilt: $g(x) = -\frac{1}{2}(x-2)^2 + 2 = -\frac{1}{2}x^2 + 2x$. Die Fläche, die K_g mit der x-Achse einschließt, hat den Inhalt $A_2 = \int_0^4 -\frac{1}{2}x^2 + 2x\,\mathrm{d}x = [-\frac{1}{6}x^3 + x^2]_0^4 = \frac{16}{3}$. Der Inhalt der schraffierten Fläche beträgt somit $A = A_1 - 3A_2 = \frac{16}{3}$.

262. Es gilt $f(x) = \begin{cases} x^2 - x + 1, & x \in [-1;\,1] \\ x, & x \in [1;\,3] \end{cases}$.

Wir berechnen $A = A_1 + A_2$ mit $A_1 = \int_{-1}^1 x^2 - x + 1\,\mathrm{d}x = [\frac{1}{3}x^3 - \frac{1}{2}x^2 + x]_{-1}^1 = \frac{5}{6} - (-\frac{11}{6}) = \frac{8}{3}$, $A_2 = \int_1^3 x\,\mathrm{d}x = [\frac{1}{2}x^2]_1^3 = \frac{9}{2} - \frac{1}{2} = 4$. Somit gilt $A = A_1 + A_2 = \frac{8}{3} + 4 = \frac{20}{3}$.

263. Wir schreiben $f(x) = ax^3 + bx^2 + cx + d$ und berechnen: I: $f(0) = 3 \Rightarrow d = 3$. Außerdem gilt II: $f(3) = 0 \Rightarrow 27a + 9b + 3c + 3 = 0$, sowie III: $f(-3) = 0 \Rightarrow -27a + 9b - 3c + 3 = 0$. Durch Addition beider Gleichungen erhalten wir $18b + 6 = 0 \Rightarrow b = -\frac{1}{3}$. Lösen wir II nach c auf, so erhalten wir $c = -9a$ und somit $f(x) = ax^3 - \frac{1}{3}x^2 - 9ax + 3$. Die letzte Bedingung liefert

$$\int_0^3 f(x)\,\mathrm{d}x = \int_0^3 ax^3 - \frac{1}{3}x^2 - 9ax + 3\,\mathrm{d}x = \left[\frac{1}{4}ax^4 - \frac{1}{9}x^3 - \frac{9}{2}ax^2 + 3x\right]_0^3$$

$$= \left(\frac{81}{4}a - 3 - \frac{81}{2}a + 9\right) - 0 = -\frac{81}{4}a + 6 = 8,25 \Rightarrow a = -\frac{1}{9} \Rightarrow c = 1.$$

Somit gilt: $f(x) = -\frac{1}{9}x^3 - \frac{1}{3}x^2 + x + 3$.

264. Wie in Abb. 3.54 dargestellt wählen wir

$$f(x) = \begin{cases} -\frac{h}{u}x + h, & x \in [u;\,0] \\ -\frac{h}{g+u}x + h, & x \in [0;\,g+u] \end{cases}$$

für $u < 0$ und berechnen

$$\int_u^{g+u} f(x)\,\mathrm{d}x = \int_u^0 -\frac{h}{u}x + h\,\mathrm{d}x + \int_0^{g+u} -\frac{h}{g+u} + h\,\mathrm{d}x$$

$$= \left[-\frac{1}{2}\frac{h}{u}x^2 + hx\right]_u^0 + \left[-\frac{1}{2}\frac{h}{g+u}x^2 + hx\right]_0^{g+u}$$

$$= \frac{1}{2}hu - hu - \frac{1}{2}h(g+u) + h(g+u) = \frac{1}{2}gh.$$

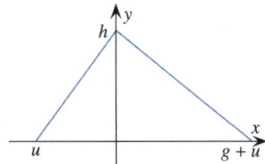

Abb. 3.54.: Lösungsskizze zu Aufgabe 264

186

Hauptsatz der Differential- und Integralrechnung

265. (a) $\int_{-1}^{2} x^2 - 3x \, dx = [\frac{1}{3}x^3 - \frac{3}{2}x^2]_{-1}^{2} = (-\frac{10}{3}) - (-\frac{11}{6}) = -\frac{3}{2}$

(b) $\int_{2}^{4} -\frac{1}{6}x^3 + 2x \, dx = [-\frac{1}{24}x^4 + x^2]_{2}^{4} = \frac{16}{3} - \frac{10}{3} = 2$

(c) $\int_{-2}^{0} \frac{1}{6}x^4 + \frac{1}{10}x^2 \, dx = [\frac{1}{30}x^5 + \frac{1}{30}x^3]_{-2}^{0} = 0 - (-\frac{4}{3}) = \frac{4}{3}$

(d) $\int_{1}^{4} 3\sqrt{x} \, dx = [2x^{\frac{3}{2}}]_{1}^{4} = 16 - 2 = 14$

(e) $\int_{\frac{1}{3}}^{\frac{1}{2}} \frac{1}{x^2} \, dx = [-x^{-1}]_{\frac{1}{3}}^{\frac{1}{2}} = -2 - (-3) = 1$

(f) $\int_{\frac{1}{4}}^{\frac{4}{9}} -x^{-\frac{3}{2}} \, dx = [2x^{-\frac{1}{2}}]_{\frac{1}{4}}^{\frac{4}{9}} = 3 - 4 = -1$

266. Schaubilder siehe Abb. 3.55.

(a) $f(x) = x(x+1)(x-2)$, Nullstellen $x_1 = -1$, $x_2 = 0$, $x_3 = 2$, $F(x) = \frac{1}{4}x^4 - \frac{1}{3}x^3 - x^2 + c$, $A_1 = |F(0) - F(-1)| = |0 - (-\frac{5}{12})| = \frac{5}{12}$, $A_2 = |F(2) - F(0)| = |-\frac{8}{3} - 0| = \frac{8}{3}$, $A = A_1 + A_2 = \frac{37}{12}$

(b) Nullstellen $x_1 = -3$, $x_2 = -1$, $x_3 = 1$, $F(x) = \frac{1}{4}x^4 + x^3 - \frac{1}{2}x^2 - 3x + c$, $A_1 = |F(-1) - F(-3)| = |\frac{7}{4} - (-\frac{9}{4})| = 4$, $A_2 = |F(1) - F(-1)| = |-\frac{9}{4} - \frac{7}{4}| = 4$, $A = A_1 + A_2 = 8$

(c) $f(x) = -\frac{1}{6}x(x+1)(x-4)$, Nullstellen $x_1 = -1$, $x_2 = 0$, $x_3 = 4$, $F(x) = -\frac{1}{24}x^4 + \frac{1}{6}x^3 + \frac{1}{3}x^2 + c$, $A_1 = |F(0) - F(-1)| = |0 - \frac{1}{8}| = \frac{1}{8}$, $A_2 = |F(4) - F(0)| = |\frac{16}{3} - 0| = \frac{16}{3}$, $A = A_1 + A_2 = \frac{131}{24} \approx 5{,}46$

(d) Nullstellen $x_1 = -2$, $x_2 = 0$, $x_3 = 1$, $F(x) = \frac{1}{5}x^5 + \frac{1}{4}x^4 - \frac{2}{3}x^3 + c$, $A_1 = |F(0) - F(-2)| = |0 - \frac{44}{15}| = \frac{44}{15}$, $A_2 = |F(1) - F(0)| = |-\frac{13}{60} - 0| = \frac{13}{60}$, $A = A_1 + A_2 = \frac{63}{20}$

(e) Nullstellen $x_1 = -1$, $x_2 = 0$, $x_3 = 1$, $F(x) = -x^6 + 3x^2 + c$, $A_1 = |F(0) - F(-1)| = |0 - 2| = 2$, $A_2 = |F(1) - F(0)| = |2 - 0| = 2$, $A = A_1 + A_2 = 4$

(f) Nullstellen $x_1 = -\sqrt{2}$, $x_2 = 0$, $x_3 = \sqrt{2}$, $F(x) = -\frac{1}{5}x^5 + \frac{2}{3}x^3 + c$, $A_1 = |F(0) - F(-\sqrt{2})| = |0 - (-\frac{8}{15}\sqrt{2})| = \frac{8}{15}\sqrt{2}$, $A_2 = |F(\sqrt{2}) - F(0)| = |\frac{8}{15}\sqrt{2} - 0| = \frac{8}{15}\sqrt{2}$, $A = A_1 + A_2 = \frac{16}{15}\sqrt{2} \approx 1{,}51$

267. (a) $\int_{0}^{\pi} \sin x \, dx = [-\cos x]_{0}^{\pi} = 1 - (-1) = 2$

(b) $\int_{-1}^{0} e^x \, dx = [e^x]_{-1}^{0} = 1 - e^{-1} \approx 0{,}63$

(c) lineare Substitution notwendig. $\int_{0}^{\frac{1}{3}} e^{3x} \, dx = [\frac{1}{3}e^{3x}]_{0}^{\frac{1}{3}} = \frac{1}{3}e - \frac{1}{3} \approx 0{,}57$

(d) lineare Substitution notwendig. $\int_{1}^{2} \cos(\pi x) \, dx = [\frac{1}{\pi}\sin(\pi x)]_{1}^{2} = 0 - 0 = 0$

(e) lineare Substitution notwendig. $\int_{-\frac{1}{2}}^{0} e^{-2x} \, dx = [-\frac{1}{2}e^{-2x}]_{-\frac{1}{2}}^{0} = -\frac{1}{2} - (-\frac{1}{2}e) = \frac{1}{2}e - \frac{1}{2} \approx 0{,}86$

(f) lineare Substitution notwendig. $\int_{-\frac{\pi}{2}}^{\pi} \sin(2x) \, dx = [-\frac{1}{2}\cos(2x)]_{-\frac{\pi}{2}}^{\pi} = -\frac{1}{2} - \frac{1}{2} = -1$

268. Schaubilder siehe Abb. 3.56.

(a) Nullstellen $x_1 = -2$, $x_2 = -1$, $x_3 = 0$, $x_4 = 1$, $x_5 = 2$. $F(x) = -\frac{3}{\pi}\cos(\pi x)$. $A_3 = |F(1) - F(0)| = |\frac{3}{\pi} - (-\frac{3}{\pi})| = \frac{6}{\pi}$. $A = 4A_3 = \frac{24}{\pi} \approx 7{,}64$

(b) Nullstellen $x_1 = -\frac{3}{4}\pi$, $x_2 = -\frac{1}{4}\pi$, $x_3 = \frac{1}{4}\pi$, $x_4 = \frac{3}{4}\pi$. $F(x) = 2\sin(2x)$. $A_2 = |F(\frac{1}{4}\pi) - F(-\frac{1}{4}\pi)| = |2 - (-2)| = 4$. $A = 3A_2 = 12$.

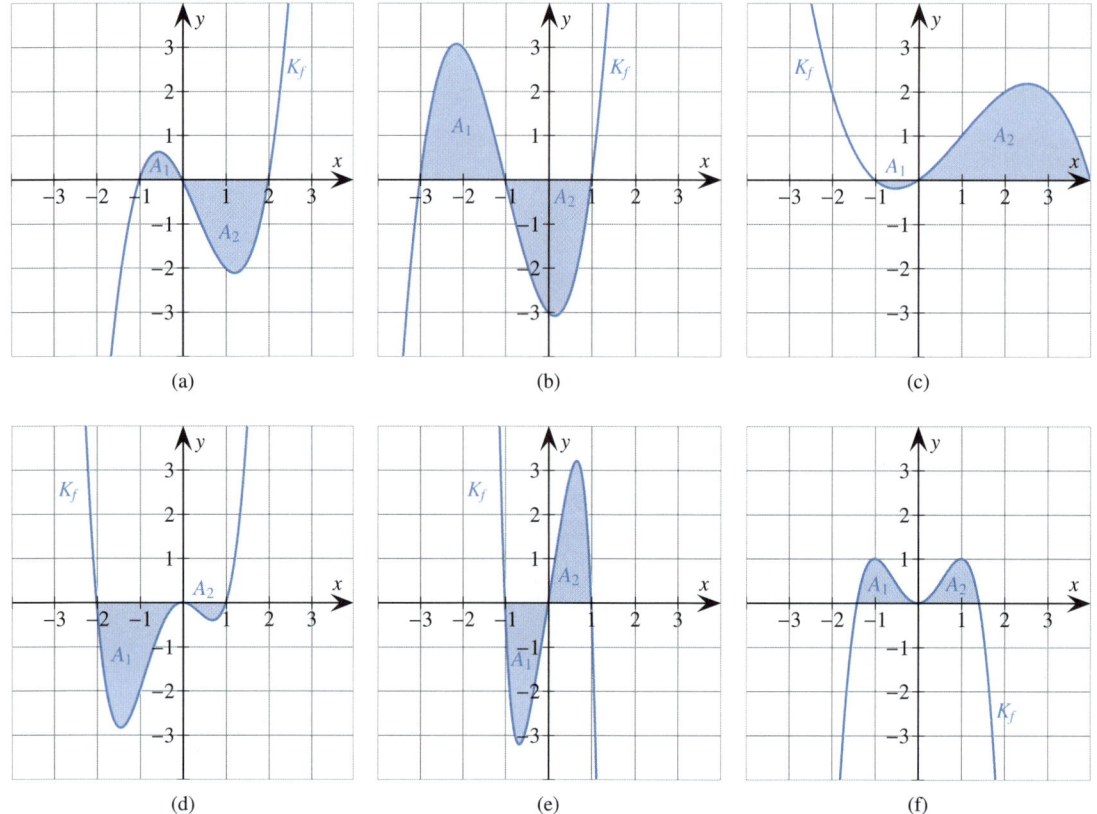

Abb. 3.55.: Schaubilder zu Aufgabe 266

(c) Um die Nullstellen zu erhalten, substituieren wir $u = e^x$. Wir erhalten die Gleichung $-u^2 + 5u - 4 = 0$ mit den Lösungen $u_1 = 1$ bzw. $u_2 = 4$. Somit berechnen wir die Nullstellen $x_1 = \ln 1 = 0$ und $x_2 = \ln 4$. $F(x) = -\frac{1}{2}e^{2x} + 5e^x - 4x$. $A = |F(\ln 4) - F(0)| = |12 - 4\ln 4 - \frac{9}{2}| = \frac{15}{2} - 4\ln 4 \approx 1{,}95$.

(d) Um die Nullstellen zu erhalten, substituieren wir $u = e^x$. Wir erhalten die Gleichung $u + \frac{3}{u} - 4 = 0 \Leftrightarrow u^2 - 4u + 3 = 0$ mit den Lösungen $u_1 = 1$ bzw. $u_2 = 3$. Mit Rücksubstitution erhalten wir die Nullstellen $x_1 = \ln 1 = 0$ und $x_2 = \ln 3$. $F(x) = e^x - 3e^{-x} - 4x$. $A = |F(\ln 3) - F(0)| = |2 - 4\ln 3 - (-2)| = 4\ln 3 - 4 \approx 0{,}39$.

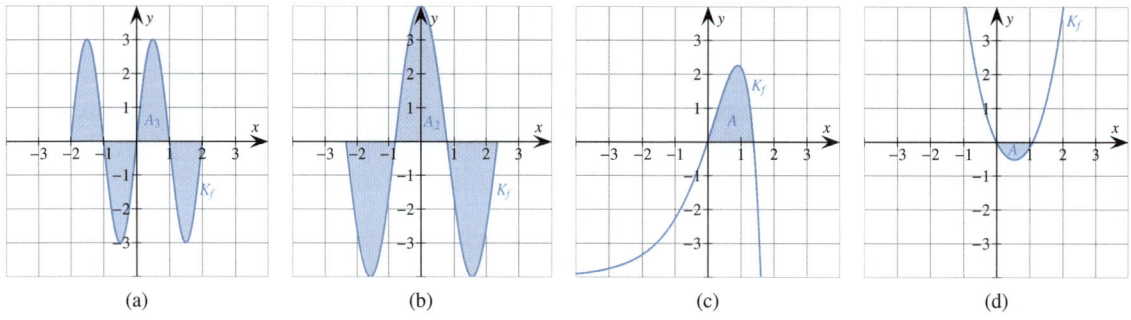

Abb. 3.56.: Schaubilder zu Aufgabe 268

269. (a) $\int_3^6 ax^2 + c\,dx = [\frac{1}{3}ax^3 + cx]_3^6 = (72a + 6c) - (9a + 3c) = 63a + 3c$

(b) $\int_{-1}^1 ae^{x+b}\,dx = [ae^{x+b}]_{-1}^1 = ae^{b+1} - ae^{b-1}$

(c) $\int_0^\pi \cos(ax) + b\,dx = [\frac{1}{a}\sin(ax) + bx]_0^\pi = (\frac{1}{a}\sin(a\pi) + b\pi) - 0 = \frac{1}{a}\sin(a\pi) + b\pi$

270. (a) Summenregel: $\int_{-2}^2 4 - x^2\,dx + \int_{-2}^2 x^2\,dx = \int_{-2}^2(4 - x^2 + x^2)\,dx = \int_{-2}^2 4\,dx = [4x]_{-2}^2 = 8 - (-8) = 16$

(b) Summenregel: $\int_0^{17} e^x\,dx - \int_0^{17} 3 + e^x\,dx = \int_0^{17}(e^x - 3 - e^x)\,dx = \int_0^{17} -3\,dx = [-3x]_0^{17} = -51 - 0 = -51$

(c) Faktorregel: $36\int_1^2 \frac{1}{12}x^2 + \frac{1}{3}x\,dx = \int_1^2 3x^2 + 12x\,dx = [x^3 + 6x^2]_1^2 = 32 - 7 = 25$

(d) Faktor- und Summenregel: $\frac{1}{12}\int_1^3 48\sin(\sqrt{x})\,dx - 8\int_1^3 \frac{1}{2}\sin(\sqrt{x})\,dx$
$= \int_1^3 4\sin(\sqrt{x})\,dx - \int_1^3 4\sin(\sqrt{x})\,dx = \int_1^3 4\sin(\sqrt{x}) - 4\sin(\sqrt{x})\,dx = \int_1^3 0\,dx = 0$

(e) Additivität des Integrals $\int_{-1}^{\frac{1}{\pi}} x^6\,dx + \int_{\frac{1}{\pi}}^1 x^6\,dx = \int_{-1}^1 x^6\,dx = [\frac{1}{7}x^7]_{-1}^1 = \frac{1}{7} - (-\frac{1}{7}) = \frac{2}{7}$

(f) Vertauschen der Integrationsgrenzen, Additivität des Integrals: $\int_1^{300} e^x\,dx + \int_{300}^1 e^x\,dx$
$= \int_1^{300} e^x\,dx - \int_1^{300} e^x\,dx = \int_1^{300} e^x - e^x\,dx = \int_1^{300} 0\,dx = 0$

271. 3 Fehler: *1. Schritt*: Wenn die Integrationsgrenzen vertauscht werden, dann muss das Vorzeichen geändert werden. *2. Schritt*: Der Vorfaktor muss $-\frac{1}{2}$ anstelle von -2 sein. *3. Schritt*: Das Minuszeichen im 2. Term muss ein Pluszeichen sein (doppeltes Minus). Richtig ist also

$$\int_{\frac{\pi}{2}}^{-\pi} \sin(2x)\,dx = -\int_{-\pi}^{\frac{\pi}{2}} \sin(2x)\,dx = -\left[-\frac{1}{2}\cos(2x)\right]_{-\pi}^{\frac{\pi}{2}} = -\left(-\frac{1}{2}\cos(\pi) - \left(-\frac{1}{2}\cos(-2\pi)\right)\right)$$
$$= -\left(\frac{1}{2} - \left(-\frac{1}{2}\right)\right) = -1$$

272. (a) Diese Aussage ist falsch, da größere Flächenteile unterhalb der x-Achse liegen als oberhalb.

(b) Diese Aussage ist richtig, da der Flächenteil unterhalb der Geraden $y = 0$ etwas größer ist als der Flächenteil oberhalb der Geraden $y = 2$.

(c) Diese Aussage ist falsch. Der Flächenteil zwischen $x = -2$ und $x = -1$ ist zwar positiv, jedoch ist der Integralwert negativ, da die Integrationsgrenzen vertauscht wurden.

273. $B < A < C$. Das Integral A ist kleiner als 0. Das Integral B ist noch kleiner, da der positive Flächenanteil von $x = -2$ bis $x = 0$ wegfällt. Das Integral C ist positiv, da die Integrationsgrenzen vertauscht wurden.

274. (a) Richtig, da $F(2) - F(0) = 3 - 2 = 1$.

(b) Falsch, da $F(2) - F(1) = 3 - (-1) = 4$ und $F(0) - F(-2) = 2 - (-3) = 5$.

275. (a) 2   (c) 0   (e) $-\frac{1}{2}$

(b) nicht möglich   (d) 1   (f) nicht möglich

276. Aus der Skizze in Abb. 3.57a ist klar ersichtlich, dass größere Flächenteile unterhalb als oberhalb der x-Achse liegen. Daher ist der Integralwert kleiner als Null.

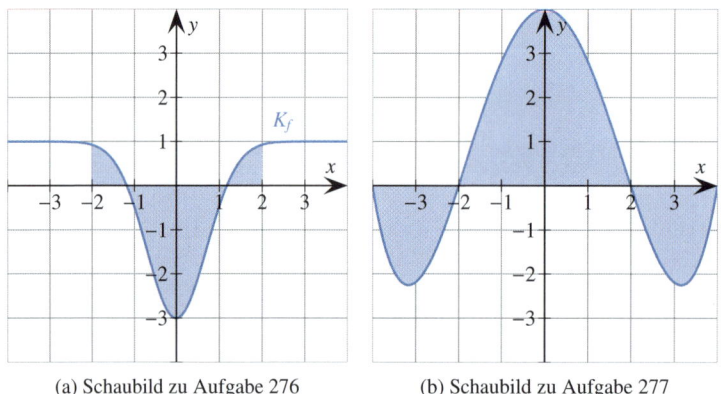

(a) Schaubild zu Aufgabe 276   (b) Schaubild zu Aufgabe 277

Abb. 3.57.: Schaubilder

277. Tim ist im Unrecht. Es ist lediglich bekannt, dass das Schaubild von f mit der x-Achse und den Geraden $x = 0$ und $x = 1$ mehr Flächenteile oberhalb der x-Achse als unterhalb einschließt. Lediglich die Flächenbilanz ist positiv. Beispiel: $f(x) = \frac{1}{16}(x^2 - 4)(x^2 - 16)$ mit $\int_{-4}^{4} f(x)\,dx = \frac{64}{15} > 0$ ($\rightarrow$ Abb. 3.57b).

278.   (a) nein   (c) ja   (e) ja

         (b) nein   (d) ja   (f) nein

279. Das Schaubild der Funktion f hat den Tiefpunkt T(2 | 4) und schließt zwischen der Werten $x_1 = -1$ und $x_2 = 2$ mit der x-Achse oberhalb und unterhalb gleich große Flächenteile ein.

280.   (a)

$$A(u) = \int_{u}^{-1} 2e^{\frac{1}{2}x+1}\,dx = \left[4e^{\frac{1}{2}x+1}\right]_{u}^{-1} = 4e^{0,5} - 4e^{\frac{1}{2}u+1}$$

   (b) $A(u) \rightarrow 4e^{0,5}$ für $u \rightarrow -\infty$

281.   (a) $f(x) = \sin(2x)$. Nullstellen: $x_1 = -\pi$, $x_2 = -\frac{\pi}{2}$, $x_3 = \frac{\pi}{2}$, $x_4 = \pi$. $F(x) = -\frac{1}{2}\cos(2x)$. $A_1 = |F(\frac{\pi}{2}) - F(0)| = \frac{1}{2} - (-\frac{1}{2}) = 1$. $A = 4A_1 = 4$.

   (b) Wir betrachten zunächst das Teilstück A_2 im Intervall $x \in [-2; 0]$. Hier gilt $f(x) = -(x+1)^2 + 1 = -x^2 - 2x$. $F(x) = -\frac{1}{3}x^3 - x^2$. $A_2 = |F(0) - F(-2)| = |0 - (-\frac{4}{3})| = \frac{4}{3}$. Alle weiteren Funktionen entstehen durch Verschiebung der Parabel in x-Richtung und anschließender Streckung in y-Richtung. Es gilt: $A_1 = \frac{1}{2}A_2 = \frac{2}{3}$, $A_3 = 2A_2 = \frac{8}{3}$, $A_4 = 4A_2 = \frac{16}{3}$. Somit $A = A_1 + A_2 + A_3 + A_4 = 10$.

282.   (a) Wir berechnen $s(t) = \frac{1}{100}t^2 - \frac{1}{10\,000}t^3$, $s'(t) = \frac{1}{50}t - \frac{3}{10\,000}t^2$ und $s''(t) = \frac{1}{50} - \frac{3}{5\,000}t$. Es gilt $s'(t) = 0 \Rightarrow$ $t_1 = 0$ bzw. $t_2 = 66,67$. Außerdem ist $s''(0) > 0$ und $s''(66,67) < 0 \Rightarrow$ maximaler Schneefall in $t_2 = 66,67$.

   (b) $\int_{0}^{20} s(t)\,dt = \left[\frac{1}{300}t^3 - \frac{1}{40\,000}t^4\right]_{0}^{20} = 22,67\,\text{mm} = 2,27\,\text{cm}$

   (c) „Zu welchem Zeitpunkt liegt eine Schneehöhe von 40 mm vor?"

   (d) Der Schneefall endet im Zeitpunkt $t = 100$. Daher muss das Schaubild, das die absolute Schneehöhe angibt, an der Stelle $t = 100$ die Steigung 0 haben. Somit kommt nur Schaubild (b) in Frage.

283. (a) Richtig, da die Steigung von F für $x \to \infty$ gegen 0 strebt.

(b) Falsch. f hat dann eine Nullstelle, wenn F eine Extremstelle hat. Dies wäre bei $x = -2$ der Fall, nicht aber bei $x = 0$.

(c) Falsch. Es gilt $F(x) < 3$ für alle $x \geq 0$ und $F(0) = 0$. Daher ist $\int_0^x f(t)\, dt = F(x) - F(0) < 3$, kann also nie unendlich groß werden.

284. (a) Die Aussage ist richtig. Da f punktsymmetrisch zum Ursprung ist, gilt $f(-x) = -f(x)$. Somit gilt

$$\int_{-1}^1 f(x)\, dx = \int_{-1}^0 f(x)\, dx + \int_0^1 f(x)\, dx = \int_0^1 f(-x)\, dx + \int_0^1 f(x)\, dx$$

$$= \int_0^1 -f(x)\, dx + \int_0^1 f(x)\, dx = 0.$$

(b) Die Aussage ist falsch. Sei z.B. $f(x) = \begin{cases} 2x, & x \in [-1;\, 0] \\ 3x^2, & x \in [0;\, 1] \end{cases}$, dann gilt:

$$\int_{-1}^1 f(x)\, dx = \int_{-1}^0 2x\, dx + \int_0^1 3x^2\, dx = [x^2]_{-1}^0 + [x^3]_0^1 = -1 + 1 = 0.$$

Offensichtlich ist aber f nicht punktsymmetrisch zum Ursprung.

285. (a) Wir wählen $f(x) = 1$ für alle $x \in \mathbb{R}$. Dann gilt $\left(\int_0^1 1\, dx\right)^2 = \left([x]_0^1\right)^2 = 1$ und $\int_0^1 1^2\, dx = [x]_0^1 = 1$.

(b) Wir wählen $f(x) = x$. Dann gilt $\left(\int_0^1 x\, dx\right)^2 = \left([\frac{1}{2}x^2]_0^1\right)^2 = \frac{1}{4}$ und $\int_0^1 x^2\, dx = [\frac{1}{3}x^3]_0^1 = \frac{1}{3} \neq \frac{1}{4}$.

286. Wir schreiben $f(x) = a(x+1)(x-2)$. Somit muss gelten: $\int_{-1}^2 a(x+1)(x-2)\, dx = a \cdot [\frac{1}{3}x^3 - \frac{1}{2}x^2 - 2x]_{-1}^2 = 4{,}5a = 7{,}5 \Rightarrow a = \frac{5}{3}$.

287. Das Quadrat hat den Flächeninhalt 36. Da f symmetrisch zur y-Achse ist ($f(x) = f(-x)$), liegt auch $Q(-3 \mid 0)$ auf K. Zudem ist $x = 0$ eine doppelte Nullstelle. Es gelten die Beziehungen I: $f(3) = 0$ bzw. $81a + 9b = 0$ und II: $\int_{-3}^3 ax^4 + bx^2\, dx = [\frac{1}{5}ax^5 + \frac{1}{3}bx^3]_{-3}^3 = \frac{486}{5}a + 18b = 18$. Das LGS wird durch $a = -\frac{5}{18}$ und $b = \frac{5}{2}$ eindeutig gelöst.

288. $L(0;\, 5) = \int_0^5 \frac{1}{2}\sqrt{4 + x}\, dx = \frac{19}{3}$.

Fläche zwischen zwei Kurven

289. Schaubilder siehe Abb. 3.58.

(a) Schnittstellen von f und g: $f(x) = g(x) \Leftrightarrow x_1 = -2$, $x_2 = 1$. Differenzfunktion $h(x) = f(x) - g(x) = -\frac{1}{2}x^2 - \frac{1}{2}x + 1$. Stammfunktion $H(x) = -\frac{1}{6}x^3 - \frac{1}{4}x^2 + x$. $H(1) = \frac{7}{12}$, $H(-2) = -\frac{5}{3}$. $A = |H(1) - H(-2)| = \frac{9}{4}$

(b) Schnittstellen $x_1 = -2$, $x_2 = 2$, $h(x) = f(x) - g(x) = x^4 - 3x^2 - 4$, $H(x) = \frac{1}{5}x^5 - x^3 - 4x$, $H(2) = -\frac{48}{5}$, $H(-2) = \frac{48}{5}$, $A = |H(2) - H(-2)| = \frac{96}{5} = 19{,}2$

(c) Schnittstellen $x_1 = -\frac{3}{4}\pi$, $x_2 = \frac{1}{4}\pi$, $h(x) = f(x) - g(x) = \sin x - \cos x$, $H(x) = -\cos x - \sin x$, $H(\frac{1}{4}\pi) = -\sqrt{2}$, $H(-\frac{3}{4}\pi) = \sqrt{2}$, $A = |H(\frac{1}{4}\pi) - H(-\frac{3}{4}\pi)| = 2\sqrt{2}$

191

(d) Schnittstellen $x_1 = 0$, $x_2 = \ln 7$, $h(x) = f(x) - g(x) = \frac{1}{4}e^{2x} - 2e^x + \frac{7}{4}$, $H(x) = \frac{1}{8}e^{2x} - 2e^x + \frac{7}{4}x$, $H(\ln 7) = -\frac{63}{8} + \frac{7}{4}\ln 7$, $H(0) = -\frac{15}{8}$, $A = |H(\ln 7) - H(0)| = 6 - \frac{7}{4}\ln 7 \approx 2{,}59$

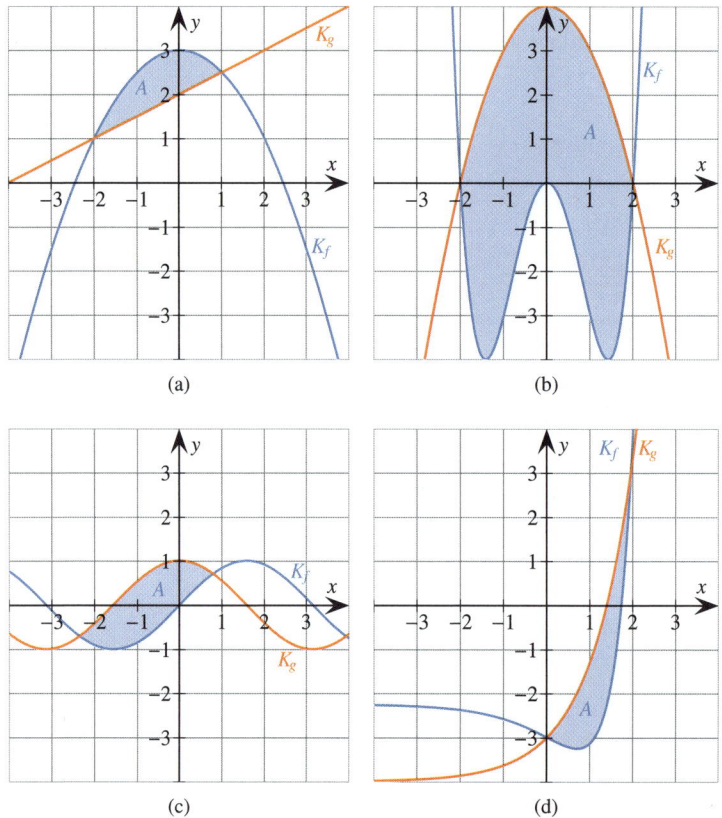

(a) (b)

(c) (d)

Abb. 3.58.: Schaubilder zu Aufgabe 289

290. Schaubilder siehe Abb. 3.59.

(a) Schnittstellen von f und g: $f(x) = g(x) \Leftrightarrow x_1 = -2$, $x_2 = 0$, $x_3 = 2$. Differenzfunktion $h(x) = f(x) - g(x) = \frac{1}{4}x^3 - x$. Stammfunktion $H(x) = \frac{1}{16}x^4 - \frac{1}{2}x^2$. $H(2) = -1$, $H(0) = 0$, $H(-2) = -1$. $A_1 = |H(0) - H(-2)| = 1$. $A_2 = |H(2) - H(0)| = 1$. $A = A_1 + A_2 = 2$.

(b) Schnittstellen $x_1 = 0$, $x_2 = 1$, $x_3 = 3$. $h(x) = f(x) - g(x) = \frac{3}{2}x^3 - 6x^2 + \frac{9}{2}x$. $H(x) = \frac{3}{8}x^4 - 2x^3 + \frac{9}{4}x^2$. $H(3) = -\frac{27}{8}$, $H(1) = \frac{5}{8}$, $H(0) = 0$. $A_1 = |H(1) - H(0)| = \frac{5}{8}$. $A_2 = |H(3) - H(1)| = 4$. $A = A_1 + A_2 = \frac{37}{8}$.

(c) Schnittstellen $x_1 = -\sqrt{2}$, $x_2 = -1$, $x_3 = 1$, $x_4 = \sqrt{2}$. $h(x) = f(x) - g(x) = -x^4 + 3x^2 - 2$. $H(x) = -\frac{1}{5}x^5 + x^3 - 2x$, $H(1) = -\frac{6}{5}$, $H(-1) = \frac{6}{5}$, $H(-\sqrt{2}) = \frac{4}{5}\sqrt{2}$. $A_1 = |H(-1) - H(-\sqrt{2})| = \frac{6}{5} - \frac{4}{5}\sqrt{2}$. $A_2 = |H(1) - H(-1)| = \frac{12}{5}$. $A = 2A_1 + A_2 = \frac{24}{5} - \frac{8}{5}\sqrt{2} \approx 2{,}54$.

(d) Schnittstellen $x_1 = -\frac{5}{8}\pi$, $x_2 = -\frac{1}{8}\pi$, $x_3 = \frac{3}{8}\pi$, $x_4 = \frac{7}{8}\pi$. $h(x) = f(x) - g(x) = \sin(2x) + \cos(2x)$. $H(x) = -\frac{1}{2}\cos(2x) + \frac{1}{2}\sin(2x)$. $H(\frac{7}{8}\pi) = -\frac{1}{2}\sqrt{2}$, $H(\frac{3}{8}\pi) = \frac{1}{2}\sqrt{2}$, $H(-\frac{1}{8}\pi) = -\frac{1}{2}\sqrt{2}$, $H(-\frac{5}{8}\pi) = \frac{1}{2}\sqrt{2}$. $A_1 = |H(-\frac{1}{8}\pi) - H(-\frac{5}{8}\pi)| = \sqrt{2}$. $A_2 = |H(\frac{3}{8}\pi) - H(-\frac{1}{8}\pi)| = \sqrt{2}$. $A_3 = |H(\frac{7}{8}\pi) - H(\frac{3}{8}\pi)| = \sqrt{2}$. $A = A_1 + A_2 + A_3 = 3\sqrt{2}$.

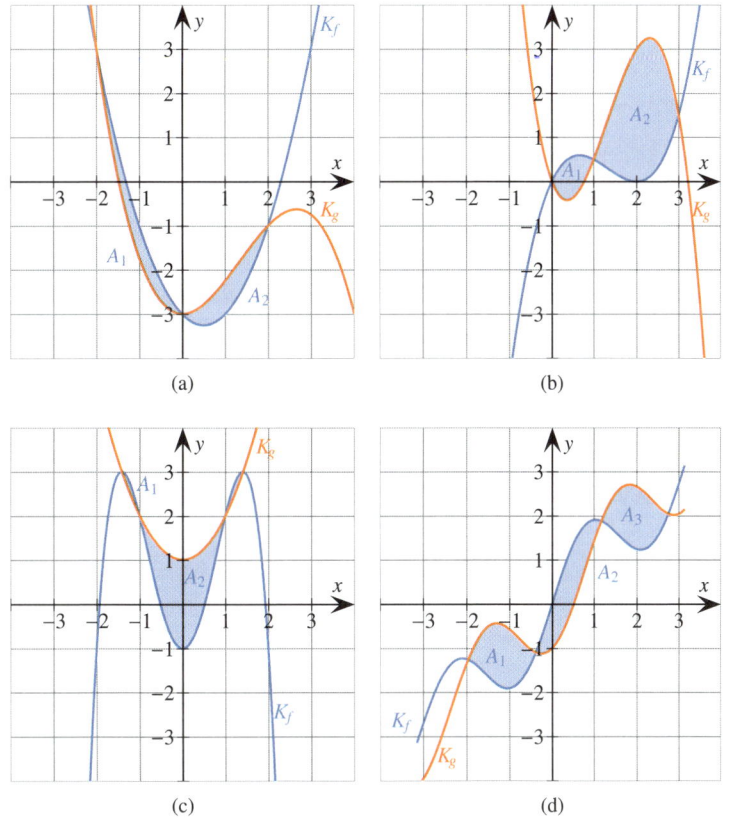

Abb. 3.59.: Schaubilder zu Aufgabe 290

291. (a) Nullstellen von g: $x_1 = 0$, $x_2 = 2$. $G(x) = -\frac{1}{2}x^3 + \frac{3}{2}x^2$. $G(2) = 2$. $G(0) = 0$. $A_g = |G(2) - G(0)| = 2$. Nullstellen von f: $x_1 = -2\sqrt{3}$, $x_2 = 0$, $x_3 = 2\sqrt{3}$. $F(x) = -\frac{1}{16}x^4 + \frac{3}{2}x^2$. $F(2\sqrt{3}) = 9$. $F(0) = 0$. $A_f = |F(2\sqrt{3}) - F(0)| - A_g = 7$. $A_f : A_g = 7 : 2$.

(b) Nullstellen von g: $x_1 = -4$, $x_2 = -2$, $x_3 = 2$, $x_4 = 4$. $G(x) = \frac{1}{160}x^5 - \frac{5}{24}x^3 + 2x$. $G(2) = \frac{38}{15}$. $G(-2) = -\frac{38}{15}$. $A_g = |G(2) - G(-2)| = \frac{76}{15}$. Nullstellen von f: $x_1 = -2$, $x_2 = 2$. $F(x) = -\frac{1}{3}x^3 + 4x$. $F(2) = \frac{16}{3}$. $F(-2) = -\frac{16}{3}$. $A_f = |F(2) - F(-2)| - A_g = \frac{28}{5}$. $A_f : A_g = 21 : 19$.

292. (a) K und die Gerade $y = b$ schneiden sich an den Stellen $x_1 = -\sqrt{b}$ und $x_2 = \sqrt{b}$. Für den Flächeninhalt gilt $A(b) = \int_{-\sqrt{b}}^{\sqrt{b}} b - x^2 \, dx = [bx - \frac{1}{3}x^3]_{-\sqrt{b}}^{\sqrt{b}} = \frac{2}{3}b^{\frac{3}{2}} - (-\frac{2}{3}b^{\frac{3}{2}}) = \frac{4}{3}b^{\frac{3}{2}}$

(b) $\frac{4}{3}b^{\frac{3}{2}} = 36 \Leftrightarrow b = 9$

293. (a)
$$A(u) = \int_u^0 2 - (2 - 4e^x) \, dx = \int_u^0 4e^x \, dx = [4e^x]_u^0 = 4 - 4e^u$$

(b) $A(u) \to 4$ für $u \to -\infty$

294. (a)
$$A(u) = \int_0^u (e^{1-x} + x) - x \, dx = \int_0^u e^{1-x} \, dx = \left[-e^{1-x}\right]_0^u = -e^{1-u} - (-e) = e - e^{1-u}$$

(b) $A(u) \to e$ für $u \to \infty$

295. (a) Richtig, da in der Summe mehr als 4 Einheitsquadrate in der Fläche enthalten sind.

(b) Falsch, da zwar mehr Flächenanteile im Positiven liegen, aber g und f vertauscht wurden.

(c) Falsch, da der Flächeninhalt zwar negativ gezählt werden müsste ($f < g$), die Integrationsgrenzen aber vertauscht wurden.

296. $A > C > B$. Das Integral A ist größer als 2. Das Integral B ist kleiner als 0, da g und f vertauscht sind. Das Integral in C liegt zwischen 0 und 2, da sowohl f und g, als auch die Integrationsgrenzen vertauscht sind.

297. (a) $f(x) = \frac{1}{8}x^3 - \frac{3}{2}x$, $g(x) = \frac{1}{4}x^2 - x - 1$. Schnittstellen von f und g: $f(x) = g(x) \Leftrightarrow x_1 = -2$, $x_2 = 2$. Differenzfunktion $h(x) = f(x) - g(x) = \frac{1}{8}x^3 - \frac{1}{4}x^2 - \frac{1}{2}x + 1$. Stammfunktion $H(x) = \frac{1}{32}x^4 - \frac{1}{12}x^3 - \frac{1}{4}x^2 + x$. $H(2) = \frac{5}{6}$. $H(-2) = -\frac{11}{6}$. $A = |H(2) - H(-2)| = \frac{8}{3}$.

(b) $f(x) = 4 - x^2$, $g(x) = 3x$. $A_1 = \frac{1}{2} \cdot 1 \cdot 3 = \frac{3}{2}$. $A_G = \int_{-2}^{1} 4 - x^2\,dx = [-\frac{1}{3}x^3 + 4x]_{-2}^{1} = \frac{11}{3} - (-\frac{16}{3}) = 9$. $A = A_G - A_1 = \frac{15}{2}$.

(c) $f(x) = -\frac{1}{4}x^2 + 4$, $g(x) = 3$. $f(x) = g(x) \Leftrightarrow x_1 = -2$, $x_2 = 2$. Differenzfunktion $h(x) = -\frac{1}{4}x^2 + 1$. Stammfunktion $H(x) = -\frac{1}{12}x^3 + x$. $H(2) = \frac{4}{3}$. $H(-2) = -\frac{4}{3}$. $A = |H(2) - H(-2)| = \frac{8}{3}$.

298. Da wir z.B. wissen, dass $\int_{-1}^{1} x\,dx = 0$, wählen wir $f(x)$ und $g(x)$ so, dass $f(x) - g(x) = x$. Also z.B. $f(x) = x^2 + 2x + 1$ und $g(x) = x^2 + x + 1$.

299. Zunächst gilt $A_{\text{Quadrat}} = 16$. Wir berechnen den Schnittpunkt von K_f mit der Geraden $y = -2$: $-x^2 + c = -2 \Leftrightarrow x = \pm\sqrt{c+2}$. Für den Inhalt eines Teils der Fläche gilt:

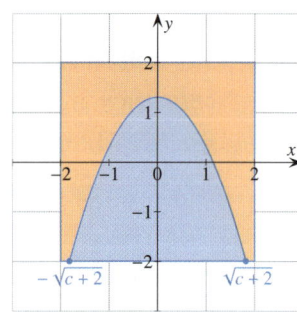

$$A = \int_{-\sqrt{c+2}}^{\sqrt{c+2}} (-x^2 + c) - (-2)\,dx = \left[-\frac{1}{3}x^3 + cx + 2x\right]_{-\sqrt{c+2}}^{\sqrt{c+2}}$$

$$= \frac{2}{3}(c+2)^{\frac{3}{2}} - \left(-\frac{2}{3}(c+2)^{\frac{3}{2}}\right) = \frac{4}{3}(c+2)^{\frac{3}{2}}.$$

Es gilt: $A = 8 \Leftrightarrow c = 6^{\frac{2}{3}} - 2 \approx 1{,}30$.

300. (a) Wir berechnen $\int_0^{45} f(t)\,dt = \left[-\frac{10\,000}{3}e^{-0{,}03t}\right]_0^{45} = 2\,469$.

(b) Der Stau ist dann maximal, wenn $f(t) = 20 \Rightarrow t = 53{,}65$. Für die Staulänge gilt:

$$\int_0^{53{,}65} f(t) - 20\,dt = \left[-\frac{10\,000}{3}e^{-0{,}03t} - 20t\right]_0^{53{,}65} = 1\,593$$

(c) „Bestimmen Sie den Zeitpunkt x, zu dem der Stau vollständig aufgelöst ist."

301. $S_1(u) = \int_0^u u^2 - x^2\,dx = [u^2 x - \frac{1}{3}x^3]_0^u = \frac{2}{3}u^3$. $S_2(u) = \int_u^1 x^2 - u^2\,dx = [\frac{1}{3}x^3 - u^2 x]_u^1 = \frac{2}{3}u^3 - u^2 + \frac{1}{3}$. Zielfunktion: $S(u) = S_1(u) + S_2(u) = \frac{4}{3}u^3 - u^2 + \frac{1}{3}$. $S'(u) = 0$ ergibt $u_{\min} = \frac{1}{2}$ mit $S(\frac{1}{2}) = \frac{1}{4}$. Zudem gilt für den Randwert $u_{\max} = 1$, dass $S(1) = \frac{2}{3}$.

Mittelwert

302. (a) $m = \frac{1}{\pi-0} \int_0^\pi \sin x \, dx = \frac{1}{\pi}[-\cos x]_0^\pi = \frac{1}{\pi}(-\cos\pi - (-\cos 0)) = \frac{2}{\pi}$

(b) $m = \frac{1}{2-(-2)} \int_{-2}^2 x^2 \, dx = \frac{1}{4}[\frac{1}{3}x^3]_{-2}^2 = \frac{1}{4}(\frac{1}{3} \cdot 2^3 - \frac{1}{3} \cdot (-2)^3) = \frac{4}{3}$

(c) $m = \frac{1}{2-(-2)} \int_{-2}^2 4x^2 - x^4 \, dx = \frac{1}{4}[\frac{4}{3}x^3 - \frac{1}{5}x^5]_{-2}^2 = \frac{1}{4}(\frac{4}{3} \cdot 2^3 - \frac{1}{5} \cdot 2^5 - (\frac{4}{3} \cdot (-2)^3 - \frac{1}{5} \cdot (-2)^5)) = \frac{32}{15}$

(d) $m = \frac{1}{\frac{\pi}{4}-(-\frac{\pi}{4})} \int_{-\frac{\pi}{4}}^{\frac{\pi}{4}} 3\cos(2x) \, dx = \frac{2}{\pi}[\frac{3}{2}\sin(2x)]_{-\frac{\pi}{4}}^{\frac{\pi}{4}} = \frac{2}{\pi}(\frac{3}{2}\sin(2 \cdot \frac{\pi}{4}) - \frac{3}{2}\sin(2 \cdot (-\frac{\pi}{4}))) = \frac{6}{\pi}$

303. (a) Zurückgelegte Wegstrecke: $s(60) = 26{,}67$ km. Benötigte Zeit: 1 Stunde. Mittlere Geschwindigkeit $v = 26{,}67 \frac{\text{km}}{\text{h}}$

(b) Die Geschwindigkeitsfunktion v ist gegeben durch $v(t) = s'(t) = \frac{3}{8100}t^2 - \frac{1}{60}t + \frac{1}{2}$. Die mittlere Geschwindigkeit berechnen wir durch $v = \frac{1}{60} \int_0^{60} \frac{3}{8100}t^2 - \frac{1}{60}t + \frac{1}{2} \, dt = \frac{1}{60}[\frac{1}{8100}t^3 - \frac{1}{120}t^2 + \frac{1}{2}t]_0^{60} = \frac{1}{60} \cdot 26{,}67 = 0{,}44 \frac{\text{km}}{\text{min}} = 26{,}67 \frac{\text{km}}{\text{h}}$

Rotationskörper

304. Skizzen siehe Abb. 3.60.

(a) $V = \pi \cdot \int_{-1}^1 (x^2+1)^2 \, dx = \pi \cdot \int_{-1}^1 x^4 + 2x^2 + 1 \, dx = \pi \cdot [\frac{1}{5}x^5 + \frac{2}{3}x^3 + x]_{-1}^1 = \frac{28}{15}\pi - (-\frac{28}{15}\pi) = \frac{56}{15}\pi \approx 11{,}73$

(b) $V = \pi \cdot \int_1^3 (\sqrt{x})^2 \, dx = \pi \cdot \int_1^3 x \, dx = \pi \cdot [\frac{1}{2}x^2]_1^3 = \frac{9}{2}\pi - \frac{1}{2}\pi = 4\pi \approx 12{,}57$

(c) $V = \pi \cdot \int_{-1}^2 (-\frac{1}{2}x^3 + 3)^2 \, dx = \pi \cdot \int_{-1}^2 \frac{1}{4}x^6 - 3x^3 + 9 \, dx = \pi \cdot [\frac{1}{28}x^7 - \frac{3}{4}x^4 + 9x]_{-1}^2 = \frac{74}{7}\pi - (-\frac{137}{14}\pi) = \frac{285}{14}\pi \approx 63{,}95$

(d) $V = \pi \cdot \int_{-2}^1 (e^x)^2 \, dx = \pi \cdot \int_{-2}^1 e^{2x} \, dx = \pi \cdot [\frac{1}{2}e^{2x}]_{-2}^1 = \pi(\frac{1}{2}e^2 - \frac{1}{2}e^{-4}) \approx 11{,}58$

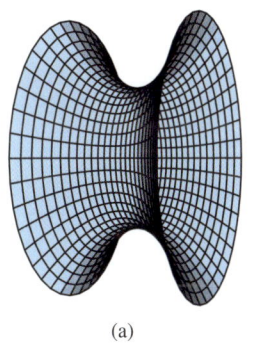 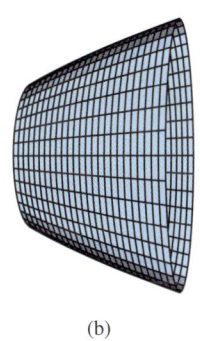 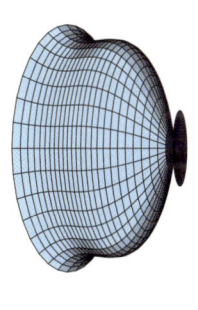 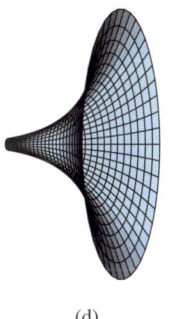

(a)　　　　(b)　　　　(c)　　　　(d)

Abb. 3.60.: Skizzen zu Aufgabe 304

305. (a) $V_f = \pi \cdot \int_1^4 3^2 \, dx = 27\pi$, $V_g = \pi \cdot \int_1^4 1^2 \, dx = 3\pi$. $V = V_f - V_g = 24\pi \approx 75{,}40$

(b) $V_f = \pi \cdot \int_0^3 (\frac{1}{4}x^2+1)^2 \, dx = \frac{843}{80}\pi$, $V_g = \pi \cdot \int_0^3 (\frac{1}{4}x^2)^2 \, dx = \frac{243}{80}\pi$. $V = V_f - V_g = \frac{15}{2}\pi \approx 23{,}56$

(c) $V_f = \pi \cdot \int_0^2 (x+2)^2 \, dx = \frac{56}{3}\pi$, $V_g = \pi \cdot \int_0^2 1^2 \, dx = 2\pi$. $V = V_f - V_g = \frac{50}{3}\pi \approx 52{,}36$

(d) $V_f = \pi \cdot \int_0^2 (2x)^2 \, dx = \frac{32}{3}\pi$. $V_g = \pi \cdot \int_0^2 (\frac{1}{2}x+3)^2 \, dx = \frac{74}{3}\pi$. $V = V_g - V_f = 14\pi \approx 43{,}98$

(e) Zunächst berechnen wir die Schnittstellen von f und g: $f(x) = g(x) \Leftrightarrow \frac{1}{4}x^2 - x = 0 \Leftrightarrow x(\frac{1}{4}x - 1) = 0 \Leftrightarrow x_1 = 0$ und $x_2 = 4$. $V_f = \pi \cdot \int_0^4 (\frac{1}{4}x^2)^2 \, dx = \frac{64}{5}\pi$. $V_g = \pi \cdot \int_0^4 x^2 \, dx = \frac{64}{3}\pi$. $V = V_g - V_f = \frac{128}{15}\pi \approx 26{,}81$

(f) Zunächst berechnen wir die Schnittstellen von f und g: $f(x) = g(x) \Leftrightarrow 2\sqrt{x} = x \Leftrightarrow 4x = x^2 \Leftrightarrow x_1 = 0$ und $x_2 = 4$. $V_f = \pi \cdot \int_0^4 (2\sqrt{x})^2 \, dx = 32\pi$. $V_g = \pi \cdot \int_0^4 x^2 \, dx = \frac{64}{3}\pi$. $V = V_f - V_g = \frac{32}{3}\pi \approx 33{,}51$

306. Zunächst berechnen wir die Schnittstellen von f und g: $f(x) = g(x) \Leftrightarrow \frac{1}{2}x^2 = 3 - \frac{1}{2}x \Leftrightarrow \frac{1}{2}x^2 + \frac{1}{2}x - 3 = 0 \Leftrightarrow x_1 = -3$ und $x_2 = 2$. Es gilt $V_f = \pi \cdot \int_{-3}^2 (\frac{1}{2}x^2)^2 \, dx = \pi \cdot \int_{-3}^2 \frac{1}{4}x^4 \, dx = \pi \cdot [\frac{1}{20}x^5]_{-3}^2 = \frac{8}{5}\pi - (-\frac{243}{20}\pi) = \frac{55}{4}\pi$. $V_g = \pi \cdot \int_{-3}^2 (3 - \frac{1}{2}x)^2 \, dx = \pi \cdot \int_{-3}^2 9 - 3x + \frac{1}{4}x^2 \, dx = [9x - \frac{3}{2}x^2 + \frac{1}{12}x^3]_{-3}^2 = \frac{38}{3}\pi - (-\frac{171}{4}\pi) = \frac{665}{12}\pi$. $V = V_g - V_f = \frac{665}{12}\pi - \frac{55}{4}\pi = \frac{125}{3}\pi \approx 130{,}90$.

307. (a)

$$V(u) = \pi \cdot \int_0^u (3e^{-\frac{1}{2}x})^2 \, dx = \pi \cdot \int_0^u 9e^{-x} \, dx = \pi \cdot [-9e^{-x}]_0^u = \pi \cdot (-9e^{-u} - (-9)) = \pi \cdot (9 - 9e^{-u})$$

(b) $V(u) \to 9\pi$ für $u \to \infty$

308. Tim ist im Unrecht. Er muss die Formel $V = \pi \cdot \int_a^b (f(x))^2 - (g(x))^2 \, dx$ verwenden. Andernfalls entsteht durch die Anwendung der Binomischen Formel ein Mischterm, der in der Volumenformel nichts zu suchen hat.

309. Das Volumen V der Biogasanlage setzt sich aus dem Volumen des Zylinders und dem Volumen des Daches zusammen. Wir berechnen

$$V_{\text{Zylinder}} = 10^2 \cdot \pi \cdot 4 = 400\pi = 1\,256{,}64 \, \text{m}^3$$

$$V_{\text{Dach}} = \pi \cdot \int_4^8 \left(\sqrt{168 - 13x - x^2}\right)^2 \, dx = \pi \cdot \int_4^8 168 - 13x - x^2 \, dx$$

$$= \pi \cdot \left[168x - \frac{13}{2}x^2 - \frac{1}{3}x^3\right]_4^8 = \pi \cdot \left(\frac{2\,272}{3} - \frac{1\,640}{3}\right) = \frac{632}{3}\pi = 661{,}83 \, \text{m}^3$$

$$V = V_{\text{Zylinder}} + V_{\text{Dach}} = 1\,256{,}64 \, \text{m}^3 + 661{,}83 \, \text{m}^3 = 1\,918{,}47 \, \text{m}^3.$$

310. (a) $V = \pi \cdot \int_0^h r^2 \, dx = \pi \cdot [r^2 x]_0^h = \pi r^2 h$

(b) $V = \pi \cdot \int_{-r}^r (r^2 - x^2) \, dx = \pi \cdot [(r^2 x - \frac{1}{3}x^3)]_{-r}^r = \pi(r^3 - \frac{1}{3}r^3 - (-r^3 + \frac{1}{3}r^3)) = \frac{4}{3}\pi r^3$

(c) $V = \pi \cdot \int_0^h (\frac{r}{h}x)^2 \, dx = \pi \cdot \int_0^h \frac{r^2}{h^2}x^2 \, dx = \pi \cdot [\frac{1}{3}\frac{r^2}{h^2}x^3]_0^h = \pi(\frac{1}{3}r^2 h) = \frac{1}{3}\pi r^2 h$

311. (a) Schaubild siehe Abb. 3.61a. Für den Grundkreisradius des einbeschriebenen Zylinders gilt: $s = \sqrt{5^2 - 4^2} = 3$. Wir berechnen $V_{\text{Kugel}} = \frac{4}{3} \cdot 5^3 \cdot \pi = \frac{500}{3}\pi$. $V_{\text{Zylinder}} = \pi \cdot 3^2 \cdot 8 = 72\pi$. $V_{\text{Kappe}} = \pi \cdot \int_4^5 (\sqrt{5^2 - x^2})^2 \, dx = \pi \cdot \int_4^5 25 - x^2 \, dx = \frac{14}{3}$. Somit $V_{\text{Rest}} = V_{\text{Kugel}} - V_{\text{Zylinder}} - 2V_{\text{Kappe}} = \frac{500}{3}\pi - 72\pi - 2 \cdot \frac{14}{3}\pi = \frac{256}{3}\pi$.

(b) Für den Grundkreisradius des einbeschriebenen Zylinders gilt: $s = \sqrt{r^2 - 4^2}$. Wir berechnen $V_{\text{Kugel}} = \frac{4}{3}r^3\pi$. $V_{\text{Zylinder}} = \pi \cdot s^2 \cdot 8 = 8\pi r^2 - 128\pi$. $V_{\text{Kappe}} = \pi \cdot \int_4^r (\sqrt{r^2 - x^2})^2 \, dx = \pi \cdot \int_4^r r^2 - x^2 \, dx = \pi \cdot (\frac{2}{3}r^3 - 4r^2 + \frac{64}{3})$. Somit $V_{\text{Rest}} = V_{\text{Kugel}} - V_{\text{Zylinder}} - 2V_{\text{Kappe}} = \frac{4}{3}r^3\pi - (8\pi r^2 - 128\pi) - 2\pi(\frac{2}{3}r^3 - 4r^2 + \frac{64}{3}) = \frac{256}{3}\pi$. Das Volumen ist unabhängig von r. Es bleibt somit gleich.

312. Ein Flächenstück in Form eines Kreises muss um die x-Achse rotieren (siehe Abb. 3.61b). Es wird beschrieben durch die beiden Funktionen f und g mit $f(x) = R + \sqrt{r^2 - x^2}$ und $g(x) = R - \sqrt{r^2 - x^2}$.

196

Lösungen

313. Die Dreiecke ABC und ACD erzeugen eine Figur, welche den in Abb. 3.61c gezeigten Querschnitt hat. Zunächst berechnen wir die markierten Größen. $p + q + r = \sqrt{3^2 + 4^2} = 5$ (Satz des Pythagoras). $p + q = 2,5$. $\tan\beta = \frac{4}{3} \Rightarrow \beta = 36,36°$. $\tan(\alpha + \beta) = \frac{3}{4} \Rightarrow \alpha + \beta = 53,13° \Rightarrow \alpha = 16,26°$. $\sin(\alpha + \beta) = \frac{d}{3} \Rightarrow d = 2,4$. $\tan\beta = \frac{e}{2,5} \Rightarrow e = \frac{15}{8}$. $p^2 = 3^2 - d^2 \Rightarrow p = 1,8 \Rightarrow q = 0,7$. Zeichnen wir den Streckenzug in ein Koordinatensystem mit dem Ursprung A und der Strecke AC auf der x-Achse, so erhalten wir die abschnittsweise definierte Funktion

$$f(x) = \begin{cases} \frac{4}{3}x, & x \in [0; 1,8] \\ -\frac{3}{4}x + 3,75, & x \in (1,8; 2,5] \end{cases}$$

und damit das Rotationsvolumen $V = 2\pi \cdot \int_0^{2,5} (f(x))^2 \, \mathrm{d}x = \frac{4269}{320}\pi \approx 41,91$.

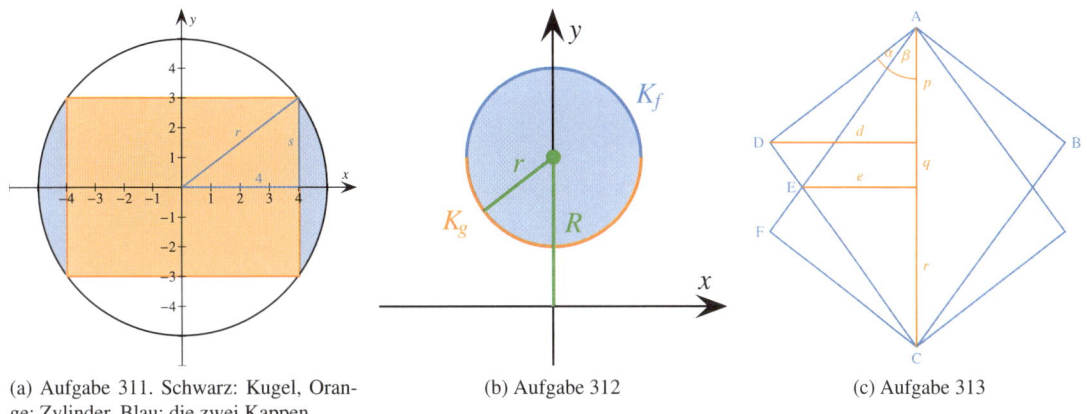

(a) Aufgabe 311. Schwarz: Kugel, Orange: Zylinder, Blau: die zwei Kappen

(b) Aufgabe 312

(c) Aufgabe 313

Abb. 3.61.: Lösungsskizzen

Numerische Verfahren

Regression

In den Lösungen dieses Abschnitts wurde stets mit allen Nachkommastellen weitergerechnet. Rechnen wir mit gerundeten Werten weiter, weichen die Lösungen etwas ab.

314. (a) Wir erhalten $f(x) = 0{,}41x + 3{,}95$

  (b) $r^2 = 0{,}68$

  (c) $f(20) = 12{,}25 \Rightarrow$ ungefähr 12 Notenpunkte

315. (a) Wir schreiben das Jahr 2004 als Jahr 0 und erhalten $f(x) = 16{,}47e^{0{,}37x}$

  (b) $r^2 = 0{,}88$

  (c) $f(14) = 3\,091{,}16$

316. (a) $N(x) = -200x + 999$

  (b) $E(x) = x \cdot N(x) = -200x^2 + 999x$

  (c) $E(x) \rightarrow$ max für $x = 2{,}50 \Rightarrow E(2{,}50) = 1\,247{,}50$

  (d) $G(x) = (x - 1{,}46) \cdot N(x) = -200x^2 + 1\,291x - 1\,458{,}54$

  (e) $G(x) \rightarrow$ max für $x = 3{,}23 \Rightarrow G(3{,}23) = 624{,}81$

  (f) Der Preis, der den Gewinn maximiert, liegt höher. Durch Abzug der gesamten Herstellungskosten erfolgt unter anderem eine Verschiebung der Parabel E (und somit ihres Scheitelpunktes) nach rechts.

317. Wir vergleichen die Bestimmtheitsmaße für die verschiedenen Funktionstypen. Gerade: $r^2 = 0{,}57$. Parabel: $r^2 = 0{,}90$. Exponentialfunktion: $r^2 = 0{,}52$. Somit passt die Parabel am besten.

318. Zunächst schreiben wir die Zahlenfolge in Abhängigkeit des durchgeführten Schrittes.

Schritt x	1	2	3	4	5	6
Zahlenwert y	1	2	4	8	15	26

Mit Hilfe von kubischer Regression ergibt sich die Funktion f mit $f(x) = \frac{1}{6}(x^3 - 3x^2 + 8x)$. Da $r^2 = 1$, liegen alle Datensätze exakt auf dem Schaubild von f. Die nächsten Folgenglieder lauten $f(7) = 42$, $f(8) = 64$ und $f(9) = 93$.

319. Individuelle Lösungen.

320. Der Wert von r^2 steigt mit wachsendem Grad n an und nähert sich der Zahl 1. Steigt der Grad n einer ganzrationalen Funktion an, so passt sie immer besser zu den gegebenen Daten.

321. Der Grund liegt darin, dass das mathematische Problem unter Verwendung der senkrechten quadratischen Abstände am leichtesten zu lösen ist. Für (a) würden wir die Betragsfunktion benötigen, für (b) die Umkehrfunktion.

322. $f(1800) = 16$ Jahre, $f(2100) = 111$ Jahre. Regression liefert in der Regel sehr gute Schätzungen für diejenigen Werte, welche zwischen den gegebenen Daten liegen. Davor und danach könnten ganz andere Entwicklungen vorliegen. Beispielsweise nahm die medizinische Versorgung vor dem Jahr 1871 keine rasante Entwicklung. Die Entwicklung nach dem heutigen Jahr ist überhaupt nicht absehbar. Der medizinische Fortschritt könnte sich revolutionär verändern oder auch auf dem derzeitigen Stand stagnieren.

323. Individuelle Lösungen.

Newton-Verfahren

324. (a) $x_{n+1} = x_n - \frac{x_n^3 + 6x_n + 2}{3x_n^2 + 6}$, $x_1 = 0$, $x_2 \approx -0{,}3$, $x_3 \approx -0{,}327$, $x_4 \approx -0{,}3274800021$. exakte Lösung: $x = \sqrt[3]{2} - \sqrt[3]{4}$

(b) $x_{n+1} = x_n - \frac{e^{x_n} - x_n^2}{e^{x_n} - 2x_n}$, $x_1 = -1$, $x_2 \approx -0{,}7$, $x_3 \approx -0{,}70$, $x_4 \approx 0{,}7034674$, exakte Lösung: $x \approx -0{,}7035$

(c) $x_{n+1} = x_n - \frac{\cos x_n - x_n}{-\sin x_n - 1}$, $x_1 \approx 2{,}15$, $x_2 \approx 0{,}68$, $x_3 \approx 0{,}74$, $x_4 \approx 0{,}739$, exakte Lösung: $x \approx 0{,}7391$

325. Wir berechnen die positive Lösung der Gleichung $x^2 - 2 = 0$ und setzen daher $f(x) = x^2 - 2$. Es gilt $f'(x) = 2x$. Mit der Formel $x_{n+1} = x_n - \frac{x_n^2 - 2}{2x_n}$ erhalten wir $x_1 \approx 1{,}8$, $x_2 \approx 1{,}5$, $x_3 \approx 1{,}41$, $x_4 \approx 1{,}414$.

326. (a) Wir setzen $f(x) = x^3 + x^2 - 1$ und berechnen $f'(x) = 3x^2 + 2x$. f ist monoton steigend für $x \in (-\infty; -\frac{3}{2})$, monoton fallend für $x \in (-\frac{3}{2}; 0)$ und monoton steigend für $x \in (0; \infty)$. Da $f(-\frac{3}{2}) < 0$ und $f(1) > 0$, muss die einzige Nullstelle im Bereich von $x \in (0; 1)$ liegen. Wir wählen $x_0 = 1$ und erhalten $x_1 = 0{,}8$, $x_2 \approx 0{,}7568$, $x_3 \approx 0{,}7549$, $x_4 \approx 0{,}7549$.

(b) $f(x) = x^4 - 4x - 2 = 0$, $f'(x) = 4x^3 - 4$. f ist monoton fallend für $x \in (-\infty; 1)$ und monoton steigend für $x \in (1; \infty)$. Da $f(-1) > 0$, $f(1) < 0$ und $f(2) > 0$, hat f eine Nullstelle im Intervall $(-1; 1)$ und eine im Intervall $(1; 2)$. *Erste Nullstelle:* Wir wählen $x_0 = -1$ und erhalten $x_1 = -0{,}625$, $x_2 \approx -0{,}4939$, $x_3 \approx -0{,}4861$, $x_4 \approx -0{,}4860$. *Zweite Nullstelle:* Wir wählen $x_0 = 2$ und erhalten $x_1 \approx 1{,}7857$, $x_2 \approx 1{,}7311$, $x_3 \approx 1{,}7278$, $x_4 \approx 1{,}7278$.

(c) $f(x) = e^x + \frac{1}{2}x$, $f'(x) = e^x + \frac{1}{2}$. f ist überall streng monoton steigend. Da $f(-1) < 0$ und $f(0) > 0$, hat f genau eine Nullstelle im Intervall $(-1; 0)$. Wir wählen $x_0 = -1$ und erhalten $x_1 \approx -0{,}8478$, $x_2 \approx -0{,}8526$, $x_3 \approx -0{,}8526$.

327. (a) Es gilt: $x_1 = 0$, $x_2 = 2$, $x_3 = 0$, $x_4 = 2$ usw. Wir stellen ein oszillierendes Verhalten fest. Die Tangente an f an der Stelle $x = 2$ schneidet die x-Achse an der Stelle $x = 0$ und umgekehrt.

(b) Es gilt: $x_1 = 0$. Der Wert von x_2 existiert nicht. Das liegt daran, dass wir mit $x_1 = 0$ eine Stelle mit waagrechter Tangente erhalten. Die Tangente kann somit die x-Achse nie mehr schneiden.

328. Wir erhalten $x_1 = \underline{0}$, $x_2 = -\underline{0{,}3}33\ldots$, $x_3 = -\underline{0{,}327485}\ldots$, $x_4 = -\underline{0{,}3274800021}\ldots$. Somit erhalten wir nach 4 Iterationsschritten genau 10 richtige Stellen, also durchschnittlich 2,5 Stellen je Iterationsschritt. Der durchschnittliche Stellenzuwachs für allgemeine Funktionen liegt übrigens bei $\Phi = 1{,}618\ldots$, der *goldenen Zahl*.

329. (a) exaktes Ergebnis: $A = 1 - e^{-4} \approx 0{,}9817$. Rechteckregel: $A^* = 0{,}9419$. Relativer Fehler: $-4{,}05\,\%$.

(b) exaktes Ergebnis: $A = 2$. Rechteckregel: $A^* = 2{,}0523$. Relativer Fehler: $2{,}62\,\%$.

330. (a) exaktes Ergebnis: $A = 1 - e^{-4} \approx 0{,}9817$. Trapezregel: $A^* = 1{,}0622$. Relativer Fehler: $8{,}20\,\%$.

(b) exaktes Ergebnis: $A = 2$. Trapezregel: $A^* = 1{,}8961$. Relativer Fehler: $-5{,}19\,\%$.

331. (a) exaktes Ergebnis: $A = 1 - e^{-4} \approx 0{,}9817$. Simpsonregel: $A^* = 0{,}9820$. Relativer Fehler: $0{,}03\,\%$

(b) exaktes Ergebnis: $A = 2$. Simpsonregel: $A^* = 2{,}0003$. Relativer Fehler: $0{,}01\,\%$

332. Ein Rechteck ist ein besonderes Trapez. Bei der Simpsonregel werden zum Aufstellen der Parabel drei Punkte verwertet, bei der Trapezregel zum Aufstellen eines Trapezes nur zwei. Sobald die Funktionen eine Krümmung aufweisen, ist die Simpsonregel das genaueste Verfahren. Außerdem ist die Trapezregel mindestens so genau wie die Rechteckregel. Die Rechteckregel ist am einfachsten zu berechnen, für die Trapezregel ist größerer Aufwand notwendig. Für die Simpsonregel ist der größte Aufwand notwendig.

A. Beweis des Hauptsatzes der Differential- und Integralrechnung

Wir suchen den Inhalt A der Fläche zwischen dem Schaubild der Funktion f und der x-Achse im Intervall $[a; b]$ ($\rightarrow$ Abb. A.1a). Dafür bezeichnen wir mit $A(u)$ die Fläche im Intervall $[a; u]$ mit fester Grenze a und variabler Grenze $u \in [a; b]$ ($\rightarrow$ Abb. A.1b). Es ist zu beachten, dass $A(a) = 0$, da hier keine Fläche vorliegt. Außerdem gilt: $A(b) = A$.

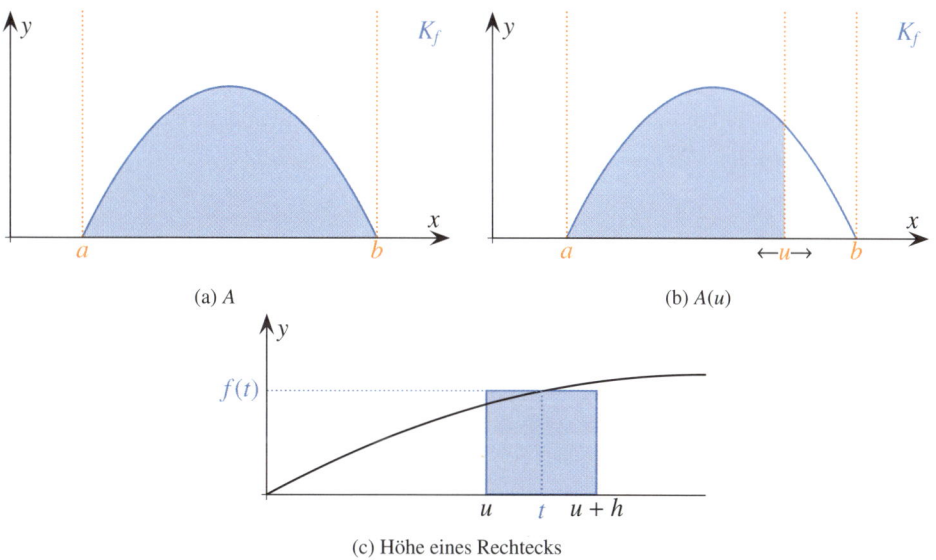

(a) A (b) $A(u)$

(c) Höhe eines Rechtecks

Abb. A.1.: Beweisskizzen

Uns interessiert, wie sich der Inhalt der Fläche $A(u)$ verändert, wenn wir die Grenze u um einen sehr kleinen Wert $h > 0$ weiter nach rechts verschieben, sich also der Wert $A(u + h)$ ergibt. Wie in Abb. A.1c illustriert, entspricht die Breite des markierten Rechtecks dem Wert h. Zudem gibt es einen Wert t zwischen u und $u + h$, sodass gilt:

$$A(u + h) - A(u) = h \cdot f(t)\,.$$

Dann erhalten wir für den Differenzenquotienten

$$\frac{A(u + h) - A(u)}{h} = \frac{h \cdot f(t)}{h} = f(t) \rightarrow f(u)$$

für $h \rightarrow 0$, da t zwischen u und $u + h$ „eingequetscht" wird. Dies ist aber genau die Definition von $A'(u)$, sodass insgesamt gilt: $A'(u) = f(u)$.

Da wir nun gezeigt haben, dass $A'(u) = f(u)$, ist die Integralfunktion A also eine Stammfunktion von f, d.h.

$$A(u) = F(u) + c$$

203

Setzen wir den Wert a in diese Gleichung ein, so erhalten wir aufgrund der oben erwähnten Eigenschaft, dass $A(a) = F(a) + c = 0 \Rightarrow c = -F(a)$.

Also gilt

$$A(u) = F(u) - F(a)$$

Setzen wir b in die Integralfunktion A ein, so erhalten wir

$$A = A(b) = F(b) - F(a).$$

Es gibt einen weiteren Zugang zur Berechnung der Fläche A, der auf einem Näherungsverfahren für den Flächeninhalt beruht. Hierfür teilen wir das Intervall $[a; b]$ in n Teile mit den Werten

$$a = u_0 < u_1 < u_2 < \ldots < u_n = b$$

Über diesen Teilintervallen errichten wir Rechtecke, deren Breite den Wert

$$h = \frac{b - a}{n} = u_{k+1} - u_k$$

annimmt, und deren Höhe durch den Funktionswert f über dem Mittelpunkt zweier benachbarter u_{k+1} und u_k gegeben ist. Beispiele für solche Rechtecksfiguren sind in Abb. A.2 gegeben.

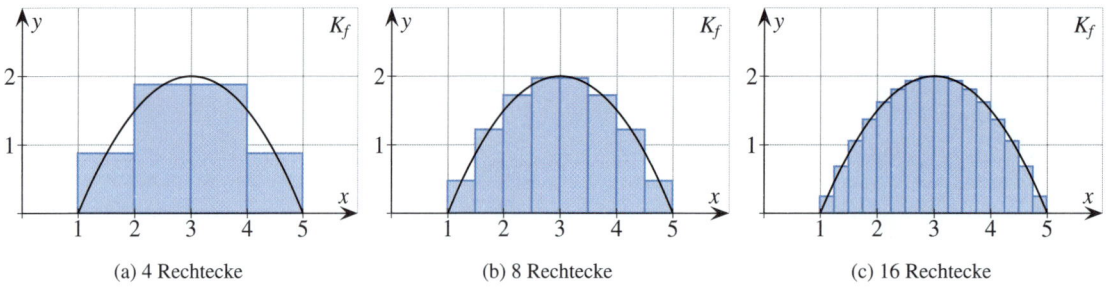

(a) 4 Rechtecke   (b) 8 Rechtecke   (c) 16 Rechtecke

Abb. A.2.: Näherungen für den gesuchten Flächeninhalt

Für den Flächeninhalt eines einzelnen Rechtecks gilt also

$$f\left(\frac{u_k + u_{k+1}}{2}\right) \cdot h = f\left(\frac{u_k + u_{k+1}}{2}\right) \cdot \frac{b - a}{n}$$

Addieren wir die Inhalte der Rechtecke, so erhalten wir die Näherung A_n für den Flächeninhalt A.

$$A_n = \frac{b - a}{n} \cdot \left(f\left(\frac{u_0 + u_1}{2}\right) + f\left(\frac{u_1 + u_2}{2}\right) + \ldots + f\left(\frac{u_{n-1} + u_n}{2}\right)\right)$$

Es gilt $A_n \to A$ für $n \to \infty$. Den Grenzwert A bezeichnen wir mit

$$A = \int_a^b f(x)\, dx.$$

B. Aufgabenübersicht

Ableitungsfunktion

	•	••	•••
Rechnen	9, 10, 11, 20, 21, 22, 24, 25, 26, 27, 34, 35, 36, 44	12, 14, 15, 16, 28, 37, 41, 42, 45	32, 43, 46
Strategisch lösen		30	18, 48
Argumentieren	17, 29, 38, 47	3, 4, 8, 13, 15, 23, 31, 39	
Darstellungen verwenden		3, 4, 6, 8	5, 7
Anwenden		17	
Modellieren			48

Gegenseitige Lage zweier Kurven

	•	••	•••
Rechnen	50, 51, 52, 53, 54	56, 58, 59, 60, 61	62, 63
Strategisch lösen		57	62, 64
Argumentieren	51, 53	55	
Darstellungen verwenden	51, 53		
Anwenden			63
Modellieren		56, 58, 59, 60	62

Tangenten und Normalen

	•	••	•••
Rechnen	66, 67	68, 69, 70, 71, 77, 80	81
Strategisch lösen		75, 76	80, 81, 82, 83, 84, 85
Argumentieren		72	84
Darstellungen verwenden	66	73	84, 85
Anwenden		74	83, 84, 85
Modellieren		76, 78, 79	82

Monotonie und Extremstellen

	•	••	•••
Rechnen	89, 99, 110	91, 92, 95, 102	90, 103, 105
Strategisch lösen			103, 104, 105, 107, 108
Argumentieren		93, 94, 95, 96, 97, 98, 99, 100	101, 106, 107, 108, 109, 110
Darstellungen verwenden	87, 88, 101	94	
Anwenden			110
Modellieren		98, 99	102

Krümmung und Wendestellen

	•	••	•••
Rechnen	113, 125	115, 116, 117, 121, 122, 126, 128	114, 127
Strategisch lösen			
Argumentieren	112	118, 121, 122, 123, 124, 125	129
Darstellungen verwenden	112, 113, 114, 115	117, 119, 120	128
Anwenden			128
Modellieren		125	126, 127

Terrassenpunkte und Flachpunkte

	•	••	•••
Rechnen	134	131, 135	
Strategisch lösen			
Argumentieren	130	133, 134	135
Darstellungen verwenden	130	132	
Anwenden			
Modellieren		134	

Asymptoten

	•	••	•••
Rechnen		140	
Strategisch lösen			
Argumentieren	136, 143	137, 138, 139, 141, 144, 145	
Darstellungen verwenden		137, 138, 144, 145, 146	
Anwenden			
Modellieren		142, 147	

Kurvendiskussion – ganzrationale Funktionen

	•	••	•••
Rechnen	148	152, 153, 154, 159, 160, 161, 162, 163, 169, 170, 171, 172	166, 167
Strategisch lösen		153, 172	166
Argumentieren	150, 151	153, 154, 155, 156, 157, 158, 159, 161, 169, 170, 171	166, 164, 165
Darstellungen verwenden	148, 149	153, 155, 156, 160, 161, 162, 163, 169, 170, 171	166, 164
Anwenden		169, 170, 171, 172	167
Modellieren	149	160, 161, 162, 163, 172	166

Kurvendiskussion – exponentielle Funktionen

	•	••	•••
Rechnen		173, 176, 177, 178, 179, 180, 181	
Strategisch lösen			
Argumentieren	174, 175	176, 180, 181	
Darstellungen verwenden		173, 176, 177, 179, 180	
Anwenden		180, 181	
Modellieren		177, 178, 179	

Kurvendiskussion – trigonometrische Funktionen

	•	••	•••
Rechnen		182, 188, 191, 192	189, 190
Strategisch lösen		192	
Argumentieren	183, 184, 185, 186		189
Darstellungen verwenden		183, 184, 191	
Anwenden		191, 192	193
Modellieren		187	190, 193

Kurvenscharen*

	•	••	•••
Rechnen		195, 196	197, 198
Strategisch lösen			
Argumentieren		196	197
Darstellungen verwenden		195, 196	197
Anwenden			
Modellieren			198

Extremwertaufgaben

	•	••	•••
Rechnen	199	200, 201, 202, 203, 204, 205, 206, 207, 208, 209	210, 211, 212
Strategisch lösen		207, 208, 209	210, 211, 212
Argumentieren			
Darstellungen verwenden	199, 200	202	
Anwenden		206, 207, 208, 209	210, 211
Modellieren			

Stammfunktion und unbestimmtes Integral

	•	••	•••
Rechnen	215, 216, 217, 218	219, 220, 223, 224, 225, 226, 228	239, 241, 243
Strategisch lösen		222	238, 239
Argumentieren		221, 227, 228, 229, 230, 231, 232, 233, 234, 235, 237	238, 239, 240, 241
Darstellungen verwenden		227, 231, 232, 233, 234, 235, 236	238, 239, 241
Anwenden		234	
Modellieren		226, 236	239, 241

Berechnung von Flächeninhalten oberhalb der x-Achse

	•	••	•••
Rechnen	252, 253	254, 258, 259, 260	261, 262, 263
Strategisch lösen			263
Argumentieren		255, 256, 257, 260	
Darstellungen verwenden	252, 253	255, 256, 257	261
Anwenden		260	
Modellieren			262, 263

Berechnung von Flächeninhalten – allgemein

	•	••	•••
Rechnen	265, 266, 267	268, 269, 270, 271, 275, 280, 281, 282	285, 286, 287
Strategisch lösen		270, 281	284, 285, 287
Argumentieren		271, 275, 272, 273, 274, 276, 277, 278, 279, 282	283, 284
Darstellungen verwenden	266	268, 272, 273, 274, 276, 278, 281, 282	283
Anwenden		282	286, 287
Modellieren		281	286, 287

Fläche zwischen zwei Kurven

	•	••	•••
Rechnen	289, 290	291, 293, 294, 295	297, 298, 299, 300
Strategisch lösen			298, 299
Argumentieren		292	296, 300
Darstellungen verwenden	289, 290	292	296, 297, 299
Anwenden			300
Modellieren			297

Mittelwert

	•	••	•••
Rechnen	302	303	
Strategisch lösen			
Argumentieren			
Darstellungen verwenden			
Anwenden		303	
Modellieren			

Rotationskörper

	•	••	•••
Rechnen	304	305, 306, 307, 309, 310	311
Strategisch lösen		309	311
Argumentieren		308	311
Darstellungen verwenden		304	311, 312
Anwenden		309	
Modellieren			312

Regression

	•	••	•••
Rechnen	314, 315	316, 317, 318	319
Strategisch lösen		318	319
Argumentieren		316, 317	319, 320, 321, 322
Darstellungen verwenden	314, 315	316, 317	
Anwenden	314, 315	316, 317	319, 322
Modellieren	314, 315	316, 317, 318	

Newton-Verfahren

	•	••	•••
Rechnen	324	325, 326, 327, 328	
Strategisch lösen			
Argumentieren		327, 328	
Darstellungen verwenden			
Anwenden			
Modellieren			

Numerische Integration

	•	••	•••
Rechnen	329, 330, 331		
Strategisch lösen			
Argumentieren		332	
Darstellungen verwenden			
Anwenden			
Modellieren			

Aufgabenübersicht

Index

Index